Svenja Hofert

Existenzgründung im Team

Der erfolgreiche Weg in die Selbstständigkeit

berufsstrategie

Die Autorin

Svenja Hofert arbeitet seit Jahren erfolgreich als Autorin, Beraterin, Coach und Trainerin in Hamburg und Köln. Bei Eichborn sind u.a. bereits erschienen: *Bewerben ohne Bewerbung* (2005), *Praxisbuch Existenzgründung* (2004), *Die kreative Bewerbungsmappe* (2002). Im Internet betreibt sie die Seiten *www.gruenderreports.de* und *www.karriereundentwicklung.de*.

1 2 3 4   08 07 06

© Eichborn AG, Frankfurt am Main, Mai 2006
Umschlaggestaltung: Christina Hucke
Lektorat: Christina Seitz
Satz: Oliver Schmitt
Druck und Bindung: Bercker Graphischer Betrieb
ISBN-10: 3-8218-5897-4
ISBN-13: 978-3-8218-5897-5

Verlagsverzeichnis schickt gern:
Eichborn Verlag, Kaiserstraße 66, D-60329 Frankfurt/Main
www.eichborn.de

Inhalt

Vorwort

Liebe Leserinnen und Leser,

»erst waren wir sechs Gründer, jetzt bin ich allein«, erzählte mir kürzlich ein seit Jahren erfolgreicher Unternehmer. Nach und nach verabschiedeten sich seine Mitgründer, weil sie plötzlich andere Ziele vor Augen hatten oder die Unternehmung von Anfang an ganz anders verstanden hatten. Sein Kommentar: »Es wäre schön gewesen, wenn ich damals schon ein solches Buch für Existenzgründung im Team gehabt hätte.«

Viele Gründer starten voller Euphorie und müssen feststellen, dass eine Teamgründung ganz andere Anforderungen an sie stellt als eine »normale« Einzel-Unternehmung. Sie kann die besten Freundschaften auf eine harte Probe stellen – und sogar zerstören.

Sie birgt aber auch Riesenchancen und ist einer Einzelgründung oft haushoch überlegen: Teamunternehmen wachsen schneller und können durch die Kompetenzbündelung vieles besser und schneller erreichen. Nicht zuletzt macht sowohl das Gründen als auch das Erfolgreich-Sein zu zweit oder dritt auch sehr viel mehr Spaß als allein …

Damit der Spaß ungetrübt bleibt, sollten Sie sich vorab informieren. Dieses Buch bietet Ihnen weit mehr als eine sehr gute Übersicht über Rechtsformen, Versicherung, Steuern und Personal. Es führt Sie entlang den wichtigen Fragen für Teams auch hin zu »weichen« Themen wie Kompetenzverteilung oder der Lösung von Konflikten im Team. Denn: Während ein Einzelunternehmer sich einfach »nur« am Markt durchbeißen muss, muss ein Team sich permanent auch um sein Ressort »Inneres« kümmern. Es muss sich nicht nur mit der Kommunikation nach außen und gegenüber den Kunden, sondern auch mit der Kommunikation nach innen beschäftigen. Und das stets parallel zur Realisierung und zum Aufbau des Geschäfts.

Immer wenn mehrere Menschen mit verschiedenen Interessen und Persönlichkeiten zusammenkommen, wachsen auch die Aufgaben. Das gilt übrigens auch für Bürogemeinschaften, die lockere Variante der Teamgründung. Auch Bürogemeinschaften sind ein Team, das zusammenarbeiten muss und sich von daher nicht nur um Rahmenbedingungen, sondern auch um die interne Kommunikation zu kümmern hat.

Dieses Buch berücksichtigt alle Aspekte der Teamgründung. Dabei mixt es konsequent und praxisnah weiche Themen und harte Fakten – denn für den Erfolg brauchen Sie das Wissen um die Konsequenzen einer GbR-Gründung ohne Vertrag genauso wie das Know-how zur Beilegung von Teamkonflikten. Zum »Wie gründe ich eine GmbH« gehört eben auch die Antwort auf die

Frage, wie ich die Rollen in dieser GmbH optimal verteile, so dass es unserem Erfolg am besten auf die Sprünge hilft.

Alle Themen in diesem Buch stehen unter dem Motto »Teamgründung«, wobei immer wieder auch der kleinste gemeinsame Teamnenner, die Bürogemeinschaft, eine Rolle spielt. Ob Versicherung oder Rechtsformen: Sie erhalten nützliches Wissen, das Sie sofort in Ihre Geschäftspraxis einfließen lassen können.

Auch bei Konflikten möchte dieses Buch Sie begleiten und eine erste Hilfe sein, wenn es nicht mehr weitergeht und beispielsweise ein Gründer aus der Gesellschaft aussteigen möchte.

Wie in meinem Bestseller *Praxisbuch Existenzgründung* lasse ich auch in diesen Ratgeber immer wieder praktische Beispiele einfließen, erzähle von Teams, die erfolgreich sind, und wie sie die Herausforderung Team angegangen sind.

Apropos Erfolg: Viele Praxis-Beispiele beweisen, dass Teamgründungen auch über Jahrzehnte Bestand haben können. Nachdem ich in München einen Vortrag gehalten hatte, erzählte mir der Geschäftsführer einer GmbH, der seit den achtziger Jahren mit einer Kollegin als Verleger erfolgreich ist, von seinen Erfahrungen. »Es gibt Höhen und Tiefen wie in einer Ehe. Aber irgendwann kennt man sich und entwickelt eine gemeinsame Kraft, die ein Einzelunternehmer niemals haben wird. Und das Schönste ist, dass man immer jemanden hat, mit dem man in der Küche mal reden kann.«

Stimmt: Teamgründungen verhindern jene Einsamkeit, die Einzelkämpfer spätestens nach ein paar Jahren am Markt und allein im Büro oft überfällt (auch für Sie ist dieses Buch!). Da ist jemand, den Sie um Rat fragen können, jemand, der Erfahrungen teilt. Auch das ist ein Gewinn der Teamgründung.

Letzteres ist übrigens der Grund, warum auch die Autorin nicht mehr allein arbeitet, sondern im Team.

Über Ihre Kommentare, Anregungen und Wünsche freue ich mich jederzeit. Schreiben Sie einfach an *hofert@karriereundentwicklung.de*.

Ihre Svenja Hofert

PS: Gerne stehen wir Ihnen für teamorientiertes Coaching, Gründungsbegleitung und Supervision zur Seite. Weitere Informationen erhalten Sie unter *www.karriereundentwicklung.de* sowie *www.gruenderreports.de*.

1 Vorbereitung

1.1   Sind Sie reif fürs Team?

Dieser Test soll Ihre Teameignung unter die Lupe nehmen. Schreiben Sie Ihre Antworten auf, bzw. kreuzen Sie jeweils die Aussagen an, die auf Sie zutreffen, oder ergänzen Sie die Aussagen. Je mehr Punkte Sie ankreuzen können, desto besser! Gleichen Sie anschließend Ihre Antworten mit Ihren Mitgründern ab und besprechen Sie eventuelle Unterschiede gemeinsam.

Meine langfristigen Ziele sind: ☐

_____

Wenn ich bei einer Fee drei Wünsche frei hätte, die mit meinem Unternehmen in Verbindung stehen – welche wären das? ☐

1. _____ 2. _____ 3. _____

Kurzfristig, binnen Jahresfrist, möchte ich Folgendes erreichen: ☐

_____

Folgendes ist mir wichtig (bitte bis zu drei Kreuze machen): ☐
- ○ Geld
- ○ Selbstverwirklichung
- ○ Einsatz von Wissen
- ○ Wachstum des Unternehmens
- ○ Arbeitsplätze schaffen
- ○ Etwas aufbauen
- ○ Eine Idee realisieren – und dann möglicherweise eine nächste entwickeln und umsetzen
- ○ Sonstiges: _____

Ich muss mich auch mal mit anderen austauschen können. ☐

Anregungen von anderen nehme ich gern entgegen. ☐

Im Zweifel gilt eben die Entscheidung, die die Mehrheit getroffen hat. ☐

Ich kommuniziere offen. ☐

Bevor ich etwas unternehme, wäge ich ab und hole mir gern noch eine weitere Meinung ein. ☐

Für mich ist es wichtig, unterschiedliche Blickwinkel kennen zu lernen. Das ist bereichernd. ☐

Mir bereitet es keine Probleme, auch Verantwortung abzugeben. ☐

Ich kenne meine Kompetenzen ganz genau. Sie liegen im (Vertrieb, Kundenkommunikation, Kaufmännischen/Controlling, Einkauf, Personalführung, Planung und Strategie, interne Kommunikation etc.) ☐

Am besten sind unterschiedliche Kompetenzen, Gleich und Gleich ergänzt sich schlecht – diesen Satz kann ich unterschreiben. ☐

1.2 Schnelle Antworten auf kurze Fragen

Hier erhalten Sie schnelle Antworten auf Fragen, die viele Teamgründer bewegen. Wer vertiefende Informationen sucht, lese bitte in den in der jeweiligen Antwort genannten Kapiteln nach.

Was ist erfolgreicher – eine Gründung im Team oder allein?

Ganz ohne jede Frage sind es Teamgründungen. Sie schaffen mehr Arbeitsplätze, mehr Wachstum und sind – ist die Anlaufphase erst einmal überstanden – auch wirtschaftlich standfester als Einzelgründungen. Dafür gibt es verschiedene statistische Belege.

Was ist bei der Namensgebung wichtig?

Namensgebung und Rechtsform hängen eng miteinander zusammen. So müssen die Namen der Gesellschafter im Namen der GbR enthalten sein – etwa Futur Zwei Billhardt, Frese & Reiling GbR. Bei der Partnergesellschaft darf kein Fantasiename vorkommen, mindestens ein Partner muss genannt sein (Müller & Partner PartnerG). Außerdem darf der Name nicht missverständlich sein – dies gilt für alle Gesellschaftsformen. »Die Großbäckerei OHG« für eine kleine Bäckerei in Niederaußem wäre etwa klar irreführend. Details zur Namensgebung lesen Sie bitte im Kapitel »Organisationsformen« nach.

Ist eine Bürogemeinschaft schon eine GbR?

Ja, und zwar eine so genannte Innen-GbR – mindestens. Als Innen-GbR haften Sie gesamtschuldnerisch für Ihr Projekt »gemeinsames Büro«, hier ist vor allem Ihr Vermieter am GbR-Charakter interessiert. Treten Sie z. B. auch auf dem Briefpapier gemeinsam auf oder nutzen Sie eine gemeinsame Sekretärin, die nach außen hin unter dem Namen der Bürogemeinschaft auftritt, deutet dieser Fakt klar auf eine GbR, die auch nach außen hin besteht. Konsequenz: Sie sind zur so genannten »einheitlichen und gesonderten Gewinnfeststellung« verpflichtet und müssen Umsatzsteuer und Gewerbesteuer zusammen erheben. Wenn Sie zwar Freiberufler sind, ein anderes Mitglied der Bürogemeinschaft (die eigentlich GbR ist) aber teilweise gewerblich tätig ist, könnte dies auf die gesamte GbR abfärben – die Gewerbesteuerpflicht würde für die ganze GbR gelten. Auch nachträglich. Lesen Sie hierzu die Kapitel »Organisationsformen« und »Steuern«.

Welche Alternativen zur Gründung einer Gesellschaft gibt es?

Eine lockere Zusammenarbeit, bei der einer dem anderen Rechnungen schreibt und mal der eine, mal der andere als Auftraggeber auftritt. Die Kooperation darf allerdings keinen gemeinsamen Außenauftritt zur Folge haben. Beide Unternehmer müssen eigenständig sein und eine jeweils eigene Corporate Identity haben.

Eine Alternative dazu ist die Arbeitsgemeinschaft ARGE, eine Form der GbR. Diese wird nur für ein Projekt – oder auch für mehrere in Folge – formlos mit einem Gesellschaftervertrag, der das entsprechende Projekt als Geschäftszweck beschreibt, gegründet. Interessant: Leistungen zwischen den Gesellschaftern und der ARGE unterliegen nicht der Umsatzsteuer, solange die Leistung mit dem zugewiesenen Gewinn abgegolten wird. Die ARGE ist jedoch nach außen, also den Auftraggebern gegenüber, voll umsatzsteuerpflichtig.

Wie vermeide ich eine GbR?

Als Bürogemeinschaft sind Sie, wie bereits erwähnt, Innen-GbR. Um die Außen-GbR zu verhindern: Treten Sie nicht unter gemeinsamem Namen auf, entwickeln Sie ein eigenes Corporate Design und signalisieren Sie Ihren Kunden stets, dass Sie Einzelunternehmer sind.

Empfiehlt sich die Rechtsform Limited?

Eine Antwort auf diese Frage lässt sich nicht pauschal geben, ebenso wie es falsch wäre, die Limited pauschal hochzujubeln oder zu verteufeln. Im internationalen Verkehr ist die Limited durchaus angesehen und in Branchen wie IT oder Musik manchmal vielleicht der GmbH vorzuziehen. Bei der Entscheidung zwischen GmbH und Limited oder auch GmbH & Co. KG sowie Limited und Co. KG spielen viele Faktoren eine Rolle: Geschäftsidee, Image, Kunden, Steuern, Buchführungspflichten und Auflösungsformalitäten. Welche Wichtigkeit Sie den jeweiligen Faktoren zumessen, ist immer individuell. Tatsache ist aber, dass die Kunden bei einer Entscheidung für die Limited eine bedeutende Rolle spielen. Lesen Sie dazu das Kapitel »Organisationsformen«. Dort finden Sie auch übersichtliche Vergleiche der einzelnen Gesellschaftsformen.

Müssen wir eine Bilanz erstellen?

Die Bilanzierungspflicht ist abhängig von der gewählten Rechtsform und davon, ob Sie ein Kaufmann nach dem Handelsrecht sind. Als Freiberufler müssen Sie – auch im Team – nur eine einfache Einnahmen- und Ausgabenrechnung anfertigen. Auch GbRs, ob freiberuflich oder gewerblich, sind erst einmal nicht bilanzierungspflichtig. Die Grenzen für die Bilanzierungspflicht im kaufmännischen Bereich liegen bei 30.000 Euro Gewinn oder 350.000 Euro Umsatz. Übersteigen Sie als Handels-GbR diese Grenzen, werden Sie OHG – sind damit zum Handelsregistereintrag gezwungen und müssen ab dann auch bilanzieren.

Brauchen wir einen Steuerberater?

Ja, spätestens dann, wenn Sie Bilanzen erstellen müssen. Aber auch vorher ist ein Steuerberater mindestens beim Jahresabschluss nützlich. Er übernimmt zudem die »einheitliche und gesonderte Gewinnfeststellung« der GbR.

Ob Sie für die Buchhaltung einen Steuerberater benötigen, hängt von Ihren Kompetenzen im Team ab – und von der Frage, ob Sie sich auf den Aufbau des Unternehmens konzentrieren wollen und delegierbare Aufgaben (zu denen die Buchhaltung ganz sicher gehört) abgeben. Sinnvoll ist es aber auf jeden Fall, eine gewisse Kontrolle auszuüben: Sie sollten jederzeit Überblick über Ihre Einnahmen und Ausgaben haben und wissen, was der Buchhalter oder Steuerberater macht. Mehr dazu lesen Sie im Kapitel »Buchhaltung und Steuern«.

Welche Steuern zahlt eine GbR?

Die GbR ist eine Personengesellschaft und zahlt Umsatzsteuer und – falls Sie gewerblich ist – Gewerbesteuer. Darüber hinaus gibt es keine weitere Unternehmenssteuer. Der Gewinn wird vielmehr in die Einkommensteuer der Gründer übernommen und dort nach Abzug weiterer Kosten nach dem persönlichen Steuersatz versteuert. Mehr dazu lesen Sie im Kapitel »Buchhaltung und Steuern«.

Ist die GbR oder die GmbH steuerlich günstiger?

Bei geringen Gewinnen – z. B. 25.000 Euro – rechnet sich die GbR eher, denn hier ist der persönliche Steuersatz noch niedrig, und es fällt keine Gewerbesteuer an. Bei Freiberufler-GbRs sind die Grenzen noch höher, da hier keine

Gewerbesteuer fällig wird, die eine GmbH in jedem Fall bezahlt. Bei höheren Gewinnen kehrt sich das um, vor allem bei einem niedrigen Gewerbesteuerhebesatz. Entscheidend ist aber der individuelle Fall. Die Bundesrepublik plant, die Unternehmenssteuern unabhängig von der Gesellschaftsform anzugleichen. Bis es so weit ist: Lassen Sie sich Ihren steuerlichen Vorteil von einem Steuerberater ausrechnen. Mehr dazu lesen Sie unter »Organisationsformen« und »Steuern«.

Wie wandle ich ein Einzelunternehmen in eine Gesellschaft um?

Indem Sie einen Gesellschaftervertrag schließen, z. B. für eine GbR. Als Einzelunternehmen sind Sie nicht in ein Register eingetragen. Es ist deshalb auch keine Löschung nötig oder gar eine einjährige Sperrfrist wie bei der GmbH. Sind Sie allerdings Einzelkaufmann, müssen Sie sich im Handelsregister entsprechend den Formalitäten löschen lassen. Die Gründung einer GmbH müsste dann wie eine Neugründung erfolgen.

Unkompliziert ist auch die Erweiterung eines Freiberufler-Büros. Schließen Sie sich mit weiteren Freiberuflern zusammen, empfiehlt sich ein GbR-Vertrag. Prüfen Sie zudem, ob alle Beteiligten ohne Frage freiberuflich tätig sind und keine gewerbliche Tätigkeit ausüben.

Was muss ich tun, um eine GmbH zu gründen?

Wägen Sie zunächst ab, ob die GmbH wirklich eine gute Gesellschaftsform für den ersten Schritt ist. In vielen Fällen ist ein Start mit einer GbR die bessere Lösung. Besprechen Sie erst einmal, wer Gesellschafter sein soll und wer Geschäftsführer. Auch die Anteile (z. B. 50/50 oder 30/30/40) und die Höhe der Einlage sollten Sie vorab festlegen. Im Kapitel »Organisationsformen« erhalten Sie dazu eine ausführliche Schritt-für-Schritt-Anleitung.

Kann ich mit einer GbR Mitglied in der KSK bleiben?

Ja, das können Sie. Für die Künstlersozialkasse ist es unerheblich, ob Sie allein oder mit anderen zusammen arbeiten. Sie als Person sind versichert. Selbst Geschäftsführer einer GmbH, die künstlerisch arbeiten, können bei bestehenden Voraussetzungen (z. B. nur ein Vollzeitmitarbeiter) Mitglied bleiben. Ausführlichere Informationen über die Künstlersozialkasse finden Sie im Kapitel »Versicherungen«.

2 Die Teamidee: Was gründen?

Sind Sie sich wirklich sicher, was Sie wollen? Und wollen Sie alle das Gleiche? Gerade für Teams ist es wichtig, dass Sie sich einig sind, was Sie gemeinsam erreichen wollen. Die Zielfrage fängt schon bei der Geschäftsidee an. Ich habe viele Gründer erlebt, die sich nach einigen Monaten zerstritten haben, weil jeder etwas anderes im Kopf hatte und mit der Firma verbunden hat: Zwar wollten beide Gründer ein Unternehmen, doch wie es konkret aussehen sollte, davon hatte jeder eigene Vorstellungen, die selten deckungsgleich waren. Der erste Schritt heißt also: Gewinnen Sie Klarheit über Ihr Vorhaben, die Teamidee. Sprechen Sie über Ihre persönlichen Ziele.

2.1 Ideen finden

Ich kenne Teams, die sich einmal in der Woche treffen, um neue Ideen zu besprechen – und meist wieder zu verwerfen. Was kann am Markt Bestand haben, was ernährt zwei oder drei Personen oder macht sogar reich? Wie schön, wenn diese Frage so einfach auf dem Reißbrett zu beantworten wäre. Leider ist sie das nicht, denn zu viele Komponenten bestimmen den Erfolg und zu viele sind nur begrenzt berechenbar. Die Idee ist eine davon. Ihre Tragfähigkeit lässt sich durch Marktforschung und solide Berechnungen durchaus bestimmen – aber was ist mit solchen Komponenten wie der Teamzusammensetzung? Auch Sie – die zwei oder drei Mitglieder des Teams – haben erheblichen Einfluss auf Erfolg oder Scheitern. Ein und dieselbe Idee kann ein Team zum Erfolg und ein anderes zum Misserfolg führen.

Es ist also nie die Idee allein. Und weil das Team so eine große Bedeutung hat, finden sich auch immer wieder Beispiele, die beweisen, dass Gründer auch auf so genannten gesättigten Märkten Erfolge haben können: als zehnte Tischlerei, hundertste Steuerberaterkanzlei oder tausendster Rechtsanwalt. Persönlichkeit und der Wille zum Erfolg sind gute Voraussetzungen für eine erfolgreiche Gründung. Sich ergänzende Kompetenzen und Teamgeist ebenfalls. Eine gemeinsame (!) Vision. Und eine Idee, wie Sie etwas entweder neu oder aber anders machen können. Und »anders machen« kann ganz einfach und simpel »besser machen« sein.

Im Folgenden stelle ich Ihnen verschieden Ansätze vor, wie Sie eine Idee finden und eingrenzen können. Wichtig sind stets Ihr Branchenbezug und Ihre einschlägige Erfahrung, denn es ist sehr schwer, fast unmöglich, in einer fremden Branche zu gründen!

Kompetenz-Strategie

Freiberufler finden sich oft kraft Ihrer Kompetenz zusammen. Das ist gut so, birgt aber auch Risiken. Rechtsanwälte etwa wissen von der Marktsättigung ein Lied zu singen. Ohne Spezialisierung geht hier kaum noch etwas. Und in vielen anderen Bereichen ist es ähnlich. Selbst das Gesundheitswesen ist zunehmend zur Spezialisierung gezwungen.

Gründen Sie also nicht einfach eine Unternehmensberatung, ein Journalistenbüro oder eine Rechtsanwaltskanzlei. Erarbeiten Sie sich Themengebiete, die andere (zumindest in der Region) noch nicht besetzt haben. Beispiel: Rechtsberatung für Kreative und Künstler.

Die Marktnischen-Strategie

Wow, da ist etwas ganz Neues, nie Dagewesenes: Am Anfang steht eine Idee, die entweder Sie selbst hatten oder ein anderer. Solche Ideen entstehen oft aus der Erkenntnis, dass in einer bestimmten Branche etwas fehlt, oder aber, dass sich etwas Bestimmtes radikal verbessern ließe.

»Willst du nicht mitmachen, ich hab da eine tolle Idee!« Vorschläge und Mitmachideen von außen fließen manchen Unternehmern täglich zu. Vielleicht sind auch Sie selbst derjenige, der immer wieder auf neue Ideen kommt. Doch wie gut sind diese Ideen wirklich? Lassen sie sich realisieren, und werden Sie als Team erfolgreich damit sein?

Nehmen Sie Ihre Ideen im Team nach allen Regeln der Kunst auseinander und verabschieden Sie sich von solchen Ideen, die wenig Perspektiven versprechen. Die folgenden Fragen sollen Sie dabei unterstützen:

- ▶ Ist die Idee wirklich einzigartig?
- ▶ Welchen Nutzen haben Kunden davon?
- ▶ Wie teuer ist die Realisierung?
- ▶ Was brauchen wir zur Realisierung?
- ▶ Haben wir die Kompetenzen zur Realisierung?
- ▶ Wie viel müssen wir verkaufen, um damit einen Umsatz von 10.000 Euro (oder mehr) im Monat zu erzielen? Wie viele Mitarbeiter brauchen wir dazu?
- ▶ Wie machen wir die Idee bekannt?
- ▶ Ist die Idee ausbaufähig?
- ▶ Welche Gesetze und andere Rahmenbedingungen wirken auf die Idee?
- ▶ Ist die Idee leicht nachzuahmen?

Achten Sie besonders auch auf die letzte Frage. Ideen, die sich mit wenig Aufwand kopieren lassen, sind schlechte Ideen. Sie führen oft schon nach kurzer Zeit zu einem Konkurrenzkampf, den fast immer derjenige gewinnt, der am meisten investieren kann.

Die Service-Strategie

Aus der Wettbewerbsbeobachtung erwächst so manche Top-Idee. Was fehlt, wofür hat die Branche einen schlechten Ruf? Was lässt sich verbessern oder einfach werbewirksam anders machen?

Hierzu ein Beispiel aus dem Handwerksbereich: Der kleine Zwei-Mann-Betrieb kann einen 24-Stunden-Service bieten und beim Wasserrohrbruch auch nachts ohne Aufschlag ins Haus kommen – und hat damit der Konkurrenz ganz sicher ein Schnippchen geschlagen. Bei geringem Risiko: Die meisten Rohrbrüche werden nämlich morgens entdeckt.

Die Preis-Strategie

Gleich vorweg: Über den Preis zu gehen, also einen geringeren Preis für die gleiche Ware oder Dienstleistung zu verlangen als die Konkurrenz, setzt Einkaufsmacht voraus oder aber einen alternativen Vertriebsweg. Es ist eine risikoreiche Strategie, da immer jemand auftauchen kann, der billiger und besser ist – und Produkte mit noch größerer Marktmacht penetriert. Etwas anderes ist es bei Hochpreisen: Besonders edle Produkte mit einem besonders exquisiten Image brauchen auch einen besonderen Preis. Ein solches Image aufzubauen erfordert wiederum einen hohen Kapitaleinsatz. So lautet das Fazit für die Preisstrategie: Sie ist (zu) teuer, wenn man nicht Aldi oder Lidl heißt.

Die Neuer-Vertriebskanal-Strategie

Was gibt es bisher noch nicht im Internet? Immer wieder finden vor allem im Bereich B2B Unternehmen Wege, um sich alte Kundenkreise neu zu erschließen. Sei es ein Marktplatz für Bauteile oder anderes Zubehör oder ein spezialisierter Online-Shop: Ideen kommen auch hier fast immer aus dem Branchenumfeld und setzen die Kenntnis des Segments voraus. Nur wer genau weiß, was einer Kundengruppe fehlt, kann ihr auch ein gutes Angebot machen. Oder andersherum: Nur wer einen Mangel erkennt, kann ihn auch beseitigen.

2.2 »Patente« Ideen

Wenn sich Ihre Geschäftsidee schon nicht schützen lässt: Wie sieht es denn mit dem Produkt aus, das Sie vertreiben wollen? Hier lautet die Antwort: Es kommt darauf an. Per Gesetz kann alles geschützt werden, was »Lehren zum planmäßigen Handeln unter Einsatz der Naturkräfte zur Erreichung eines kausal übersehbaren Erfolges« ermöglicht. Finden Sie auch, dass dieser Satz vollkommen unverständlich ist? Auf Deutsch heißt das:

- ▸ Die Erfindung muss neu sein.
- ▸ Sie darf nicht naheliegend sein.
- ▸ Sie muss die gewerbliche Nutzung zulassen.

Auf zum Patentamt, das heißt zum Deutschen Patent- und Markenamt (DPMA), und schon drückt der Staat seinen Stempel drauf? So leicht geht es leider nicht: Voraussetzung für die Anmeldung eines Patents ist, dass Sie eine neue Idee vorlegen. Zudem muss Ihre Erfindung ein hohes Niveau aufweisen – also eine gewisse »Erfindungshöhe« besitzen – und den derzeitigen Stand der Technik übertreffen. Sehr viele Patente werden an Universitäten entwickelt, andere stammen aus den Forschungs- und Entwicklungsabteilungen von Großunternehmen. Natürlich kann ein Patent auch aus einem kleinen Unternehmen kommen. Spezielle Förderprogramme helfen diesen meist ungeübten Firmen bei einer Patentanmeldung.

Was »Stand der Technik« bedeutet, ist von Branche zu Branche verschieden. Einige Beispiele: Zum Patent angemeldet waren bei Drucklegung dieses Buches eine Schneidetechnik für die Herstellung von Katalysatoren, eine Hautcreme und ein Verschlusssauger für Babys. Sobald eine Erfindung beim Patentamt vorgemerkt ist, darf das Produkt öffentlich vorgestellt und beworben werden. Möglich ist dann der Zusatz »zum Patent angemeldet«. Dieser verschwindet wieder, wenn der Staat die Lizenz nicht erteilt oder wenn er durch das wertvolle »richtige« Patent ersetzt wird.

Eine »neue Erfindung« bedeutet auch, dass Sie nach intensiver Recherche sicher sind, dass es diese Idee noch nicht gibt. Das heißt außerdem, dass niemand Ihre Erfindung kennen darf – es sei denn, diese Person ist schriftlich zur Geheimhaltung verpflichtet. Wird die Erfindung vor ihrer Anmeldung zum Patent in einer Zeitschrift veröffentlicht oder in einer Ausstellung gezeigt, so kann sie nicht mehr patentiert werden. Frühzeitige Eitelkeiten sind im Zusammenhang mit einer Patentanmeldung also geradezu gefährlich; Schweigen ist angesagt. Gerade kleine Firmen begehen häufig den Fehler, zu früh an die Öffentlichkeit zu gehen – mit fatalen Folgen: Nicht selten war ein Konkurrent zwar etwas langsamer, verhielt sich aber letztendlich strategisch klüger. Wenn er seine Erfindung im Gegensatz zu Ihnen geheim hielt, wird ihm das Patent erteilt.

Patente anmelden

Die Patentanmeldung ist ein aufwändiger Prozess, der sich über mehr als ein Jahr hinziehen kann. Vor allem die vorab nötige Recherche kostet sehr viel Zeit. Wenn Sie kein Recherche-Spezialist sind, sollten Sie diese Aufgabe an einen Profi delegieren. Übernehmen Sie lediglich die Vorrecherche selbst und klären Sie in wenigen Schritten, ob Ihre Idee wirklich so neu ist, wie Sie glauben. Im Folgenden finden Sie einige Fragen, mit denen Sie Ihr Produkt vorab testen können:

- ▶ Welche Firma oder Institution könnte sich für Ihr neues Produkt interessieren?
- ▶ Erstellen Sie eine Stichwortliste. Unter welchen Begriffen könnte eine Erfindung wie die Ihre aufzufinden sein? Denken Sie auch an Präfixe (Vorsilben) und englische Begriffe.
- ▶ Überprüfen Sie bei *http://www.denic.de* und *www.internic.com*, ob diese Stichwörter bereits als Domain-Namen angemeldet worden sind. Wenn das der Fall ist: Wer hat diese Domains registriert? Können Sie sie abkaufen?
- ▶ Suchen Sie in Suchmaschinen nach den Begriffen. Berücksichtigen Sie alle denkbaren Schreibweisen.

Sie finden keinen Hinweis darauf, dass es Ihre Idee schon gibt? Fragen Sie sich, warum das so ist. Versuchen Sie Gegenargumente zu finden. Warum gibt es Ihr Produkt noch nicht?

- ▶ Lässt es sich schwer vermarkten?
- ▶ Sind die Produktionskosten zu hoch?
- ▶ Gibt es eine Zielgruppe? Ist diese groß genug?
- ▶ Ist diese Zielgruppe bereit, Geld für die neue Lösung zu zahlen? Stehen die zu erwartenden Kosten in einem vernünftigen Verhältnis zu den zu erwartenden Erlösen?
- ▶ Gibt es gesetzliche oder andere Bestimmungen, die gegen die Realisierung sprechen?

Wenn Sie immer noch kein Haar in der Suppe finden, können Sie eine kostenlose Erfinderberatung aufsuchen oder einen Patentanwalt engagieren. Eine Erstberatung ist in der Regel kostenlos. Die Ausarbeitung einer Patentanmeldung für das Patentamt kostet rund 2.000 Euro, die Anmeldung 310 Euro und die Prüfung 150 Euro. Spricht alles für die Realisierung Ihres Projekts, kontaktieren Sie nun Recherche-Agenturen. Beauftragen Sie nur solche Profis, die über Erfahrungen in Ihrer Branche und in Ihrem Umfeld verfügen. Im nächsten Schritt müssen Sie ein Exposé erstellen, das alle wesentlichen Aspekte beinhalten sollte:

- ▶ Beschreibung und Skizze der Idee
- ▶ Kosten der Realisierung
- ▶ Vermarktungsmöglichkeiten

Um Zeit zu gewinnen, bietet sich die so genannte Prioritätsanmeldung an. Damit genießen Sie einen vorläufigen Schutz für ein Jahr. Während dieser Zeit können Sie an Ihrer Idee weiterarbeiten und das Exposé fertig stellen. Mehr

Informationen über das Exposé enthält eine Broschüre des Insti-Netzwerks (*www.insti.de*) für Erfindungen und Patentierungen.

Patente vermarkten

Nachdem Sie die Patentanmeldung eingereicht haben, können Sie mit der Vermarktung beginnen. Marketing ist ebenso wichtig wie die Erfindung selbst, denn eine Erfindung, die sich nicht vermarkten lässt, weil keiner sie braucht, taugt nur für den Hausgebrauch.

Wenn Sie Ihre Idee nicht selbst vertreiben wollen oder können, müssen Sie einen Partner finden. Dieser erwirbt bei Ihnen eine Lizenz, um das Produkt herzustellen und zu vermarkten. Mögliche Ansprechpartner sind Firmen und Patentvermarktungsagenturen. Eine Liste solcher Agenturen finden Sie in einer Broschüre des Bundesforschungsministeriums. Wenn Sie sich entschieden haben, eine Lizenz zu vergeben, benötigen Sie auf jeden Fall einen funktionierenden Prototyp als Vorführmodell sowie hochwertige Verkaufsunterlagen, mit denen Sie Ihre Idee präsentieren. Eine gut ausgearbeitete und überzeugende Präsentation ist stets genauso wichtig wie die Idee selbst. Mögliche Kooperationspartner werden zudem immer das Kosten-Nutzen-Verhältnis betrachten. Realistische Rechenbeispiele stützen Ihre Argumentation ebenso wie aktuelle Marktforschungsergebnisse.

Informieren Sie sich außerdem vorab über die in Ihrer Branche üblichen Lizenzgebühren. Die Spanne reicht hier von 1 bis 80 Prozent – eine allgemeingültige Empfehlung lässt sich hier nicht geben. Klar ist, dass sowohl Vermarktungspartner als auch der Erfinder einen Gewinn erwirtschaften wollen. Berücksichtigen Sie dabei Ihre eigenen Kosten, zum Beispiel die Jahresgebühr beim Patentamt, die sich von 70 Euro im ersten bis auf 1.940 Euro im 20. Patentjahr steigert. Das scheint teuer, aber immerhin ist Ihre Erfindung dann lange geschützt. Gehen Sie also immer mit einer klaren Vorstellung über die Höhe der Gebühren in die Lizenzverhandlung, und bedenken Sie, dass ein exklusives Vermarktungsrecht stets teurer ist als die Vermarktung über mehrere Partner.

Alternative: Gebrauchs- und Geschmacksmuster

Gebrauchsmuster sind kleine Patente für einfache Erfindungen. Ein Gebrauchsmuster ist ohne Prüfung von Seiten des Patentamts, also leichter, schneller und kostengünstiger zu erlangen als ein Patent. Dafür besitzt es nur eine Laufzeit von 10 Jahren. Darüber hinaus existieren Geschmacksmuster für ästhetische Neuheiten. Eine solche ästhetische Neuheit kann eine besondere Form oder ein innovatives Produktdesign sein.

Alternative: Markenschutz

Wenn schon kein Patent oder Gebrauchsmuster, dann doch bitte eine Marke! Marken dienen der Identifikation, signalisieren gleichbleibende Qualität und sind überall leicht wiedererkennbar.

Marken sind zumindest in Deutschland und Europa, also beim Deutschen Patentamt in München und bei der europäischen Markenregistrierungsstelle in Alicante in Portugal, eingetragen. Marken entstehen einfach durch den Gebrauch, lassen sich aber auch offiziell schützen. Geschützte Marken haben den Vorteil, dass sie nicht kopiert werden dürfen – das signalisiert das ® am Namen eines Produkts.

Ist die Marke erst einmal eingetragen, können Sie allen anderen den Gebrauch des identischen Wortes, aber auch ähnlicher Wörter in einem verwechslungsfähigen Zusammenhang verbieten. Verwenden Sie einen allgemeingültigen Begriff, so kommt die Anmeldung als Wort-/Bildmarke in Frage. Das Wort ist zwar nicht schützenswert, wohl aber in Verbindung mit seiner Gestaltung.

Die Anmeldegebühr richtet sich nach Waren- und Dienstleistungsklassen. Das Verzeichnis umfasst 42 Waren- und Dienstleistungsklassen wie »Unterhaltung« oder »Lebensmittel«. Bei elektronischer Anmeldung zahlen Sie zurzeit 290 Euro für drei Klassen – je mehr Klassen, desto teurer. Eine Anmeldung in mehr als drei Klassen ist selten erforderlich. »Focus« zum Beispiel ist ein in unterschiedlichen Klassen geschützter Begriff. Das Auto berührt die Zeitschrift nicht, der Bekanntheitsgrad der Zeitschrift könnte für das Auto sogar von Vorteil sein. Für Sie als Unternehmer birgt die Begrenzung der Markenanmeldung auf Bereiche Chancen: Wenn jemand Bananen aus eigener Zucht »Conchita« nennt, könnten Sie Ihre Tanzschulen-Kette trotzdem noch »Conchita Tanzschulen« nennen.

Markenrecherche

Bevor Sie eine Marke anmelden, müssen Sie sicherstellen, dass es sie noch nicht gibt. Hier können Sie recherchieren:

- ▶ Deutsches Patent- und Markenamt (*www.dpma.de*)
- ▶ Harmonisierungsamt für den Binnenmarkt (*http://oami.eu.int/de/default.htm*)
- ▶ Handelsregister (zum Beispiel über *www.robin-ffm.de/ handelsregister.html*)
- ▶ Telefonbücher, die *Gelben Seiten* (*www.telefonbuch.de*), *Wer liefert was* (*www.wlw.de*) oder ähnliche Verzeichnisse

2.3 In ein Geschäft einsteigen

Manche Unternehmer möchten gern sofort loslegen und vom ersten Tag an Geld verdienen. Für sie bietet sich eine Betriebsübernahme oder aber eine tätige Beteiligung in einem bestehenden Unternehmen an. Leider gehen viele interessierte Gründer dabei von falschen Voraussetzungen aus. Sie glauben: »Der ist schon 10 Jahre am Markt, also kann ich da doch bedenkenlos einsteigen!« Doch so verhält es sich in vielen Fällen gerade nicht. Wer einmal vom Produktlebenszyklus gehört hat und dass man das Prinzip des biologischen Rhythmus auch auf Unternehmen übertragen kann, weiß warum. Ein erfolgreiches Unternehmen bleibt nicht automatisch erfolgreich. Es muss sich permanent verändern. Sehr viele Unternehmen tun das jedoch nicht. Vielleicht ist ihre Marktnische wenig trendabhängig und sie werden mit ihrer Zielgruppe alt. Diese dann aber zu erneuern ist fast so schwer und teuer, wie ein neues Geschäft aufzubauen.

Das Problem vieler Ideen liegt zudem darin, dass sie nur eine Zeit lang am Markt bestehen und nachgefragt werden. Viele Unternehmer tun nichts, um ihr Geschäft stetig weiterzuentwickeln. Sie haben nach drei oder vier Jahren den Zenit erreicht, ordentlich Kunden gewonnen und verändern sich dann nur noch unwesentlich. Dabei wäre es so wichtig, die Idee ständig weiterzuentwickeln, das Produkt zu variieren und sich immer wieder neue Geschäftsfelder zu erschließen.

So kann es sehr gut sein, dass einem Business auch nach vielen Jahren plötzlich die Luft ausgeht. Die Gleichung »zehn Jahre erfolgreich am Markt = weiterer Erfolg ist garantiert« sollten Sie im Einzelfall gründlich prüfen.

Vorsicht ist geboten, wenn beispielsweise der Kundenstamm alt ist. Achten Sie auch darauf, ob die Geschäftsausstattung und Räumlichkeiten wie anno dazumal daherkommen. Hinterfragen Sie, warum der Unternehmer einen Nachfolger sucht oder eine Beteiligung möchte.

Denn gerade bei Beteiligungen ist die Suche nach Partnern häufig aus der Not geboren. Das Unternehmen hat den Abwärtstrend bemerkt und braucht dringend Geld oder sucht jemanden, der neuen Wind einbringt. In der folgenden Checkliste finden Sie Fragen, die Sie unbedingt klären sollten, bevor Sie in weitere Verhandlungen eintreten.

Checkliste: Betriebsübernahme oder Beteiligung

Allgemeine Fragen

Was ist der Grund für die Suche nach einem Nachfolger oder einer Beteiligung? Wie sieht der derzeitige Inhaber die Übernahme, was sind seine Motive, sich nach Jahren als Einzelunternehmer nun auf ein Team einzulassen?

Was ist der Unternehmer für ein Mensch? Kann er mit Ihnen zusammenarbeiten? Inwieweit lassen sich Verantwortlichkeiten trennen? Wie weitgehend ist seine Bereitschaft, Veränderungen und vielleicht radikale Einschnitte mitzutragen?

Finanzen

Entspricht der Einstiegspreis dem Wert des Unternehmens?

Welche Umsätze und Gewinne erzielt das Unternehmen? Wie haben sich diese in den letzten 5 Jahren entwickelt?

Welche Abschreibungen laufen?

Welche Zinsen müssen bezahlt werden?

Sind auffällige Umsatzeinbrüche erkennbar? Womit sind diese zu erklären?

Ist Eigenkapital vorhanden?

Welche Verbindlichkeiten bestehen? Ist das Unternehmen vielleicht sogar überschuldet?

Welchen Umsatz macht das Unternehmen pro Mitarbeiter?

Ist die Bilanz von einem Steuerberater oder Wirtschaftsprüfer erstellt?

Liegen Steuerschulden vor?

Wer kümmert sich bisher um die Finanzen?

Mitarbeiter

Wie viele Mitarbeiter sind angestellt und zu welchen Konditionen?

Wie sehen deren Kündigungsfristen aus? Was sind es für Mitarbeiter? Sprechen Sie mit ihnen!

Welche Qualifikationen haben die Mitarbeiter? Entsprechen diese den Notwendigkeiten und den Markterfordernissen?

Wer kümmerte sich bisher um das Personal?

Kunden

Wer sind die Kunden?

Wie sehen Kunden das Unternehmen? (Anonym nachfragen!)

Bestehen laufende Rahmenverträge?

Wie fest sind die Kunden ans Unternehmen gebunden?

Wie wird die Kundendatei gepflegt?

Gibt es ausreichend viele Kunden oder besteht z. B. Abhängigkeit von einem Großkunden? (Vorsicht: Oft sind solche Abhängigkeiten persönlich motiviert und bei Wechsel der Bezugsperson brüchig)

Wie fest ist die Kundenbindung? Bestehen Rahmenverträge, Rabattbindungen, Treueprogramme o. Ä.?

Lieferanten

Wer sind die Lieferanten?

Bestehen laufende Rahmenverträge?

Ist die Preisstruktur marktgerecht?

Wettbewerb

Welche Konkurrenzfirmen sind in
dem gleichen Segment aktiv?

Wer ist Marktführer?

Wie sehen Kunden die Wettbewerbs-
situation? Bei wem kaufen sie und warum?
(Anonym nachfragen!)

Räume und Standort

Wie ist die Mietzeitdauer?

Ist der Standort der Kundschaft
angemessen?

Gibt es ausreichend Parkplätze?

Ist Platz für Sie vorhanden und sind die
Geschäftsräume ausbaufähig?

Rechtsform

Entspricht die Rechtsform den
Markterfordernissen und ist sie klein
oder groß genug?

Ist alles im Handelsregister eingetragen?

Soll der Name der Firma bestehen bleiben?
Welchen »Wert« besitzt er am Markt?

Marketing

Auf welche Marketingmaßnahmen
setzt das Unternehmen? Wie hoch sind
die Ausgaben für Werbung?

Gibt es eine klare, konsequente und
zeitgemäße Corporate Identity, einen
auch optischen Wiedererkennungswert
für die Kunden?

Kaufpreis

Ist dieser angemessen?

Was genau bekommen Sie dafür?

Wie sind die Zahlungsmodalitäten?

Schauen Sie nicht nur auf die nackten Zahlen! Wie steht das Unternehmen da, welches Image hat es bei den Kunden? Solche Fragen sind mindestens genauso wichtig. Schließlich müssen Sie das Potenzial der Kunden einschätzen (werden sie weiter bei diesem Unternehmen kaufen, und in welchem Umfang) und sich ein Bild von den Kosten machen, die entstehen, wenn Sie sich neue Kundenkreise erschließen.

Ist der Kaufpreis berechtigt? Wie berechne ich eigentlich den Wert eines Unternehmens? Dazu existieren drei Verfahren: das Vergleichswertverfahren, das Ertragswertverfahren und das Substanzwertverfahren. Verbreitet ist eine Kombination aus Vergleichs- und Ertragswertverfahren.

Beim **Vergleichswertverfahren** analysieren Sie die Verkäufe ähnlicher Unternehmen in derselben Branche. Dabei helfen Ihnen auf diese Dienstleistung spezialisierte Unternehmensberater sowie Kammern und Berufs- oder Branchenverbände.

Das **Ertragswertverfahren** prognostiziert auf Basis der aktuellen Zahlen der letzten Jahre die künftige Ertragsentwicklung des Unternehmens. Dieser Wert interessiert Sie als Käufer, aber auch die Banken bei einer eventuellen Kreditaufnahme am meisten. Bei der Analyse sollten Sie wie bei einem Business Plan nicht nur von Zahlen, sondern auch von der Kunden- und Marktentwicklung ausgehen. Oder anders ausgedrückt: Eine Umsatzkurve geht nicht nur nach oben, weil dies immer so gewesen ist … Konjunkturelle Entwicklungen, die Kaufkraft, Trends, Gesetze etc. beeinflussen die Zahlen und müssen bei der Ermittlung des Ertragswertes eine Rolle spielen.

Das **Substanzwertverfahren** geht von den Wiederbeschaffungswerten von Maschinen, Gebäuden etc. aus. Dies ist allerdings ein wenig empfehlenswertes Verfahren, da die Anschaffungskosten wenig darüber aussagen, welche Umsätze ein Unternehmen erzielt und erzielen kann.

Ziehen Sie einen Wirtschaftsprüfer als Gutachter heran, wenn sich Ihr Interesse am Kauf gefestigt hat.

2.4 Franchising

Sie wollen direkt loslegen und haben das nötige »Kleingeld«? Neben der oben beschriebenen Betriebsübernahme kommt auch Franchising in Frage.

Die Hoons GbR, der Blumenfachhändler Blume 2000 oder auch das Zeit-arbeitsunternehmen Personal Total: Erfolgreiche Firmen und Ketten verkaufen Lizenzen an Neugründer, die das Unternehmenskonzept an einem anderen Standort aufbauen, die Idee weitertragen und entwickeln. So wundert es nicht, dass Franchising zu den erfolgreichsten Existenzgründungsformen überhaupt gehört.

Als Franchise-Nehmer-Duo profitieren Sie von vielen Synergieeffekten, etwa einem gemeinsamen Marketing, einem effektiven Vertrieb oder kostengünstigem Einkauf. Darüber hinaus erhalten Sie meist Gebietsschutz. Das bedeutet, dass sich in Ihrer Nähe kein anderer Franchise-Nehmer niederlassen darf, der Ihr Geschäft bedrohen könnte. Teamgründer sollten besonders darauf achten, dass das Konzept zwei oder gar mehr Unternehmer ernährt. Denn dies ist bei vielen Konzepten nicht der Fall.

Gründerporträt: Hoons GbR

Unternehmen	Hoons Blum, Bungardt & Eulenbach GbR
Branche	Systemgastronomie/Franchising
Gegründet	2005
Webadresse	*www.hoons.de*

GbRs backen kleine Brötchen? Für die Hoons GbR aus Hechingen gilt das sicher nicht. Hoons ist ein Projekt der drei Systemgastronomie-Profis Oliver Blum, Thomas Bungardt und Kay Eulenbach. Hoons bringt Geflügelspezialitäten ins Haus und bietet durch den sukzessiven Aufbau eines bundesweiten Franchising-Netzes quergedachte Lösungen in der schnelllebigen Gastro-Welt. Die drei Gründer geben dabei ihre fachlichen und menschlichen Erfahrungen offen in den GbR-Pool – die Franchisezentrale – und teilen ihre Aufgabengebiete nach ihren Vorlieben und den Anforderungen der externen Geschäftspartner.

Warum aber hat Hoons die GbR und nicht gleich die GmbH gewählt, zumal die Anfangsinvestitionen beträchtlich sind? Die Antwort erstaunt, denn Blum sagt: »Wir brauchen keine GmbH, weil wir uns vertrauen.« Zudem sei die GbR die unkompliziertteste Gesellschaftsform von allen. Ein Nothebel ist trotzdem angebracht. »Wir haben vertraglich festgelegt, dass Entscheidungen nur zu dritt gefällt werden können«, so Blum. Das heißt: Stimmt einer gegen einen Vorschlag, können Vorhaben nicht realisiert werden. Eine Steilvorlage für Blockadepolitik? Mitnichten, findet Oliver Blum. Wenn Dreistimmigkeit gefordert ist, führt dies dazu, dass jeder die anderen überzeugt. Und bei Beschlüssen ziehen am Ende alle an einem Strang.

Vor der gemeinsamen Haftung – ein Punkt, der andere Gründer oft direkt in die Arme der GmbH oder Limited treibt – hat keiner der Gründer Angst. Und dies, obwohl der Aufbau des Geschäfts viel Geld verschlingt und es schon im Geschäftsmodell begründet liegt, dass rote Zahlen geschrieben werden müssen, bis genügend Franchising-Partner gewonnen worden und deren Läden richtig angelaufen sind. Bei den Banken macht so viel Glaube an die eigene Idee bei hohem Risiko Eindruck. »Wir gelten ohne jede Frage als sehr viel kreditwürdiger als eine GmbH«, betont Blum einen weiteren Vorteil der GbR.

Wie es weitergeht? »Es wäre unseriös, das im Detail zu planen«, so Blum. »Niemand kann genau wissen, wie viele Franchisenehmer wir pro Jahr gewinnen können.« Tatsache aber ist, dass die Franchisenehmer einmaliges Know-how erhalten, denn Blum ist nicht nur Systemgastronomie-Profi, er ist auch Standort-Experte – und kann von daher künftige Franchise-Nehmer optimal beraten.

2.5 Nicht vergessen: Die Team-Vision

Die schönste Idee verpufft oder entwickelt nur die Hälfte ihrer Kraft, wenn nicht alle Teamgründer an einem Strang ziehen. Werden Sie sich über gemeinsame Ziele klar und verteilen Sie die Kompetenzen. Prüfen Sie Erwartungshaltungen. Wenn Ihr Partner lieber inhaltlich arbeiten möchte, der Aufbau Ihrer Idee aber volle Vertriebspower benötigt, ist dies eine schlechte Voraussetzung für Erfolg.

Ermitteln Sie Ihre gemeinsame Vision, die Sie mit der Idee verbinden. Fragen Sie sich gemeinsam mit Ihren Kollegen, wo Sie in zwei, fünf, zehn und zwanzig Jahren stehen möchten. Was soll erreicht sein? Wie genau soll Ihre Firma aussehen? Dazu gehören auch die Fragen nach der Zahl der Mitarbeiter, den Räumlichkeiten, dem Stellenwert auf dem Markt (Marktführer).

Um Ihre Vision fassbarer zu machen, helfen folgende Fragen:

- ▸ Was sollen Kunden in drei Jahren über Ihr Unternehmen sagen?
- ▸ Was sollen Kunden über Ihre Produkte oder Ihre Dienstleistung sagen?
- ▸ Welches Bekenntnis stecken Sie in Ihre Arbeit? Zu welchen Überzeugungen stehen Sie, die dem Kunden wichtig sein könnten?
- ▸ Welche Standards wollen Sie im Vergleich zur Konkurrenz setzen?
- ▸ Mit welchen Adjektiven können Sie Ihr Unternehmen beschreiben?

Welche Kernaussagen ergeben sich, wenn Sie die Antworten der unterschiedlichen Teammitglieder analysieren? Formulieren Sie aus den Antworten ein Mission Statement. Dies ist ein Bekenntnis, das ein Unternehmen seinen Kunden gegenüber macht. Es könnte etwa so lauten:

»*Wir möchten unseren Kunden die beste Beratung im Bereich Existenzgründung im Team bieten, die es am Markt gibt. Uns sind nicht nur die harten Fakten, sondern auch die vielen weichen Faktoren wichtig, die bei einer Gründung eine Rolle spielen. Deshalb sehen wir Sie nicht nur als Team, sondern auch als Einzelperson und verfolgen einen ganzheitlichen Ansatz, der jeden Gründer in seinen individuellen Rahmenbedingungen, Wünschen und Kompetenzen wahrnimmt und bei der Teamentwicklung berücksichtigt.*«

Ihre persönliche SWOT-Analyse

Stärken (Strengths) und Schwächen (Weaknesses), Chancen (Opportunities) und Bedrohungen (Threads) – auch über diese Aspekte Ihrer Geschäftsidee sollten Sie sich – einzeln und im Team – ausführlich Gedanken machen und die jeweiligen Ergebnisse dann im Gespräch abgleichen. In jedem Fall dient es der Vorbereitung Ihrer erfolgreichen Gründung. In dem folgenden Formular können Sie Ihre Idee systematisch nach einzelnen Aspekten überprüfen. Geben Sie sich zum Nachdenken ruhig etwas Zeit. Notieren Sie, wenn Sie etwas genauer oder/und mit fremder Hilfe überprüfen müssen – etwa die gesetzlichen Bestimmungen.

	Stärken	Schwächen	Chancen	Risiken
Markt				
Geschäftsidee				
Zielgruppe				
Preis				
Kapital				
Wettbewerb				
Räumlichkeiten				
Standort				
Erreichbarkeit				
Persönlichkeit des Gründers				
Branchen-erfahrung des Gründers				
Kompetenz des Teams				
Mitarbeiter				
Kontakte/ Netzwerk				
Konjunkturelle und wirtschaft-liche Rahmen-bedingungen				
Gesetzliche Bestimmungen				

Bewahren Sie diese Ergebnisse gut auf: In bestimmten zeitlichen Abständen können Sie sie immer wieder gemeinsam ansehen und sich gegebenenfalls neu positionieren, wenn sich Ihre Ziele, die Marktbedingungen o. Ä. verändert haben.

KEF-Methode

Eine andere Methode, die Gründungsidee und Unternehmensentwicklung im Blick zu halten, ist die KEF-Methode (auch CSF für »Critical Success Factors«). KEF steht für kritische Erfolgsfaktoren. Sie sollten diese Methode zusätzlich zur SWOT-Analyse nutzen, da sie detaillierter ist und eine bessere Vorlage für Ihre strategische Planung liefert.

Hinter KEF steckt ein simpler Kerngedanke: In jeder Branche und für jedes Geschäftsmodell lassen sich Faktoren definieren, die über Erfolg und Misserfolg entscheiden. Das sind die kritischen Erfolgsfaktoren. Diese Faktoren sind abhängig vom jeweiligen Gründungsmodell. Beispiele dafür sind:

- ▶ Management
- ▶ Mitarbeiter
- ▶ Standort
- ▶ Geschäftsräume
- ▶ Kapital
- ▶ Markt

KEF kennt ähnlich wie der Computer nur zwei Zustände: 0 und 1, nicht vorhanden oder vorhanden. Ist etwas nicht (ausreichend) da, spricht man von einem Mangelfaktor. Andernfalls ist es ein Erfolgsfaktor. Ziel ist, eventuelle Mangelfaktoren sofort auszugleichen, wenn sie entstehen.

Wie bei der SWOT-Analyse gilt es deshalb, alle Faktoren ständig im Blick zu halten, da sie sich dynamisch verändern – oft innerhalb weniger Monate. Der Faktor »Mitarbeiter« mag bei der Unternehmensgründung beispielsweise noch keine Rolle spielen, nach einem Jahr kann er jedoch zentrale Bedeutung erlangen. Wenn Sie so gewachsen sind, dass Sie keine Sekretariatsaufgaben mehr erledigen können, benötigen Sie dafür Personal. Ein weiteres Beispiel: Kapital. Gut möglich, dass das Überbrückungsgeld zu Beginn der Geschäftsidee ausreicht. Nach einem Jahr brauchen Sie jedoch neues Geld, um wachsen zu können. Besteht dann die Aussicht auf einen Kredit? Sind Sicherheiten vorhanden?

Wie Sie Ihre kritischen Erfolgsfaktoren ermitteln

Ihre Zukunft kann davon abhängen, deshalb sollten Sie sich für die KEF-Analyse Zeit nehmen. Ziehen Sie sich dazu am besten einen halben Tag an einen ruhigen Ort zurück. Schauen Sie sich Ihr Unternehmenskonzept an oder bringen Sie es endlich zu Papier (siehe Kapitel 3). Wie sehen Ihre unternehmerischen Ziele aus? Wenn Sie sich noch nicht darüber klar sind, ist es jetzt höchste Zeit, sich darüber Gedanken zu machen.

Unterscheiden Sie wie beim Marketing zwischen strategischen und operativen Zielen. Beispiel für ein strategisches Ziel. »Ich möchte mit meinem Lieferservice in der ganzen Region Dithmarschen bekannt werden.« Definieren Sie dieses Ziel möglichst genau und mit möglichst vielen Eckdaten. Etwa so: »Ich möchte innerhalb von einem Jahr mit einem 24-Stunden-Lieferservice für Öko-Produkte in der gesamten Region Dithmarschen bei allen Einwohnern bekannt werden.« Ein operatives Ziel, das dazu passt: »Mein Unternehmen soll schon nach einem halben Jahr einen Umsatz von 180.000 Euro machen und einen Gewinn von 36.000 Euro erwirtschaften, also eine Umsatzrendite von 20 Prozent haben.«

Wenn Sie diese Vorarbeit geleistet haben, können Sie mit der KEF-Analyse beginnen:

Um Ihre kritischen Erfolgsfaktoren zu sammeln, sollten Sie eine Liste aller Faktoren erstellen, die für den Erfolg Ihres Team-Unternehmens relevant sind. Die folgenden Fragen können Sie dabei unterstützen:

▶ Was müssen Sie in Bezug auf Ihre Branche beachten?
▶ Welche Faktoren basieren auf Ihrer Strategie, den Markt zu bearbeiten?
▶ Welche Faktoren hängen unmittelbar mit Ihrer Geschäftsidee zusammen?
▶ Welche externen Einflüsse wie Lieferanten, Gesetze, Kunden, Wetter oder Region gibt es?

Schreiben Sie wie in einem Brainstorming alle Gedanken erst einmal ungeordnet auf. Ordnen Sie die Faktoren später. Streichen Sie Doppelungen und bringen Sie dann die wichtigsten Erfolgsfaktoren zu Papier.

▶ Beispiel Unternehmensberatung: Qualität der Beratung, Marketing, Raum, Zielgruppe
▶ Beispiel Steuerberatung: Qualität der Beratung, Spezialisierung, Raum, Standort
▶ Beispiel Lieferservice: Kapital, Einkauf, Qualität, Service, Mitarbeiter

Anschließend können Sie Ihre Erfolgsfaktoren unter verschiedenen Aspekten betrachten:

1. **Kriterien messen:** Angenommen, einer Ihrer Erfolgsfaktoren sind die Mitarbeiter. Woran messen Sie diesen Faktor? Was macht einen guten Mitarbeiter in Bezug auf Ihr Geschäftsmodell aus? Vielleicht gehört auch die Qualität Ihres Angebots zu den Erfolgsfaktoren. Was ist gute Qualität hinsichtlich Ihres Geschäftsmodells?

▶ Beispiel Unternehmensberatung: Gute Qualität zeigt sich darin, dass Kunden wiederkommen.

▶ Beispiel Steuerberatung: Gute Qualität zeigt sich an einer niedrigen Fluktuationsrate unter den Kunden und einer hohen Weiterempfehlungsquote.

▶ Beispiel Lieferservice: Gute Qualität spiegelt sich in der Wiederkaufrate. Wie viele Erstbesteller ordern auch ein zweites Mal?

2. **Standards bestimmen:** Wer misst Ihre Qualität? Für einen Restaurantbesitzer ist das recht einfach. Er kann sagen: Wichtig ist, dass es mir schmeckt. Aber was sind die Kriterien für Ihre Coaching-Praxis, Ihre Steuerberater-Kanzlei oder Ihren Lieferservice? Ihre Standards müssen Sie immer individuell festlegen.

▶ Beispiel Unternehmensberatung: »Unser Qualitätsstandard ist erreicht, wenn ich auf einem Feedbackbogen mindestens die Note 2 erhalte und jeder zweite Klient innerhalb von einem Jahr wiederkommt.«

▶ Beispiel Steuerberatung: »Unser Qualitätsstandard ist erreicht, wenn die Klienten aus meiner subjektiven Sicht mit meiner Leistung zufrieden sind.«

▶ Beispiel Lieferservice: »Unser Qualitätsstandard ist erreicht, wenn jeder zweite Kunde noch einmal bei mir bestellt.«

3. **Faktoren steuern:** Im letzten Schritt gilt es, die Erfolgsfaktoren zu erreichen. Doch wie schaffen Sie das? Auch das sollten Sie genau planen.

▶ Beispiel Unternehmensberatung: Zum hohen Qualitätsstandard trägt stetige Weiterbildung bei sowie die Bereitschaft, auf die Kunden einzugehen. Denkbar ist auch, dass die Eingrenzung auf bestimmte Zielgruppen die Qualität erhöht. Wer jahrelang in der Medienbranche gearbeitet hat, kennt sich dort entsprechend gut aus und kann Kollegen besser beraten als ein Fachfremder.

▶ Beispiel Steuerberatung: Beim Steuerberater ist das Personal entscheidend. Es kann eine Strategie sein, nur Buchhalter einzustellen, die kommunikatives Talent besitzen. Wichtiger Faktor kann auch das Fachwissen sein, das sich beispielsweise dadurch steuern lässt, dass für Ihre Mitarbeiter der Besuch einer Weiterbildungsmaßnahme pro Jahr obligatorisch ist.

▶ Beispiel Lieferservice: Eine niedrige Reklamationsquote beim Lieferservice erreichen Sie durch gute Produkte und eine hohe Zuverlässigkeit.

Damit haben Sie eine Basis-Analyse erstellt. Im nächsten Schritt müssen Sie diese erweitern und ständig verfeinern. So lassen sich die Standards immer konkreter fassen. Beispiel Standort:

▶ Mindestens 10.000 Passanten sollen täglich an Ihrem Geschäft vorbeikommen.
▶ Das Ladenlokal soll mindestens 100 m² groß sein und eine eigene Küche besitzen.
▶ Die Umgebung muss repräsentativ sein, sich in einer bevorzugten Lage befinden.
▶ Die Geschäftsräume sollten sich in einem Altbau befinden.
▶ Die Miete darf 2.000 Euro im Monat nicht überschreiten.

Ihre persönliche KEF-Analyse

Definieren Sie mindestens vier und maximal sieben Erfolgsfaktoren:

Erfolgsfaktoren	Messkriterium	Standards	Steuerung

Messkriterium: Wie messen wir den definierten Erfolg?
Standards: Wie bestimmen wir z. B. Qualitätsstandards?
Steuerung: Mit welchen Maßnahmen steuern wir den Erfolg?

3 Erfolgsrezepte für erfolgreiche Teamgründer

Dieses Kapitel sollten Sie lesen, bevor Sie gründen, in eine Bürogemeinschaft einsteigen oder Mitgesellschafter in einer bestehenden Firma werden ... Denn eine Teamgründung birgt mindestens genauso viele Risiken wie Chancen. Ein hoher Prozentsatz aller Teamgründungen scheitert. Die Gründe sind unterschiedlich, lassen sich aber auf einen gemeinsamen Nenner bringen: In den meisten Fällen fehlten einfach die klaren Worte. Klare Worte über gemeinsame Ziele, eigene Kompetenzen und die Abgrenzung voneinander. Der Umkehrschluss ist leicht: Wenn Sie erfolgreich sein wollen, müssen Sie erst einmal ziemlich viele Eckpunkte klären ... Und erst dann geht's los.

3.1   Erfolgsrezept 1: Gemeinsame Ziele

Sie haben einen Partner, mit dem Sie sich wunderbar verstehen – vielleicht schon seit Studienzeiten oder seit der Sandkiste? Aber wissen Sie auch wirklich, was seine Ziele sind? Strebt er nach kaufmännischem Erfolg oder Selbstverwirklichung? Möchte er am Ende wenig arbeiten und viel Geld verdienen oder viel arbeiten und davon einigermaßen leben können? Vielleicht denken Sie, sie wüssten das alles. Schließlich kennen Sie sich. Doch wenn Sie das gemeinsame Ziel hinterfragen, werden Sie vielleicht feststellen, dass Sie sich geirrt haben. Mir sind zwei Unternehmerinnen in Erinnerung geblieben, die gemeinsam einen Second-Hand-Laden aufgemacht haben. Sie kannten sich seit der Sandkiste, hatten gemeinsam ihre Kinder bekommen und bis zur Schule großgezogen. Nun wollten sie ein Geschäft aufmachen, um endlich wieder arbeiten zu können, aber auch gleichzeitig flexibel genug sein, um Zeit für die Kinder zu haben, die dann nach der Schule auch mal im Laden warten könnten. Die beiden hatten gemeinsame Ziele, denken Sie? Sie irren sich. Nach wenigen Wochen bekriegten sich beide Frauen derart und auf einem so aggressiven Niveau, dass ihre Freundschaft für immer zerstört war. Sie redeten nicht mehr miteinander und gehen heute auf die andere Straßenseite, wenn die eine die andere sieht.

Der Grund lag einerseits in den unterschiedlichen langfristigen Zielen. Die eine wollte eine Second-Hand-Kette aus der Taufe heben und reich werden (wäre sie bereit gewesen, sich mit mir zusammen Zahlen anzusehen und die Idee zu besprechen, hätte sie erkennen müssen, dass dies schlichtweg ein nicht realistisches Ziel ist). Die andere wollte lediglich »etwas« haben, um beschäftigt zu sein und sich nicht nur als Hausfrau zu fühlen. Ihr war es egal, dass der Laden nur rund 300 Euro Gewinn im Monat abwarf.

Auch über die Art der Zielerreichung herrschte Uneinigkeit. Die eine wollte sich bei der Realisierung der Geschäftsidee und in den ersten Jahren beraten lassen, die andere fand das »lächerlich« und wollte kein Geld dafür ausgeben. Schließlich spielte auch die »gedrückte Zahnpastatube« der Gründer eine Rolle – die Zerfleischung wegen Kleinigkeiten wie der Preisfindung oder wie lange man mit einem Kunden reden sollte. Und ein weiterer Grund lag in komplett verschiedenen Wertvorstellungen. Gründerin Nummer 2 erwartete, dass Gründerin Nummer 1 drei Tage in der Woche arbeitete, da sie nur zwei Kinder habe, während sie selbst – mit drei Kindern – nur zwei Tage tätig werden wollte. Trotzdem wollte sie 50 Prozent des Gewinns (wie übrigens auch die Hälfte des Ich-AG-Zuschusses, den die andere bekam). Bis dahin hatte sie sich geweigert, einen Gesellschaftervertrag aufzusetzen – das habe man ja nicht nötig, man kenne sich ja … Heute führt Gründerin 1 den Laden und hat Angestellte.

Die Trennung war teuer und nervenaufreibend und hat letztlich nur Scherben hinterlassen.

Machen Sie es anders und klären Sie Ihre eigenen Ziele und die der Mitgründer, am besten mit einem neutralen Moderator.

Checkliste: Fragen an alle Teammitglieder vor der Geschäftsgründung

Was wollen Sie in drei Jahren erreicht haben? Wie viel Jahreseinkommen möchten Sie haben, wie sieht der Arbeitsalltag aus? Welche Rolle spielen Sie im Geschäft? Haben Sie Mitarbeiter, oder machen Sie alles selbst?

Welches sind Ihre persönlichen Werte? Möchten Sie sich selbst verwirklichen oder eine Idee realisieren, oder geht es primär darum, Geld zu verdienen?

Stellen Sie provokante Fragen wie: Wenn Sie sich zwischen Geld und inhaltlicher Selbstverwirklichung entscheiden müssten, was würden Sie wählen?

Was darf in drei Jahren auf keinen Fall passiert sein? (Stellen Sie auch Fragen, die bewusste und unbewusste Abwehrhaltungen zutage fördern.)

Wie sind die familiären Rahmenbedingungen? Unterstützt der Partner? Ist es das nahe oder ferne Ziel, eine Familie zu gründen? Welche Konsequenzen hat dieses persönliche Ziel für die Gründung?

Was sind die Gründer bereit, für die Realisierung der Geschäftsidee zu tun? Würden Sie ein Risiko eingehen und z. B. einen Kredit aufnehmen? Würden Sie investieren und dies mitunter auch privat absichern?

Protokollieren Sie die Ergebnisse der Besprechung über Ihre gemeinsamen Ziele. Fragen Sie sich gemeinsam, welche Konsequenz möglicherweise unterschiedliche Ziele haben. Entscheiden Sie sich gegen die Teamgründung, wenn die Unterschiede frappierend sind. Beispiel: Der eine Gründer möchte inhaltlich arbeiten, etwa als Designer, dem anderen geht es um den Aufbau eines lukrativen Geschäfts. Denken Sie über Alternativen zur gemeinsamen Gesellschaft nach, etwa eine Bürogemeinschaft oder eine projektweise Zusammenarbeit.

3.2   Erfolgsrezept 2: Unterschiedliche Kompetenzen

Schauen Sie sich einmal prominente Teamgründer an. Sehr häufig gibt es eine Lichtgestalt und jemanden im Hintergrund. Hewlett und Packard, Bill Gates und Paul Allen, Helmut und Achim Becker von Data Becker: Viele erfolgreiche Unternehmensgründungen sind zugleich auch Teamgründungen. Je unterschiedlicher die Charaktere und Kompetenzen, desto besser. Ideal ist etwa die Kombi aus einem kaufmännisch denkenden Gründer, der das Back Office liebt, und einem ausgebufften Kommunikationsmenschen, der nach vorne prescht und Geschäfte mit einem Riesenspaß am »Verkaufen« macht. Oder: Ein Team aus einem Strategen und einem operativen Macher. Zwei Kaufleute an der Spitze, zwei Marketingmenschen oder gar zwei Designer sind jedenfalls einer zu viel – es sei denn, einer von beiden entscheidet sich dafür, den Vertrieb zu steuern, und bringt von Haus aus Kompetenzen in diesem Bereich mit.

Werden Sie sich über Aufgaben klar

Ganz gleich, was Sie machen, Ihr Unternehmen muss verschiedene Aufgaben wahrnehmen. Am Anfang sind diese oft noch überschaubar, nach einiger Zeit werden es mehr. Der erste Schritt für Sie sollte sein, sich über diese Aufgaben klar zu werden – nur dann können Sie sie im nächsten Schritt auch verteilen. Trennen Sie Kernaufgaben von Aufgaben, die sich durch eine Gründung zwangsläufig ergeben, wie Buchhaltung oder die Gestaltung von Visitenkarten. Alles, was nicht zu Ihrem Kerngebiet gehört, lässt sich normalerweise leicht outsourcen, also anderen Dienstleistern übergeben. Prüfen Sie, ob dies – zu Ihrer eigenen Entlastung – möglich und kostenmäßig sinnvoll ist.

Die folgende Übersicht listet typische Aufgaben in Unternehmen auf. Die meisten dieser Aufgaben sind nicht Ihre Kernaufgaben, sondern Tätigkeiten, die die Existenzgründung mit sich bringt. Manche Aufgaben können auch zur

Kernaufgabe oder zeitweilig zur Kernaufgabe werden. Dies ist beispielsweise beim Thema Personal – an und für sich delegierbar – dann der Fall, wenn Sie ein Call Center oder Trainingsinstitut eröffnen und erst einmal gute Mitarbeiter brauchen, um überhaupt die geplanten Dienstleistungen in der beabsichtigten Qualität erbringen zu können.

Teamaufgaben im Überblick – und was sich von Anfang an delegieren lässt:

Die leicht zu delegierenden Aufgaben sind mit einem D versehen. CS bedeutet Chefsache: Dies sind Aufgaben, die zwar teilweise delegierbar sind, wo Sie aber als Team stark die Richtung bestimmen müssen.

Vorbereitende Buchhaltung	D
Buchhaltung	D
Rechnungen und Mahnwesen	D
Controlling	CS
Umsatzsteuervoranmeldungen und Kommunikation mit dem Finanzamt	D
Allgemeine Büroaufgaben wie Ablage	D
Telefonannahme	D
Eventuell Bestellannahme	D
Post	D
Recht und Vertragsgestaltung (AGB etc.)	D
EDV	D
Datensicherung	D
Support	D
Reklamationsannahme	D
Einkauf allgemein	CS
Wareneinkauf	D
Angebote erstellen	CS
Preisgestaltung	CS

Produktentwicklung	CS
Vertrieb – von der Akquisition bis zur Kundenpflege und Kundenbindung	CS
Produktpflege	CS
Anzeigenschaltung und Werbung	CS
Gestaltung des Außenauftritts	CS
Lohnbuchhaltung	D
Personaleinstellung	CS
Personalführung	CS
Team-Management	CS
Mitarbeitergespräche und Mitarbeitermotivation	CS
Reinigung	D

Aufgabenteilung

Unterschiedlichkeit ist ein Vorteil – das gilt für größere und kleinere Gründungen. Wenn sich ein Finanzmensch, ein Vertriebler und ein Spezialist für Technik zusammentun, ist dies eine gute Voraussetzung für längerfristigen Erfolg. Dies gilt vor allem dann, wenn Sie Ihre Fachgebiete glasklar abstecken und eindeutig voneinander abgrenzen. Jeder erhält damit seinen eigenen Verantwortungsbereich, den er auch entsprechend eigenverantwortlich ausgestalten kann. Im Vorfeld sollten Sie deshalb diese Trennung der Verantwortlichkeiten in einem gemeinsamen Gespräch herbeiführen. Sie sollten zudem detailliert über die Konsequenzen nachdenken, die diese Trennung für alle Handlungen und die Außendarstellung hat. Ganz wichtig ist es dabei, sich von der Vorstellung freizumachen, dass bestimmte Aufgaben wichtiger für den Erfolg sind als andere. Sie sind ein Team und arbeiten zu zweit oder zu dritt an Ihrem gemeinsamen Erfolg. Wer sich da als Star fühlt, dem allein der Applaus gebührt, hat schon verloren. Was nicht heißt, dass es keinen Selbstdarsteller geben sollte. Im Gegenteil: Der wirksam auf das Gegenüber abgestimmte Hang zur Selbstdarstellung ist für einen Vertriebler vollkommen in Ordnung. Nur sollte es eben besser nur eine(n) und nicht zwei extrovertierte Frontmänner oder -frauen geben – das führt automatisch zu Auseinandersetzungen um die Frontstellung.

Checkliste: Aufgabenteilung

Die folgende Checkliste soll Ihnen bei der Aufteilung von Verantwortlichkeiten helfen. Inhaltlich zusammenhängende Aufgaben sind in Gruppen gebündelt, denen ich jeweils eine bestimmte Farbkombination zugeordnet habe:

Rot   = eher operative, extrovertierte Macheraufgaben
Grün = Kommunikative und kreative, extrovertierte Aufgaben
Gelb = Verwaltungsaufgaben (Administration und Organisation)
Blau = Strategische Aufgaben (Planung, Konzeption)

Aufgabengruppe Rot

Leitfrage: Wer ist der Macher?

Wer übernimmt die Akquisition?

Wer übernimmt die Vertriebsaufgaben?

Wer ist für das Marketing zuständig?

Aufgabengruppe Grün

Leitfrage: Wer ist der Kommunikator?

Wer ist für die Kommunikation mit der Presse zuständig?

Wer ist für die Kommunikation mit Kunden zuständig?

Wer ist für die interne Kommunikation zuständig, sorgt z. B. für regelmäßige Teambesprechungen?

Wer kümmert sich um Aushilfen und (freie) Mitarbeiter?

Aufgabengruppe Gelb

Leitfrage: Wer ist der Organisator?

Wer übernimmt die (vorbereitende) Buchhaltung oder die Kommunikation mit dem Steuerberater?

Wer kontrolliert Zahlungseingänge?

Wer schreibt Rechnungen?

Wer kümmert sich um Ablage?

Wer sorgt dafür, dass immer genug Büromaterial da ist?

Wer übernimmt die Pflege der Kundendatenbank?	
Wer kümmert sich um die EDV?	
Wer kümmert sich – gegebenenfalls – um Lohnabrechnungen?	
Wer kontrolliert den Lagerbestand, bestellt Ware etc.?	

Aufgabengruppe Blau

Leitfrage: Wer ist der Vordenker?	
Wer erarbeitet Konzepte und langfristige Planungen?	
Wer denkt über neue Produkte und Angebote nach?	
Wer entwickelt das Geschäft den Markterfordernissen entsprechend weiter?	
Wer denkt im Hintergrund über Chancen und Risiken nach und verändert den Business-Plan den Gegebenheiten entsprechend?	

Alle Aufgaben sind notwendig und müssen erledigt werden, unabhängig von Ihrem Geschäftsmodell. Selten gibt es totale Generalisten, fast immer ist eine Präferenz für den eher extrovertierten oder den eher introvertierten Bereich erkennbar. Dabei vertritt die Autorin den angloamerikanischen Glaubenssatz, dass jemand das, was er gern tut, in der Regel auch gut macht. Natürlich gibt es Ausnahmen – beispielsweise »verkannte« Schriftstellergenies, die sich bei genauer Betrachtung in eine Idee verrannt haben –, doch grundsätzlich bestätigt die Praxis die Überzeugung: Jemand, der gerne akquiriert, hat dabei auch Erfolge. Es ist bei Teambesprechungen also eine gute Methode, mit Fragen zu arbeiten, die die Präferenzen der einzelnen Teammitglieder erkunden.

Typischerweise sind strategische Aufgaben am Anfang eher Teamaufgaben. Alle planen gemeinsam, wobei sich sehr häufig eine Person herauskristallisiert, die besonders viele »blaue« Anteile hat und die Rolle des Denkers und Mahners übernimmt – nicht selten aber auch des langsamen, zurückhaltenden Entscheiders.

Selbstverständlich können Sie die Gruppenaufgaben auch bündeln. Sehr gut passen Rot und Grün zusammen oder auch Grün und Blau. Weniger typisch ist, dass operative (rot und gelb) und strategische Talente zusammenfallen, aber Ausnahmen bestätigen wie immer die Regel.

Teilen ja, aber nicht separieren

Das Aufteilen von Aufgaben ist sinnvoll, damit verbunden sollte auch die Verteilung von Verantwortung sein. Es ist müßig, wenn der für den Einkauf zuständige Administrationsmensch stundenlang über den Typ der anzuschaffenden Drucker referieren und diskutieren muss und die anderen mit gleichem Engagement mitmachen. Besser: Er macht den Vorschlag, die anderen geben Anregungen oder Tipps. Punkt.

Verantwortungsbereiche sollten auch nicht wie Inseln sein, auf denen ein Diktator seinen Machtbereich beherrscht (was in vielen Unternehmen leider Realität ist). Nutzen Sie vielmehr das Potenzial der anderen für den gemeinsamen Zweck und das gemeinsame Ziel. So kann es sein, dass ein Macher nicht besonders gut in der strategischen Vorplanung ist. Er stürzt sich zwar engagiert überall hinein, aber hat sich im Hintergrund vielleicht schlecht vorbereitet. Die Gefahr besteht, dass dies in einem Kundengespräch unangenehm auffällt – durch fehlendes Know-how, möglicherweise auch auf Zahlen bezogen. Wenn der »Macher« das selbst weiß und anerkennt, kann er seine Vorhaben mit einem »blauen« Teammitglied planen. Zu Kundengesprächen erscheinen dann beide gemeinsam.

3.3 Erfolgsrezept 3: Privat und beruflich trennen

Das ideale Gründerteam kennt sich nur aus dem beruflichen Kontext. Nichts verbindet es, außer vielleicht ein paar nette Kneipenabende und ein Essen dann und wann. Der Respekt voreinander ist in so einer Konstellation automatisch höher. Sie wissen nichts von all den kleinen Abgründen, die jeder irgendwo besitzt, und diese können folglich auch die Arbeit nicht unterschwellig beeinflussen. Über Ziele und die Verteilung von Kompetenzen kann offen und ohne Rücksichtnahme gesprochen werden, und in Teambesprechungen geht es ums Geschäft und nicht um die Gestaltung des nächsten Spieleabends.

Beim Geld hört die beste Freundschaft auf. Und bei der Gründung geht es immer auch um Geld. Mitunter spielt das Geld sogar die Hauptrolle. Entsprechend hoch ist das Konfliktpotenzial, wenn Gründer sich zusammentun, die sich aus dem privaten Umfeld kennen. Während Fremde offen über Geld reden, klammern Freunde dieses Thema gerne aus. Man kennt sich ja schon so lange, und Geld ist bekanntlich nicht wichtig. Jedenfalls nie so wichtig wie eine Freundschaft … Pustekuchen. Selbst wer das ehrlich glaubt, wird in der Praxis bald vom Gegenteil überzeugt werden.

Wer sich privat kennt und ein gemeinsames Unternehmen aufzieht, muss oft mit schärferen Konflikten rechnen, mit fliegendem Geschirr, mehr bösem Blut und radikaleren Trennungen. Je enger die Freundschaft, desto mehr Emotionalität steckt in der Beziehung. Kein Wunder, dass viele Gründungen von Ehepaaren oder anders verbandelten Männern und Frauen mit einem großen Knall auseinander gehen oder aber ständig unter Strom stehen.

Das soll nicht heißen, dass es nicht auch gut gehen kann – viele Gastronomiebetriebe sind beispielsweise Familienbetriebe. Dies ist aber ein Bereich, in dem sehr häufig eine traditionelle Rollenaufteilung herrscht – eine Kombination, die dem Konflikt oft den Wind aus den Segeln nimmt.

Häufiger als gleichberechtigter Gesellschafter ist der Partner helfender Unterstützer – die Entscheidungen liegen klar in einer Hand. Die Fälle, in denen ein Ehepaar eine Firma über einen längeren Zeitraum führt, sind rar – Sonia und Willy Bogner, die Sportmodefürsten aus München, sind so ein Beispiel. Trotzdem: Wer nicht unbedingt zusammen gründen muss, sollte lieber auf Einzelunternehmen setzen – oder zwei Firmen parallel aufmachen, damit jeder seinen Verantwortungsbereich hat.

Das ist bei Ehepaaren noch aus einem anderen Grund sinnvoll: Wenn das Unternehmen scheitert, scheitert nur einer. Auch Gläubiger können nur auf das Vermögen des einen zugreifen. Dies hat die irrwitzige Konsequenz, dass immer wieder von Fällen zu hören ist, wo der insolvente Ex-Unternehmer in einer Villa mit Swimmingpool residiert – ER hat ja kein Vermögen, sondern nur die Ehefrau. Besser als eine gemeinsame Gründung: Stellen Sie Ihren Partner an, über Beteiligungen können Sie zu einem späteren Zeitpunkt immer noch sprechen.

Gründerporträt: PWSoft – »Die GbR wird uns langsam zu klein«

Unternehmen	PWSoft Fischer & Lavetz GbR
Branche	Musik/IT
Gegründet	2002
Webadresse	*www.moodmixer.net/pwsoft*

Haben Sie schon einmal Radio laut.fm gehört? Das ist ein so genanntes Webradio, ein Radio im Internet. Und hier spielt die Musik von Kerstin Laveatz und Peter-Wolfgang Fischer. Oder vielmehr: Hier spielt ihre Universal Mix Machine (oder auch

UMM). Diese pfiffige Software ist gerade für Webradios eine geniale Unterstützung. Mit der UMM lässt sich Musik automatisch zusammenstellen und je nach Hörer-Geschmack individuell und gleichzeitig automatisch mixen. Ein toller Komfort für Web-radios. Das Interesse an dem PW Soft-Programm ist bei den Betreibern entsprechend groß.

Schon seit 2002 sind Laveatz und Fischer Geschäftsführer ihrer GbR für Software-entwicklung. Ende 2005 befinden sie sich auf der Suche nach einer neuen Gesell-schaftsform. »Die GbR wird uns zu klein, wir müssen wachsen«, so Laveatz. Welche Gesellschaftsform es wird, steht noch nicht fest. In Frage kommen jedenfalls neben der GmbH auch die Limited. Doch erst einmal sammelt Laveatz Informationen, wägt Vor- und Nachteile ab.

Die Nachfrage nach der Universal Mix Machine sprang erst nach einer Strategie-änderung so richtig an – statt auf private Kunden schwenkte PWSoft auf Firmen um. Vorher dümpelte das Unternehmen eher vor sich hin. Laveatz' Fazit: »Der Privatkun-denmarkt ist einfach wenig lukrativ.« Nun ist alles anders, und es interessieren sich sogar Venture-Capital-Geber für das junge Unternehmen.

Die Diplom-Architektin schaut neugierig in die Zukunft. »Bisher haben wir zu Hause gearbeitet, bald werden wir sicher auch ein Büro beziehen«, sagt sie. Verkraftet die GbR die anstehenden Veränderungen? »Wir sind ein gutes Team: Peter ist ein genialer Programmierer und ich eine prima Vertriebsfrau. Wir ergänzen uns optimal«, so Laveatz. Die private Beziehung der beiden Gründer erschwert manchmal den Blick auf das Nur-Berufliche. Doch der Nutzen des »Doppelpacks« steht über der manchmal zu großen privaten Nähe.

Indes wirkt die Chance, die sich gerade auftut, auch wie ein Befreiungsschlag für das Unternehmen. Endlich Erfolg – nach so vielen Jahren am Minimum! In Zukunft heißt es: Volle Kraft voraus auf die Universal Mix Machine. Kerstin Laveatz: »Ich bin gespannt, was auf uns zukommt, und hoffe, dass die Leser dieses Buches die aktuelle Entwicklung ebenso gespannt mitverfolgen.« Klicken Sie mal rein: *www.moodmixer.net/pwsoft*.

Wenn Freunde trotzdem gründen ...

Und trotzdem sind es meist Bekannte, die ein Team bilden wollen und damit auch erfolgreich sein können, wenn sie sich an bestimmte Grundsätze halten. Klären Sie jedoch von Anfang an die Ausgangsbasis (Ziele, Kompetenzen) und auch die Regeln für den Umgang untereinander.

Tipp: So können Freunde bei einer Gründung auf Distanz gehen

- Alle Beteiligten müssen sich klar darüber sein, dass das gemeinsame Ziel darin liegt, ein erfolgreiches Unternehmen aufzubauen, und nicht etwa darin, möglichst viel Spaß miteinander zu haben.
- Private Konflikte werden auch privat geregelt: im privaten oder neutralen Umfeld.
- Im Geschäft spielt es keine Rolle, was Sie über das Privatleben der anderen Gründer wissen.
- Ihr Privatleben ist keine Entschuldigung dafür, sich gehen zu lassen. Das würden Sie als Angestellter auch nicht tun. Sie würden sich auch nicht so stark gehen lassen, wenn Sie mit einem Nur-Geschäftspartner arbeiten würden, wetten?
- Führen Sie Teambesprechungen moderiert und mit einem Themenleitfaden durch. Private Unterhaltungen sollten nicht verboten sein, aber auch auf keinen Fall beherrschend.
- Nehmen Sie sich einmal im Monat Zeit, über aufgestauten Frust unter neutraler Anleitung eines Supervisors zu sprechen und gemeinsame Lösungen zu finden.
- Kommunizieren Sie deutlich und klar und verlassen Sie sich nicht auf das Gefühl, »der/die kennt mich doch und weiß, was ich denke«. Sie werden überrascht sein, wie oft Sie das nicht wissen – und umgekehrt.
- Interpretieren Sie nicht aus Ihrem eigenen Erleben und aus Ihrer eigenen Erfahrung, denn damit liegen Sie sehr oft falsch. »Das meint er/sie bestimmt so oder so« – wenn Sie nicht sicher sind, fragen Sie besser nach oder fassen Sie zusammen: »Habe ich dich richtig verstanden, dass ...?«

Wenn Sie im Team arbeiten, ist das ein wenig so, als wären Sie verheiratet. Aber während künftige Ehepaare vor dem endgültigen Schritt meist schon mal probeweise zusammenleben, mieten sich künftige Teams in der Regel sofort gemeinsamen Büroraum.

Sie wissen dann (noch) nicht, welche Kleinigkeiten den jeweils anderen verärgern oder gar auf die Palme bringen können. Möglicherweise ist es schon eine schmutzige Kaffeetasse oder ein Handtuch, das zu lange ungewaschen am Haken hängt. Noch viel größer ist die Gefahr, dass sich Streit an einer (oder mehreren) Zigaretten entzündet oder am unaufgeräumten Bürozimmer. Gut möglich, dass Ihr Mitgründer immer nur Aldi-Kaffee einkauft und sich über Ihren »Tchibo« aufgrund von 1 Euro Differenz auf den Schlips getreten fühlt. Sprechen Sie alle künftigen Berührungspunkte vorher an, so »lächerlich« sie Ihnen auch erscheinen mögen.

Checkliste: Freunde als Team

Gehen Sie mit folgender Checkliste alle möglichen »Steine des Anstoßes« systematisch durch:

Wann wird gearbeitet? Vereinbaren Sie Kernarbeitszeiten, an die sich jeder hält, oder Gestaltungsspielraum – der dann aber für alle gelten muss.

Wann sind Ferien und wie lange wird Urlaub gemacht?

Gibt es eine Mittagspause? Wie lang sollte diese sein?

Darf geraucht werden? Wie viele Zigaretten »erträgt« der andere? Dürfen Kunden rauchen? Was geschieht mit der Asche?

Wer kauft ein und von welchem Budget? Welche Spielregeln gelten beim Ausgeben – oder auch beim Sammeln der Quittungen?

Wer räumt sein eigenes Büro auf und saugt Staub? Wie sauber muss alles sein? Wer kümmert sich um Gemeinschaftsräume wie Küche und Bad? Gibt es eine Putzfrau? Wann soll diese kommen und was darf sie kosten?

Bleiben die Türen auf, wenn telefoniert wird? Darf laute Radiomusik schallen oder ist Ruhe angesagt?

Wie werden Kunden bedient?

Ist eine Mutter unter den Gründerinnen oder ein Vater? Ist es okay, wenn er/sie die Kinder schon mal mit ins Büro nimmt, damit diese dort Hausaufgaben machen?

Wie werden Daten gesichert und wer sichert die Daten wann ...?

3.4 Erfolgsrezept 4: Auch für sich selbst erfolgreich sein

Eine Teamleistung ist die Summe der Leistungen eines jeden Einzelnen. Jeder im Team muss sein Bestes geben – und damit er oder sie das kann, sollte er nicht nur am Team, sondern auch an sich selbst arbeiten. Bei allem Teamdenken ist ein Erfolgsrezept deshalb auch das An-sich-selbst-Denken. Das heißt: Die eigene Leistung entsprechend wertzuschätzen, sich zu verbessern und an sich selbst zu arbeiten. Als Teamgründer sollten Sie also nicht zu stark mit dem Team verschmelzen, sondern bei aller Gemeinsamkeit als Einzelperson sichtbar und aktiv bleiben.

Dabei hilft regelmäßige Reflektion mit Personen, die außen stehen und Sie nur als Einzelperson sehen. Das kann der Partner sein, aber auch ein Bekannter. Das kann aber auch (zusätzlich) ein so genanntes Erfolgsteam sein (4–6 Unternehmer treffen sich alle 2–4 Wochen, um gemeinsam persönliche Ziele zu erreichen) oder aber ein Coach.

3.5 Erfolgsrezepte für Bürogemeinschaften

Nicht immer steuern Sie das Team von Anfang an mit. Da ist diese Anzeige in der Zeitung: »Bürogemeinschaft hat Arbeitsplätze frei.« Mehr oder weniger neutral formuliert. Und Sie fragen sich: Wie finde ich heraus, ob das mit diesen Leuten – alles Fremde oder bestenfalls entfernte Bekannte – funktionieren kann? Am besten, indem Sie sich möglichst intensiv mit dem neuen Team auseinander setzen und vielleicht auch einmal »auf Probe arbeiten«.

Ganz wichtig ist es, schon im Vorfeld alle Fragen zu stellen, die vielleicht relevant werden könnten. Dabei können Sie sich gut in diesem Kapitel bedienen. Diese Fragen lassen sich auch gut an eine Ist-Situation anpassen, sofern die Bürogemeinschaft bereits besteht und sich nicht etwa erst neu gründet.

Miteinander und Teamkultur haben sich in einer bestehenden Gemeinschaft bereits herausgebildet. Diese Teamkultur beinhaltet die Art des Miteinander-Umgehens, die Art der Konfliktlösung, den Gesprächsstil in der Gruppe oder auch den Anteil und die Form gemeinsamer Freizeitaktivitäten.

Checkliste: Fragen beim Einstieg in ein bestehendes Team

Hier finden Sie Beispiele für Fragen, die zusätzlich zu den bereits genannten auftauchen können, wenn Sie in ein bestehendes Team kommen:

Gibt es regelmäßige Teamsitzungen?

Wer moderiert diese?

Ist der Umgang mit Konflikten geregelt?
Was geschieht, wenn es zwischen den
Teilnehmern der Bürogemeinschaft kracht?

Kennen sich die Büromitglieder von früher?

Gab es bereits einen Wechsel innerhalb
der Bürogemeinschaft?

Wenn ja: Woran ist das Miteinander
gescheitert?

Welche Aufgaben werden gemeinsam
erledigt, welche getrennt?

Sind Synergien auch in der Zusammenarbeit
gewünscht und wie sehen diese aus?

Wie werden Gemeinschaftsräume – wie
etwa ein Konferenzraum – »aufgeteilt«?

Falls Sie sich mit einer weiteren Person ein Zimmer in der Bürogemeinschaft teilen, empfiehlt es sich immer, eine Probearbeitszeit zu vereinbaren. Ich habe Selbstständige erlebt, die daran verzweifelt sind, dass ihr Büronachbar ständig laut gegessen oder Selbstgespräche geführt hat. Als Unternehmer haben Sie hier einen klaren Vorteil den Angestellten gegenüber: Sie können sich Ihre Kollegen aussuchen und sollten dies auch tun. Nichts ist frustrierender, als mit einem Menschen im selben Büro festgenagelt zu sein, den Sie nicht mögen …

Bedenken Sie: Missstimmungen entstehen ähnlich wie in einer Ehe oft aus nichtigem Anlass. So kann ein Teammitglied, das die Kekse eines anderen auf-isst (vielleicht im Glauben, diese seien für die Allgemeinheit bestimmt) ebenso Sprengstoff einbringen, wie jemand für Ärger sorgen kann, der während der Arbeit Kaugummi kaut (was der Büronachbar einfach nicht mag).

Gleich und Gleich oder unterschiedlich?

»Wir suchen Kollegen aus dem Medienbereich.« Oft suchen Bürogemeinschaften Menschen aus einem ähnlichen beruflichen Umfeld. Das macht Sinn: Ein Grafiker und ein Texter harmonieren gut und können vielleicht auch den einen oder anderen Auftrag gemeinsam bewältigen. Hier gilt das Gleiche, was auch bei vertraglich verbundenen Teams feststeht: Gut, wenn sich Kompetenzen ausgleichen. Schwierig wird es auf der anderen Seite immer dann, wenn eine Konkurrenzsituation entsteht.

Aber auch Bürogemeinschaften mit einer vollkommen gegensätzlichen »Besetzung« können gut funktionieren. Oft bringt dies nicht nur bürotechnische (niedrigere Miete, gemeinsamer Kopierer etc.), sondern auch berufliche Synergieeffekte mit sich, die auf den ersten Blick gar nicht offensichtlich sind. Doch die Kombination Designer und Unternehmensberater kann auch beruflich neue Kräfte wecken, wenn der eine von den Kunden des anderen profitiert. Leider darf sich nicht jeder mit jedem zusammenschließen. Rechtsanwälten ist nur die Gemeinschaft mit anderen Rechtsanwälten, Steuerberatern, Wirtschaftsprüfern oder vereidigten Buchprüfern erlaubt.

3.6 Die häufigsten Fehler von Teamgründern – und was Sie dagegen tun können

Interview

Thorsten Müller, Gründungs-Coach und Projektleiter im Enigma Gründungszentrum Hamburg (*www.enigmagruendungszentrum.de*), hat über 450 Gründungen begleitet. Rund 10 Prozent davon wollten als Team starten – und haben es sich häufig dann doch anders überlegt. Ich habe mit ihm über die Fehler gesprochen, die in Gründerteams sehr verbreitet sind:

Herr Müller, was machen Teamgründer denn falsch?
Fast alle Teamgründer, die mir begegnet sind, haben zu wenig miteinander geredet – obwohl sie sich fast immer sehr gut kannten. Sie waren sich nicht wirklich klar über ihre Ziele oder auch die Unterschiedlichkeit der Ziele. Da kann es sein, dass der eine Geld verdienen und der andere sich selbst verwirklichen möchte. Auch die Werte können sich radikal unterscheiden: Da hat der eine Mut zum Risiko, während der andere auf Sicherheit bedacht ist. Da beide aber nicht miteinander reden, kommen

die Differenzen normalerweise erst viel zu spät heraus. Bei uns werden Gründer in einem Prozess mit ihren eigenen Zielen konfrontiert. Das ist der Grund, aus dem sich sehr viele Gründer, die als Team zu uns gekommen sind, dann schließlich doch dagegen entschieden haben.

Was ist passiert, wenn sich Gründer bei Enigma gegen die Teamgründung entschieden haben?
Sie haben doch allein gegründet und sind auf andere Formen der Zusammenarbeit ausgewichen. Lockere Kooperationen und Bürogemeinschaften etwa.

Der zweite Fehler?
Der liegt darin, dass sich oft Gleich und Gleich zusammentun. Zwei Grafiker, die sich schon im Studium gut verstanden haben, oder sogar zwei Freunde, deren Verbindung bis zurück in die Sandkiste reicht. Oft liegen auch deren Kernkompetenzen in ganz ähnlichen Bereichen. Aber wo ist da die Ergänzung? Wer übernimmt so »unangenehme« Dinge wie die Buchhaltung? Auch die Aufgaben müssen schon am Anfang klar verteilt werden. Und dabei tut es einem Team nur gut, wenn die Kompetenzen nicht in gleichen, sondern in gegensätzlichen Bereichen liegen.

Bei Ihnen müssen sich die Gründer schon vor der Gründung mit diesen Fragen auseinander setzen. Aber was machen Teamgründer, die ohne Enigma starten?

Sie sollten einen externen Moderator hinzuziehen, der durch die entscheidenden Fragen zu Zielen, Werten und der Aufgabenverteilung navigiert und erreicht, dass sich das Team positiv damit auseinander setzt. Der Moderator sollte – wie wir es auch tun – schon mal provokante Thesen oder Fragen in den Raum stellen. Gerade zwischen guten Freunden bestehen oft Berührungsängste, auch über oft fast tabuisierte Themen wie Geld zu sprechen. In zwei mal drei Stunden kann ein solches Teamcoaching sehr viel Klarheit bringen. Hierbei ganz wichtig ist eine Antwort auf die Frage: »Wo steht das Unternehmen in drei Jahren?« Wenn diese bei den Teammitgliedern völlig unterschiedlich aussieht, sollten sie von der Gründung Abstand nehmen. Ein guter Kompromiss ist auch eine Bürogemeinschaft, in der jeder für sich allein arbeitet und doch den Austausch unter Kollegen hat. Es macht auch sehr viel Sinn, sich für Projekte zusammenzuschließen. Team ist also nicht gleich Team. Die Intensität ist sehr unterschiedlich und erfordert mal mehr, mal weniger Kompromisse.

Sind lockere Bürogemeinschaften wirklich so unproblematisch?
Natürlich nicht. Auch hier gibt es jede Menge Konfliktpotenzial. Das fängt an bei der Frage, wer denn den Mietvertrag unterschreibt und das Risiko trägt, dass Büroräume leer stehen können und auch dann bezahlt werden müssen, wenn ein Mitglied der Gemeinschaft auszieht.

Es geht weiter um die Frage, wie viel Geld der Hauptmieter für sein höheres Risiko und die Kosten der Büroorganisation einbehalten kann, und dann auch um die manchmal entscheidende Frage, wer denn eigentlich das WC reinigt …

Was sollten Bürogemeinschaften tun, um gut zusammen zu arbeiten?
Alle gemeinschaftlichen Verantwortungsbereiche müssen genau und kleinteilig definiert sein, damit auch bestimmt werden kann, wer für was die Verantwortung übernimmt. Der Prozess der Kündigung des Raumes muss ebenso durchdacht sein wie der der Aufnahme von neuen Teammitgliedern sowie die Frage, was passiert, wenn einer mit dem anderen nicht kann … Wenn so etwas nicht von Anfang an geklärt ist, entstehen Konflikte.

Und worauf sollten Bürogemeinschaften bezogen auf Synergien achten?
Auch hier ist Klarheit der erste Schritt. Was verspreche ich mir von der Bürogemeinschaft? Welche Konstellation bringt die besten Synergien für die eigenen Ziele? Ideal, wenn sich eine Architektin mit einem Designer zusammentut oder ein Texter mit einem Layouter.

Welche weiteren Alternativen zur GbR sehen Sie?
Die projektweise Zusammenarbeit ist eine weitere Möglichkeit, sich zu ergänzen – ohne gleich den großen Schritt in eine Teamgründung zu unternehmen. Einer ist dabei der Auftraggeber, der andere Auftragnehmer. Diese Rollen können wechseln, so dass jeder einmal »Chef« des anderen ist.

Internetadressen

- Projekt PIN (*www.projekt-pin.net*): Viele interessante Infos zu Konflikten und Teams

- Karriere & Entwicklung (*www.karriereundentwicklung.de*): Svenja Hofert (Autorin) und Christiane Ludwig coachen Gründer bei Konflikten (und helfen diese zu vermeiden)

- Erfolgsteams (*www.erfolgsteams.de*): Ulrike Bergmann führt Teams zum persönlichen Erfolg. Dabei handelt es sich um Einzelunternehmer oder Gründer, die sonst in einem anderen Kontext ein gemeinsames Unternehmen betreiben.

4 Team-Marketing

Macht ein Team anders für sich Werbung als eine einzelne Person? Ja! Auf die Unterschiede in der Unternehmensdarstellung zielt dieses Kapitel. Wie stellen wir uns dar? Was können wir tun, um unser Geschäft bekannt zu machen? Wie gewinnen und binden wir Kunden? Die Antworten lesen Sie hier.

4.1 Zuerst der Name

Während Einzelunternehmer oft auf »Personality« setzen und selbst die Firma sind, steht bei Teamgründern vielfach das Unternehmen und weniger seine Gründer im Vordergrund. Dies muss aber nicht so sein. Gerade Freiberufler tun oft gut dran, mehr auf die Wirksamkeit des eigenen Namens zu setzen – logisch ist dies etwa in einer Arztpraxis, wo zwei Arztnamen auf dem Schild stehen. Erwägenswert ist dies auch bei zwei Unternehmensberatern, die ihre Kunden vor allem über den eigenen Namen generieren. Dann empfiehlt sich »Freese & Meyer Unternehmensberatung« mehr als »Kompetent GbR«.

Klar liegt der Fall, wenn das Produkt im Vordergrund steht – es sei denn, Sie sind durch die gesellschaftsrechtlichen Bestimmungen verpflichtet, den Namen mit aufzunehmen. Dies ist etwa bei der GbR der Fall, dort sind die Namen der Gesellschafter Firmennamens-Bestandteil, und noch viel mehr bei der Partnergesellschaft, die immer so heißt wie mindestens ein Gesellschafter (Egon Müller & Partner). Sie führen also z. B. nicht nur Futur Zwei als Firmennamen, sondern die »Futur Zwei Billhardt, Reiling & Freese GbR«.

Wenn die Firma einen Fantasienamen trägt, so ist es eine der wesentlichen Aufgaben der Teamgründer, diesem Fantasienamen eine Persönlichkeit zu geben. Was sollen Kunden in der »Superduper GbR« sehen, was interpretieren Sie in den Klang des Namens, welche Eigenschaften hat das Unternehmen? Ist es besonders zuverlässig oder sehr trendy, bietet es ausgefeilten Service oder setzt es auf ein gutes Preis-Leistungs-Verhältnis?

Checkliste: Entscheidungskriterien für den Firmennamen

Für einen **Personennamen** (»Heinz Müller & Karl Krause Unternehmensberatung«) spricht:

- Sie bieten eine individuelle Dienstleistung an.
- Ihre Dienstleistung ist stark an die Persönlichkeit der Gründer gebunden.
- Es kommen Kunden zu Ihnen, weil sie mit Ihnen als Person zufrieden sind oder sich mit Ihnen identifizieren.

Für einen **Fantasienamen** (»Superduper GbR«) spricht:

- Im Mittelpunkt steht ein Produkt (z. B. »Google«, die Suchmaschine)
- Die Dienstleistung ist standardisiert (beispielsweise »Topbuero« als Bürodienstleister).

Der Duo-Effekt

Wenn Sie bewusst zu zweit auftreten, kann dies Ihre Marketing-Wirkung verdoppeln – oder sogar noch mehr bewirken. Kunden sehen doppelte Kompetenz und doppelte Verlässlichkeit, beides Effekte, die sich steuern und gezielt einsetzen lassen. Denken Sie nur an die Brüder Klitschko, oder an »Hesse & Schrader« als Synonyme für Bewerbungskompetenz. Auch unter weniger prominenten Unternehmern sind Duos auch aufgrund Ihrer Werbewirkung beliebt.

Entscheiden Sie sich für eine Duo-Strategie, so sollten Sie Ihre Namen unbedingt als Markenzeichen aufbauen. Schön sind Kombinationen mit kaufmännischem »&« und den Nachnamen. Treten Sie auf Fotos immer zu zweit auf, und sollten Sie Bücher schreiben, so verwenden Sie bitte auch nur Ihren »Doppelnamen« …

Selbstverständlich lässt sich Ihre Kompetenz auch im Trio vermarkten. Anders als beim Duo, wo das Motto »doppelte Kompetenz« gilt, sollten Sie dabei aber auf eine nach außen klare Rollenverteilung achten.

Wenn eine Trainer-Gemeinschaft eine Ausbildung zum Coach verkauft und einer ist der »alte Hase«, der andere der Vertriebsspezialist und der Dritte ein Kommunikator mit allerlei Zertifizierungen, so erhöht dies nach außen die »Schlagkraft« des Teams. Drei Vertriebsexperten dagegen würden sich nur gegenseitig im Weg stehen.

Marketing-Prinzip des Trios also: Sich ergänzende Kräfte bündeln und gemeinsam als einmaliges Kraftpaket vermarkten.

Tipp

Sie müssen nicht gleich als GbR zusammenarbeiten, um als Duo oder Trio zur Vermarktung einer Dienstleistung aufzutreten. Wenn Trainer eine gemeinsame Coachausbildung anbieten oder ein Texter mit einem Designer eine Broschüre erstellt, so kann dies in Form einer ARGE erledigt werden (Details siehe Kapitel »Organisationsformen«).

4.2 **Kommunikation nach außen**

Stellen Sie sich vor, jeder aus einer Familie trägt das gleiche Outfit. Schwer vorstellbar? Teams müssen sich auf einen solchen einheitlichen Auftritt einigen, und das kostet erfahrungsgemäß oft Zeit und viele Diskussionen. An geschmacklichen Fragen scheiden sich eben allzu oft die Geister. Planen Sie also eine Teamsitzung zum Finden der Corporate Identity ein. Sprechen Sie über die Eigenschaften Ihres Unternehmens und seiner Zielgruppe und fragen Sie sich gemeinsam, was das für das »Aussehen« Ihres Unternehmens zur Folge hat, in einem nächsten Schritt aber auch, welche Konsequenzen sich für das Verhalten – etwa bei der namentlichen Meldung am Telefon oder beim Versenden von Unterlagen – ergeben. Fokussieren Sie Ihre Ideen am Flipchart und laden Sie dann geeignete Agenturen oder Designer ein, die umsetzen, was Sie schriftlich fixiert haben. Beispiel: »Unser Unternehmen möchte Kunden auf eine witzige, junge Art ansprechen, die in der Musikszene ankommt. Das Design soll unkonventionell sein und international nutzbar. Farben können orange und grün sein, Formen sehen wir eher rund als eckig. Eine Symbolfigur scheint uns ein ideales Mittel zu sein, um einen Wiedererkennungseffekt auszulösen und gleichzeitig einen Trend zu initiieren.«

Jeder aus Ihrem Team benötigt Visitenkarten in einheitlichem Design. Dieses Corporate Design sollte von einem Grafiker entwickelt sein und das Image Ihres Unternehmens optimal widerspiegeln. Dies ist bei Teamunternehmen genauso wichtig wie bei Einzelfirmen.

Einen Unterschied gibt es jedoch bei den Funktionsbezeichnungen auf der Karte. Hier können Sie entscheiden, ob Sie sich als »geschäftsführender Gesellschafter« bezeichnen oder noch weiter gehen und Ihren Geschäftsbereich mit einbringen (etwa »Geschäftsführer Vertrieb«).

Als Freiberufler sollten Sie auch Ihren akademischen Titel auf die Karte schreiben, sofern vorhanden. Sie treten z. B. auf als »Partner« oder eben nur »Architekt«. Konzipieren Sie Ihre Visitenkarte ebenso wie das Briefpapier mit Blick auf Ihre Kunden. Was erwarten diese von Ihnen? Welche Aussagen sind für einen Kunden wichtig, um Sie besser einordnen zu können? Was gibt Ihnen in der jeweiligen Branche mehr Gewicht – die »Steuersozietät Müller & Collegen« oder »Heise, Müller & Collegen – Hans Heise, Dipl. Kaufmann und Steuerberater«?

Solche vermeintlichen Kleinigkeiten sind für Ihre Kunden mitunter von großer Bedeutung. Geht es doch nicht zuletzt um die so wichtige Frage des Ansprechpartners.

4.3 Kommunikation nach innen

Auch in großen Unternehmen spielt die Kommunikation nach innen meist nur eine untergeordnete Rolle. Mit fatalen Folgen: Nichts ist schädlicher für ein Unternehmen als Mitarbeiter, die sich mit ihm nicht identifizieren, sich nicht eingebunden fühlen. Das fängt bei Kleinigkeiten wie der Namensnennung am Telefon an. Wer »jaaa bitte« in den Hörer brüllt, verhält sich wenig repräsentativ und schreckt Kunden ab. Kommunikation nach innen hat also auch eine starke Außenwirkung.

Die wichtigste Grundlage einer guten internen Kommunikation ist Information – auch unter den Gründern selbst. Besprechen Sie mit den anderen, welche Informationen in Kopie (CC) an die Kollegen gehen sollen – und was unnötiger Ballast ist. Weitere Mittel interner Kommunikation sind Newsletter, Infobriefe und, klar, ein schwarzes Brett. Schon kleine Firmen profitieren zudem von einem Intranet, in dem z. B. wichtige Vorlagen für Geschäftsbriefe und Präsentationsunterlagen für alle abrufbar abgelegt sind.

Einigen Sie sich darauf, wie Sie sich selbst darstellen. Dies fängt an bei der Funktionsbezeichnung (sind Sie nun Geschäftsführer oder verantwortlich für den Vertrieb?) und hört bei der Telefonmeldung (guten Tag, Firma Soundso, meine Name ist …) noch lange nicht auf.

Tipp: So sollte Ihr Intranet aussehen

- Installieren Sie ein Intranet, auf das alle zugreifen können. Die Rechte für Mitarbeiter dürfen dabei u. U. eingeschränkt sein.
- Fassen Sie Ihre Aktivitäten für alle anderen Gründer regelmäßig schriftlich in Infobriefen zusammen. Das gilt in besonderem Maße für Teams, die nicht an einem Ort arbeiten.
- Binden Sie die anderen in Ihre Entscheidungen mit ein, auch wenn Sie zum Experten für ein Gebiet ernannt worden sind. Ein »Was meinst du?« wirkt oft psychologische Wunder, Widerstände brechen ein, wenn der andere mit einbezogen war, Konfliktpotenzial schmilzt …
- Wenn Sie Mitarbeiter haben, ist deren Information Ihre Pflicht – regelmäßige Mitarbeitergespräche hat auch ein Minijobber verdient. Alle müssen involviert sein, um vernünftig arbeiten zu können. »Anweisemaschinen« kosten Sie meist viel zu viel Geld, da Sie letztendlich alles selbst machen und zu viel kontrollieren müssen.

4.4 **Marketing-Instrumente**

Schon die Entwicklung und permanente Differenzierung Ihres Produkts ist Marketing. Darüber hinaus bedeutet Marketing aber auch, ein Produkt bei der Zielgruppe bekannt zu machen. Fachleute sprechen hier von »Marketingkommunikation«. Ideal, wenn sich Ihr neues Unternehmen und das tolle Produkt von selbst herumsprechen. Erfahrungsgemäß dauert das jedoch oft zu lange – und selbst nach vielen Jahren am Markt bringen Empfehlungen immer noch nicht »alles«.

Setzen Sie also besser auf verschiedene Kommunikationsinstrumente – je nach Geschäft gestalten Sie den Mix mit unterschiedlichen Schwerpunkten. Für ein Dienstleistungsunternehmen, das Unternehmen anspricht, steht Akquise – also das Gewinnen der Kunden durch Direktansprache – ganz oben an. Je komplexer die Dienstleistung, desto weniger kommen Sie dabei um das Telefon und das »Selbstmachen« herum. Zentral für fast alle Unternehmen sind Public Relations (PR) – mit unterschiedlichen Akzenten, was die Auswahl der bearbeiteten Medien angeht. Handwerker und Ladenbesitzer etwa sind im regionalen Umfeld bestens bedient. Als Experte für E-Learning dagegen sind einschlägige Zeitschriften wie »Wirtschaft & Weiterbildung« sicher besser für Sie.

Die gegenüberliegende Tabelle fasst die wichtigsten Instrumente zusammen und gibt Empfehlungen, auf was Sie sich konzentrieren sollten. Detaillierte Erklärungen folgen in den weiteren Abschnitten.

Akquisition

Dienstleister, die komplexe Angebote verkaufen, kommen um die Telefonakquise meist nicht herum – auch wenn diese sehr unbeliebt ist. Je nach »Produkt« müssen Sie immer wieder anrufen, präsentieren, sich bekannt machen, verhandeln – ein Jahr und mehr braucht mancher Verkäufer, ehe er den Vertrag in der Tasche hat. Der Vertragsabschluss ist dann oft eher aufgrund von psychologischen Faktoren zustande gekommen als auf der Basis von Fakten. Überhaupt: Bei der Akquisition ist es toll, ein gutes Angebot zu haben – noch wichtiger ist es aber, eine zwischenmenschliche Beziehung aufzubauen.

Zu unterscheiden sind die kalte und warme Akquisition. Kalt bedeutet, dass Sie einfach eine Liste geeigneter Firmen abtelefonieren, ohne jemanden persönlich zu kennen. Warm bedeutet, dass Sie an einen Kontakt anknüpfen können – direkt oder indirekt. Dies kann ein Empfehler sein, jemand, der Sie aus einem anderen Zusammenhang kennt. Oder schlicht und ergreifend ein alter Kollege.

Instrumente des Marketing	Dienstleister	Hersteller	Handwerker	Ladenbesitzer
Akquisition	Unbedingt, kalt und warm	Ja, von Händlern	Nein, sofern Kunden Privatleute sind, ist dies auch nicht erlaubt	Nein, sofern Kunden Privatleute sind, ist dies auch nicht erlaubt
Werbung mit Anzeigen	In Fachmagazinen, Tageszeitungen, Publikumszeitschriften, Wochenblättern, falls regionale Dienstleistung	In Fachmedien, die der Großhändler liest, eventuell Wirtschaftszeitungen	In Fachmagazinen, Tageszeitungen, Publikumszeitschriften, Wochenblättern, falls regionale Dienstleistung	Im regionalen Umfeld, Wochenblätter
Internetwerbung	Eigene Website, Einträge in Datenbanken wie Brainpool (*www.brainpool.de*)	Eigene Website, Aufbau eines Extranets (geschlossenes Intranet), auf das Kunden Zugriff haben	Eigene Website, Anwesenheit auf regionalen Portalen wie *www.meinestadt.de*, regionale Google-Anzeigen	Eigene Website am besten mit Online-Shop, Anwesenheit auf regionalen Portalen wie *www.meinestadt.de*, Google-Anzeigen
PR	Fachbeiträge, Expertenartikel, Pressemeldungen	Fachbeiträge, Expertenartikel, Pressemeldungen	Pressemeldungen, Tag der offenen Tür, Sponsoring etc.	Pressemeldungen, Tag der offenen Tür, Sponsoring etc.
Messen	fachspezifische	fachspezifische	fachspezifische	fachspezifische
Verkaufsförderung	Gutscheine	Gratisproben verschenken, Probierstände eröffnen, Preisausschreiben unter Händlern	Gratisproben und Gutscheine verteilen, Preisausschreiben	Gratisproben und Gutscheine verteilen, Preisausschreiben
Direktmarketing	Mailings an Kunden	Mailings an Kunden	Mailings an Kunden	Mailings an Kunden
Events	Für Kunden, z. B. Infoveranstaltungen	Für Händler	Für Kunden, z. B. Schnuppertag für Mädchen aus umliegenden Schulen	Für Kunden und das regionale Umfeld, z. B. Modeschauen
Empfehlungsmarketing	Fokus auf emotionale Anker (= ungewöhnliche Aufmerksamkeiten	Fokus auf Reklamationsmanagement	Fokus auf emotionale Anker und Reklamationsmanagement	Fokus auf emotionale Anker

Bestimmen Sie denjenigen im Team zum Akquisiteur, der die größte Verkäuferseele hat. Firmen brauchen einen gleich bleibenden Ansprechpartner. Auch deshalb ist es gut, ein Unternehmen immer mit derselben Person zu bearbeiten – bei Präsentationen darf selbstverständlich aber das ganze Team dabei sein. Seien Sie dabei immer bestens vorbereitet: Keine Firma lädt Sie zum Plauschen und Nur-Kennenlernen ein. Ideen und Vorschläge müssen von Ihnen kommen.

Tipps für die Akquisition:

- Suchen Sie einen Aufhänger wie »Sicher kennen auch Sie, Herr Müller, die Situation, dass Sie einen Mitarbeiter entlassen müssen.«
- Geben Sie sich nicht der trügerischen Hoffnung hin, Akquisition auch per E-Mail starten zu können. Die meisten Umworbenen antworten nie. E-Mail ist denkbar schlecht für den Beziehungsaufbau. Und ein Verkauf ohne Beziehung funktioniert nicht (jedenfalls dann nicht, wenn es um Dienstleistungen und nicht um Zahnbürsten geht).
- Sprechen Sie Ihren Gesprächspartner direkt und mit Namen an.
- Lassen Sie ein Gespräch entstehen.
- Fassen Sie Aussagen des anderen zusammen (»Habe ich Sie richtig verstanden, dass ...«).
- Treffen Sie am Ende klare Vereinbarungen: Wann Sie wieder anrufen, was Sie schicken, wann Sie sich treffen, was dort besprochen werden soll etc.
- Verschicken Sie nur als erstes Informationsmaterial kurze Präsentationen auf ein bis zwei Seiten, alles andere wird höchstwahrscheinlich nicht gelesen – oder erst, wenn einmal Interesse da ist, im zweiten Schritt.

Werbung

Viele Teams investieren erst einmal in großflächige und teure Anzeigen. Das ist falsch. Eine sporadisch geschaltete Anzeige, ganz gleich wie groß sie ist, bringt nichts oder nur sehr wenig. Der Effekt verpufft. Besser schalten Sie vier- bis fünfmal in einem Medium, das von Ihrer Zielgruppe auch gelesen, gehört oder gesehen wird.

Achten Sie darauf, dass Anzeigen immer am gleichen Platz erscheinen. Und: Lieber etwas kleiner und öfter als größer und selten. Bei den meisten Geschäften eignet sich zudem gedruckte Werbung in Zeitungen und Zeitschriften mehr als Radio- oder gar Fernsehbeiträge.

Schalten Sie sachliche Anzeigen mit nur einer Information – die emotionale Herangehensweise können sich lediglich große Firmen mit Riesenbudget leisten. Sie dagegen wollen verkaufen, und das tun Sie nicht mit Schnörkel. Im Zweifel lieber auch auf den Slogan verzichten. Wichtig ist auch Wiederholung und Wiedererkennbarkeit. So kreativ eine sich ständig ändernde Anzeige auch sein mag, so wenig wirksam ist sie. Ziel von Werbeaktionen ist es, Vertrauen beim Kunden zu wecken – und das geschieht nur durch Wiederholung und den heimlichen Gedanken: »Aha, den kenne ich, der ist ja immer hier an dieser Stelle zu finden.«

Internet

Immer noch glauben einige Gründer, sie könnten auf das Internet verzichten. Eine Fehleinschätzung. Selbst wenn Sie »nur« regionale Kunden ansprechen, so suchen diese auch einen Handwerksbetrieb und den Steuerberater immer öfter im Internet anstatt in den Gelben Seiten. Zudem sind Suchmaschinenanzeigen – etwa bei Google – längst regional schaltbar: Ohne dass ein Nutzer »Hamburg« eingibt, erkennt der PC, dass die Suche in Hamburg erfolgt, und präsentiert entsprechende Anzeigen.

> Anzeigen
>
> Pressetexte
> Professionelle Pressetexte
> für Endverbraucher-Medien
> www.textnetz-pr.de

Mit Anzeigen bei Google locken Sie Interessenten auf Ihre Seite

Peinlich (oder ärgerlich!), wenn ein Interessent Ihr Unternehmen unter »meinwunschunternehmen.de« sucht – und Sie nicht findet. Eine Domain, die Ihrem Firmennamen entspricht, gehört also selbstverständlich dazu. Bitte weichen Sie nicht auf unbekannte Adressen wie ».cc« aus, damit verwirren Sie die Kunden nur. Im Zweifel: Gleich mehrere Adressen reservieren und »*de*« als Länderkennung wählen. Nutzen Sie sie als Hauptadresse, das kostet heute nur noch Cents. Nur wenn Sie international tätig sind, empfiehlt sich ».*com*« oder ».*eu*«.

Auch Experten kommen um die Plattform Internet nicht herum. Der Eintrag in verschiedene Datenbanken erhöht die Wahrscheinlichkeit, dass Sie bei entsprechenden Suchanfragen auch gefunden werden.

Nicht zuletzt entscheidet Ihre Position bei Google und in anderen Suchmaschinen, ob das Internet für Sie eine Plattform zur Kundengewinnung wird. Je höher, desto besser! Fragen Sie sich, nach welchen Suchwörtern Kunden Sie suchen würden, und schreiben Sie diese auch auf Ihre Webseite. Vermeiden Sie Grafiken, auch wenn Designer sie lieben! Suchmaschinen lesen Text, kein Bild ...

Sorgen Sie darüber hinaus für möglichst viele Verlinkungen mit Seiten, die Ihre Kunden vermutlich interessieren. Denn: Auch Verlinkungen erhöhen Ihre Attraktivität für Google und machen Sie besser findbar.

Tipp

Schalten Sie nicht nur einen guten Webdesigner, sondern auch einen Suchmaschinenexperten ein – dies sollten möglichst zwei verschiedene Personen sein, auch wenn viele Webdesigner behaupten, alles zu können.

Public Relations

Für Teams sind Public Relations (PR) geradezu eine Wunderwaffe. Allein Ihre Größe als Gesellschaft wird Ihnen Türen öffnen – wenn Sie dann noch Nachrichten zu verkaufen wissen, wunderbar. Nachrichten – genau. Tageszeitungen und Magazine wollen nicht wissen, dass Sie sich gegründet haben (es sei denn, Ihre Gründung ist so spektakulär wie die des Teams, das alkoholfreies Bier für die islamische Welt braut). Sie wollen wissen, welche Einrichtung Sie gesponsert, welche Wettbewerbe Sie gewonnen oder ausgerufen haben und welche Veranstaltungen Sie organisieren. Sie interessieren sich für Studien und Umfragen und das Gewinnen von Büchern oder Beratungsgutscheinen.

Kurzum: Sie interessieren sich für alles, was Ihre Leser interessiert – je publikumsorientierter die Zeitung oder Zeitschrift, desto weniger fachlich der Inhalt. Im Zweifel kommen Sie also als Beraterteam, das Zootiere aus Plastik zur Findung der passenden Geschäftsidee einsetzt, besser in die Medien als eine traditionelle Unternehmensberatung. Ob Sie das wollen, ist die nächste Frage, die zu klären ist – es hat mit Ihrer Corporate Identity zu tun und Ihrer Mission. Ganz klar auch mit der Zielgruppe. Sprechen Sie Manager an, ist eine Studie wahrscheinlich wirksamer. Sie treffen Ihre potenziellen Kunden dann auch weniger in der Tageszeitung als vielmehr im Manager Magazin.

Als Team werden Sie auch gern von der Presse erwähnt, wenn Sie sich z. B. sozial engagieren und vielleicht sogar irgendetwas ausschreiben. Motto: »Firma Soundso prämiert den schönsten Garten von Grafenau«.

Oft wird nur ein Partner Ansprechpartner für die Presse sein. Wichtig ist es, hier frühzeitig einen »Sprecher« zu bestimmen. Medien ist an einem verlässlichen Ansprechpartner gelegen. Auch hier entscheidet neben dem hohen Nachrichtenwert oft auch der Bauch (selbst wenn dies kaum jemand zugeben mag): Sympathische Firmen mit »netten« und offenen Ansprechpartnern für die Presse werden es ganz sicher leichter haben.

Mittel der Pressearbeit sind Pressemitteilungen, die nach einem bestimmten System aufgebaut und sachlich gehalten sein sollten. Ihr Aufbau folgt dem Prinzip: Das Wichtigste zuerst. Die Nachricht sollte sich auch in der Überschrift niederschlagen. Nicht zuletzt sollte die Firma im Abspann kurz dargestellt und ein Ansprechpartner genannt sein. Senden Sie die Meldung per E-Mail als einfachen Text und im Anhang per PDF. Viele Redakteure werden den Text einfach per Copy & Paste aus der Mail holen – andere mögen es lieber ausgedruckt und schwarz auf weiß. Erkundigen Sie sich unbedingt nach den richtigen Ansprechpartnern und bauen Sie so nach und nach einen eigenen Verteiler auf.

Für überregionale Meldungen empfiehlt sich zudem die Verbreitung über die dpa-Tochter ots: Diesen Nachrichtendienst haben zahlreiche Medien abonniert – Radiosender, TV-Stationen, Tageszeitungen und Online-Dienste.
Ein Beispiel für eine Pressemeldung finden Sie auf der folgenden Seite.

Karriere & Entwicklung

Svenja Hofert

Friedensallee 50
22765 Hamburg

tel 040-53 05 29 30
fax 040-53 05 29 31

hofert@karriereund
entwicklung.de

www.karriereund
entwicklung.de

Pressemeldung – Terminankündigung

1.   **So gewinnen Sie Kunden und Aufmerksamkeit**

2.   Akquise für Auftrags- und Jobsuche

3.   *Hamburg, 15.03.2006.* Ein zweitägiges Seminar von „Karriere & Entwicklung" am 25. und 26.3.2006 nimmt die Angst vor der Akquise am Telefon und bei persönlichen Gesprächen. „So gewinnen Sie Kunden und Aufmerksamkeit – Akquise für Auftrags- und Jobsuche" trainiert die Direktansprache am Telefon sowie die persönliche Begegnung mit Auftrag- und Arbeitgebern, etwa auf Messen. Die Teilnehmer erarbeiten eigene Gesprächsleitfäden für ihre individuellen Situationen und lernen beim Telefonieren, die eigenen Ziele zu erreichen. Das Seminar unterstützt die Teilnehmer dabei, einen eigenen Stil zu entwickeln und authentisch auf Ansprechpartner zuzugehen.

Trainerin ist die Karrierebuchautorin Svenja Hofert, Co-Trainerin die Telefonmarketerin Vera Gotthardt. Die Teilnehmerzahl ist auf 12 begrenzt.

Anmeldung über www.akquiseseminare.de oder Telefonnummer 040-53052930.

4.   ***Pressekontakt***

Karriere & Entwicklung
Andrea Effinger
Friedensallee 50
22765 Hamburg

Tel. 040-53052930
Fax 040-53052931
E-Mail: info@karriereundentwicklung.de
www.karriereundentwicklung.de

1. Headline: Nennt den wichtigsten Nachrichtenfaktor
2. Subline: Hier stehen weitere – weniger relevante – Nachrichtenfaktoren
3. In der Einleitung (Lead) folgt die Antwort auf die wichtigsten Fragen: wer, was, wo, wann, wie? Schreiben Sie immer Ort und Datum hinein
4. Kontakt nicht vergessen, mit namentlichem Ansprechpartner!

Messen und Events

Als Hersteller kommen Sie nicht darum herum, Ihr Produkt auf einer Messe zu präsentieren. Eine Messe ist für Sie sogar zentrales Mittel, um Kunden zu gewinnen. Doch auch Dienstleister tun gut daran, ihr Angebot auf geeigneten Messen zu präsentieren – und zumindest als Fachbesucher mit den Ausstellern ins Gespräch zu kommen. Zudem gibt es die Möglichkeit, sich mit einem preisgünstigen Sammelstand – etwa Handwerksbetriebe aus NRW oder Gemeinschaft der Kleinverlage – zu beteiligen, das spart den teuren eigenen Auftritt.

Events gehören zu einer Messe, sind aber auch ein eigenes Marketinginstrument zur Kundenbindung. Sicher wird Ihr Kunde sich freuen, wenn Sie »gute Kunden« zur Präsentation der neuen Sommermode einladen oder als Optikerbetrieb eine kostenlose Farbberatung offerieren. Auch thematische Events, bei denen sich mehrere Betriebe und Geschäfte zusammentun, kommen gut an. Beispiel: An einer Aktion »Fit und schön in den Sommer« können sich Apotheke, Supermarkt, Heilpraktiker, Friseur und Restaurant beteiligen.
Mehr dazu lesen Sie bitte auch im Kapitelteil »Empfehlungsmarketing« ab Seite 67.

Verkaufsförderung

Lassen Sie Ihre Kunden doch mal probieren! Das ist das Motto der Verkaufsförderung, die oft direkt am Point of Sale, dem PoS, stattfindet. Ihr Ziel ist es, die aktive Kaufentscheidung zu fördern.
Ideal dazu: Schenken Sie Pröbchen und Probiergutscheine. Eine große Rolle spielen auch Preisausschreiben. Kunden lieben es, zu gewinnen! Und wenn sie das Produkt nicht gewinnen, dann kaufen sie es vielleicht … Eine Top-Möglichkeit, um kostenlose Werbefläche in einer Zeitung zu ergattern. Denn: Ein Preisausschreiben werden Redakteure gerne vorstellen, das Produkt selbst nicht. Ist das Produkt aber im Preisausschreiben zu gewinnen, sieht das plötzlich ganz anders aus.
Lassen Sie sich als Preis etwas Gutes einfallen, das auch einen Werbeeffekt für Sie hat: Dies können ein Paar Kinderschuhe aus Ihrem Geschäft sein oder der Besuch im Kinderparadies. Auch Gutscheine für Dienstleistungen lassen sich gut verlosen … und sind äußert werbewirksam.

Einführungspreise und Rabattaktionen (Sommer- oder Winterpreise, Geburtstagspreise etc.) sind auch geeignet, um den Verkauf anzukurbeln. Seien Sie kreativ – im Team können Sie zudem noch leichter Ideen entwickeln.

Direktmarketing

Im Direktmarketing arbeiten Sie vor allem mit Mailings. Solche Mailings schicken Sie an Ihre Zielgruppe. Damit Sie merken, wie Ihr Mailing ankommt, ist ein so genanntes Response-Element wichtig. Kunden sollen reagieren: eine Karte abschicken oder ein Fax zurücksenden. Bei solchen Aktionen sind Antwortquoten zwischen 1 und 3 Prozent üblich. Stellen Sie sich also auf eine größere Aktion ein. Adressen können Sie kaufen, etwa bei der Deutschen Post Direktmarketing. 500 gemietete Adressen – und die sollten es mindestens sein – kosten leicht 500 bis 600 Euro. Die Variante als E-Mailing ist äußerst beliebt, birgt aber die Gefahr, dass die E-Mail unbeachtet bleibt oder als Spam wahrgenommen wird. Ein Brief wird eben eher geöffnet als die E-Mail eines unbekannten Versenders.

Wirkungsvoll sind auch mehrstufige Mailings mit einer inneren Dramaturgie. Der Kunde soll neugierig gemacht werden auf das, was im nächsten Brief folgt. Dies zu erreichen ist allerdings eine hohe Kunst – die Einschaltung von Profis ist hierbei empfehlenswert.

Noch erfolgreicher sind Mailings, wenn Sie Bestandskunden anschreiben. Betreiben Sie dabei nie nur platte Werbung nach dem Motto, sondern bieten Sie dem Kunden auch Nutzwert – Sommerrezepte für leichte Cocktails als Restaurant beispielsweise.

Wichtig: die persönliche Unterschrift, am besten von allen Gründern. Das wirkt!

Kundenbindung durch Empfehlungsmarketing

Kundenbindung führt ein Schattendasein. Zu Unrecht: Das Gewinnen neuer Kunden ist aufwändig und teuer. Bestehende Kunden zu Stammkunden zu machen kostet hingegen nur wenig. 80 Prozent ihrer Umsätze erzielen viele Gründer nach 3, 4 Jahren mit Bestandskunden. Schade also, diese zu vernachlässigen oder gar einen Käufer abzuhaken, sobald er etwas gekauft hat.

Die wirksamste Methode, um Kunden zu binden, ist Empfehlungsmarketing. Dies besagt, dass Sie immer mehr bieten, als der Kunde erwartet. Beispiel: Jeder erwartet von einem Kinderarzt, dass dieser nach erfolgter (und vielleicht schmerzhafter) Behandlung eine Tüte mit Spielzeug zückt. Wenn der Arzt das Kind dagegen fragt, was es mag, und ihm beim nächsten Mal genau das schenkt, wird dies einen noch viel nachhaltigeren Effekt haben.

Binden Sie Kunden, beispielsweise auch durch Events. Schaffen Sie eine Clubatmosphäre, in der sich Ihre Kunden zugehörig fühlen. Als Küchenhersteller können Sie Menüs für die Käufer zaubern, als Unternehmensberater zu kostenlosen Informationsveranstaltungen einladen.

Tipps zur Kundenbindung

– Binden Sie Ihre Kunden durch gute Positionierung und Spezialisierung, indem Sie anders als andere werden und sich deutlich abheben.

– Außergewöhnliche, individuelle Services zeigen dem Kunden: Hier bin ich nicht Masse, sondern etwas Besonderes. Dazu gehören insbesondere der Aftersales-Service und alles, was dem Kunden zeigt: Bei uns gehörst du dazu.

– Ein außergewöhnlich kulantes Beschwerdemanagement wirkt immer positiv.

– Das direkte Ansprechen der Kundennetzwerke – entweder durch das direkte Bitten um Empfehlungen und/oder das Eventmarketing: Mit exklusiven Veranstaltungen holen sich Firmen Kunden sowie deren Freunde heran und sorgen so für Gesprächsstoff und persönliche Bindungen.

– Überlegen Sie, wie Sie emotionale Anker setzen können: Was merkt sich Ihr Kunde, weil es so ungewöhnlich ist und es sonst keiner macht?

– Holen Sie Feedback ein, überwinden Sie Ihre Angst vor Kritik. Nur wer Fehler und Mängel kennt, kann besser werden!

– Investieren Sie in Ihr Reklamationsmanagement und behandeln Sie den reklamierenden Kunden aufmerksam und mit Achtung.

– Schaffen Sie – etwa durch Events und Clubs – eine Insideratmosphäre, in der sich der Kunde persönlich aufgehoben fühlt.

– Informieren Sie Ihre Kunden regelmäßig über Neues.

– Bieten Sie Überraschendes – den Blumenstrauß als Dank für den Kauf oder eine andere kleine Aufmerksamkeit.

– Erleichtern Sie Empfehlungen: Im Internet mit entsprechenden Buttons und »offline« mit Gutscheinen für Freunde und Bekannte.

– Bieten Sie Anreize für Empfehlungen: Als Dankeschön ist ein kleines Geschenk oft wirksamer als eine Provision.

4.5 Marketing für Bürogemeinschaften

Ein gemeinsamer Name und Briefpapier hilft zwar Kosten sparen, birgt aber die Gefahr, dass Sie dadurch auch nach außen hin zur GbR werden. Hier sollten Sie zwischen dem Nutzen auf der einen und dem Risiko auf der anderen Seite abwägen. Lesen Sie dazu das Kapitel über die Gesellschaftsformen und hier speziell den Abschnitt zur GbR.

Der Marketing-Nutzen einer Bürogemeinschaft liegt vor allem in der Möglichkeit begründet, dass Sie größer auftreten können, als Sie es in Wirklichkeit sind. Konferenzraum, Sekretärin, räumliche Größe und Komfort – all das wird der Kunde auch Ihnen zuschreiben, und sein Eindruck von Ihrem Unternehmen wird ein anderer sein, als wenn Sie sich ihm »nur« mit einem 30-Quadratmeter-Einzelbüro vorstellen.

Achten Sie darauf, dass die Bürogemeinschaft Ihrer Wahl auch Ihrer »CI« entspricht und die gewünschte Zielgruppe anspricht.
Fragen Sie sich:

▶ Was erwarten meine Kunden von mir und meinem Büro? Muss es edel ausgestattet sein, sich in bevorzugter Lage befinden und zentral gelegen sein? Oder sollte es ein kreatives Element besitzen und in einer angesagten Gegend liegen?

▶ Was muss auf dem Schild stehen, damit Sie als Unternehmen und nicht als Teil einer Bürogemeinschaft wahrgenommen werden?

▶ Inwieweit kann sich Ihre CI im eigenen Büro und in den Gemeinschaftsräumen zeigen? Mindestens sollten überall Ihre Flyer und Visitenkarten ausliegen – damit auch die Kunden Ihrer Bürokollegen auf Sie aufmerksam werden.

4.6 Marketing für Kooperationspartner

Sie möchten keine GbR, sich aber mit Partnern zusammenschließen – aus Marketinggründen? Eine gute Idee! Denn: Wer gemeinsam nach außen auftritt, hat bessere Chancen, auch größere Kunden zu gewinnen. »Full-Service« etwa ist nicht nur im Werbebereich sehr verbreitet: Kein Unternehmen möchte sich erst einen Designer, dann einen Texter, später einen Layouter und Reinzeichner und dann einen Drucker suchen. Leistungen gebündelt anzubieten macht Sinn – allerdings dürfen Sie nach außen nicht den Eindruck einer gemeinsamen Gesellschaft erwecken und sollten explizit von »Kooperationspartnern« sprechen – die dürfen Sie dann gerne auf Ihrer Website und im Flyer vorstellen. Eine Formulierung etwa könnte laufen: »Als Designerin arbeite ich seit vielen Jahren mit dem Texter Steffen Schulz zusammen. Gemeinsam haben wir die Broschüre des Erdgasunternehmens Russgas verantwortet. Weitere Kooperationspartner sind … « Aber: Bitte kein gemeinsames Logo etc. – damit wären Sie sicher GbR. Treten Sie vielmehr abwechselnd als Auftraggeber auf: Mal stellt der eine die Rechnung, mal der andere.

Internetadressen

Werbung

- Werbeagentursuche
  (*www.werbeagentursuche.de*):
  Agenturen finden

- Medienhandbuch
  (*www.medienhandbuch.de*):
  Agenturen

- Bundesverband deutscher Zeitungs-
  verleger (*www.bdzv.de*): Infos über
  die aktuelle Werbe- und Zeitschriften-
  landschaft

- IVW (*www.ivw.de*): Auflagen von
  Zeitschriften

Internet

- Webhostone (*www.webhostone.de*):
  Domains und Webspace mieten

- Domainfactory
  (*www.domainfactory.de*):
  Domains und Webspace mieten

- Google (*www.google.de*):
  Adwords für Suchmaschinenmarketing
  und Werbung auf Themenportalen
  mieten, unter »Werben mit Google«

- Overture (*www.overture.de*):
  Konkurrent von Google, beliefert
  allerdings andere Portale, gute
  Ergänzung

- Etracker (*www.etracker.de*):
  Controlling Ihrer Internet-Werbe-
  maßnahmen

Public Relations

- OTS (*www.ots.de*):
  Versendet Pressemeldungen

- OpenPR (*www.openpr.de*):
  Veröffentlicht kostenlos Pressemeldung
  und verteilt diese auf verschiende
  Portale

- PR Dienst (*www.prdienst.de*):
  Unterstützt Sie bei der Pressearbeit

- Pr2day (*www.pr2day.de*):
  Versendet Pressemeldungen

- Pressetext (*www.pressetext.de*):
  Versendet Pressemeldungen

Messen

- Messekalender
  (*www.messekalender.de*):
  Alle Messen deutschlandweit

- Messe Center (*www.messecenter.de*):
  Alles rund um Messen

- Messekalender bei München.de
  (*www.muenchen.de*): Auch
  internationale Messen, bitte unter
  Messekalender suchen

Direktmarketing

- Deutsche Post Direktmarketing
  (*www.deutschepost.de*):
  Adressenverkäufer

- Quadress (*www.quadress.de*):
  Adressenverkäufer

- Schober (*www.schober.de*):
  Einer der größten Adressenverkäufer

Verkaufsförderung

- Brand on Fire (*www.brand-on-fire.de*):
  Agentur für Verkaufsförderung

- Moccamedia (*www.moccamedia.de*):
  Agentur für Verkaufsförderung

- Pro Vogue (*www.pro-vogue.de*):
  Messepersonal, Hostessen,
  Verkaufsförderung

Empfehlungsmarketing

- Kerstin Friedrichs
  (*www.darwin-strategie.de*): Expertin
  für Empfehlungsmarketing

5 Kredite, Banken, Business Plan

Team oder Nicht-Team – beim Antrag auf Kredite und Förderung macht das manchmal einen gewaltigen Unterschied. Geld wird meist sowohl für eine Einzel- als auch für eine Teamgründung bezahlt. Banken sehen Teamgründungen jedoch sehr viel lieber, sind diese doch statistisch erfolgreicher und in aller Regel auch deutlich wachstumsorientierter als die einzelkämpferischen »Ich-AGs«. Heißt: Stimmt neben dem Team auch das Konzept, ist Ihre Chance größer, für das Vorhaben auch Geld von der Bank zu bekommen. In diesem Kapitel geht es nun um die verschiedenen Möglichkeiten, »liquide Mittel« zu beschaffen. Thema sind auch öffentliche Fördergelder und Zuschüsse sowie die Kreditbeschaffung auf privatem Weg – für viele Gründer ist dies der einzige Weg, eine Geschäftsidee trotz Flaute auf dem Konto zu finanzieren.

Gründerporträt: Scoopmedia – »Die Banken verstehen es nicht, dass du nicht jeden Monat dasselbe Geld verdienst«

Unternehmen	Scoopmedia PR GbR und Scoopmedia Partnergesellschaft
Besteht seit	2002
Branche	Journalismus und PR
Webadresse	*www.scoopmedia.de*

Scoopmedia – das sind der Journalist Helge Denker und der Journalist und PR-Spezialist Michael Röhrs-Sperber. Seit 2002 sind sie am Markt und haben sich ein eigenes Segment erschlossen: Texte rund um Technik, Handy und Computer. Das ist etwas, das durchaus Bestand hat, aber nichts, was Banken fördern. Sie führen zwei Unternehmen, um gewerbliche und freiberufliche Tätigkeit sauber voneinander zu trennen. Die Rechtsform der Partnergesellschaft (PartnerG), die nur Freiberufler gründen dürfen, bot sich dabei geradezu an, weil sich mit ihr anders als mit der GbR auch Haftungsrisiken begrenzen lassen. Denker: »Bei uns kann zwar wenig passieren, aber um sicherzugehen …«

Dem geringen Risiko steht die Tatsache entgegen, dass sich in der Medien-Branche keine Millionen erwirtschaften lassen. Den großen Kredit wollten beide ohnehin nie haben, und Wachstum begreifen Sie vor allem persönlich: Scoopmedia braucht weder ein Riesenbüro noch eine Sekretärin. Stattdessen haben sich die beiden Gründer – ganz bescheiden und realitätsnah – für ein Unternehmen inmitten von anderen Unternehmen entschieden: Sie sitzen in einem gemeinsamen Raum innerhalb einer Bürogemeinschaft.

Schön wäre es, wenn sie mehr regelmäßige Publikationen übernehmen dürften, ganze Hefte und Beilagen produzieren könnten. Oder einen dauerhaften PR-Auftrag bekämen. Aber dauerhaft ist im Bereich der Medien wenig, so tickt diese Branche nicht. So kann es geschehen, dass die Einnahmen von Scoopmedia in einem Monat bei null und im nächsten bei 6.000 Euro liegen. Ein typischer Verlauf, nicht nur in dieser, sondern auch in vielen anderen Branchen.

Die Banken verstehen so etwas trotzdem nicht. »Wie viel verdienen Sie denn durchschnittlich?«, wollte der Berater wissen. »Zwischen 0 und 6.000 Euro«, antwortete Denker – und erweckte damit Unverständnis auf ganzer Linie. Schon eine komische Situation. »Es ging ja gar nicht um einen Riesenkredit, wir wollten bloß ein kleines Kontokorrent haben. Wir hatten auch schon Einnahmen«, so Denker. Etwas Freiraum für die unregelmäßigen Zahler, die sich gerne auch mal drei, vier Monate Zeit lassen. Doch die Bank wollte nicht mitziehen. Schließlich schickte Denker seinen Mitgesellschafter hin. Der bekam einen besseren Draht oder hatte mehr Glück. Inzwischen hat

Scoopmedia einen gewissen Kreditrahmen zugestanden bekommen. Dieser könnte sehr viel größer sein, wenn man die Höhe der wirklichen Einnahmen berücksichtigt hätte.

Streit um Geld? Den hat es gegeben. Trotzdem haben beide gelernt, dass die gegenseitige Kontrolle, die sich aus einer Teamgründung automatisch ergibt, nur fruchtbar ist. Auch finanzielle Entscheidungen werden gemeinsam getroffen – so die, auf einen Steuerberater zu verzichten und die Einnahmen- und Ausgaben-Rechnungen selbst zu erstellen.

Übrigens: Inzwischen hat sich Scoopmedia wieder aufgelöst. Die ehemaligen Partner arbeiten jetzt wieder getrennt. Eine ganz typische Geschichte.

5.1 Bankkredite

Einfach mal so bei der Bank nachfragen, wie viel man so bekommen kann? Besser nicht: Ein Bankgespräch will gut vorbereitet sein – Fehler können Sie später nicht mehr aushebeln. Denn abgelehnt ist abgelehnt. Analysieren Sie Ihren Kapitalbedarf also akribisch. Prüfen Sie zuvor, ob Sie überhaupt eine Chance haben, von der Bank Geld zu bekommen. So ist die Höhe des Kapitalbedarfs schon einmal ein Indiz, was möglich ist. Wer nur wenige Tausend Euro braucht, kann sich den Gang zur Bank fast sparen. Keine Hausbank engagiert sich für solche Peanuts, und bestenfalls auf dem Dorf, wo Sie den Filialleiter gut kennen, bestehen Chancen für etwas Einsatz. Aber dann sollten es schon eher 25.000 Euro sein. Und eine »richtige« Idee sollte außerdem dahinterstehen. Mit einem Designatelier oder Redaktionsbüro beispielsweise werden Sie kaum einen Financier gewinnen. Erst recht nicht, wenn Sie Geld brauchen, um den Lebensunterhalt für Sie und Ihre Mitarbeiter in den ersten Monaten oder gar Jahren sicherzustellen. Dafür gibt Ihnen niemand außer der Arbeitsagentur etwas. Kredite sind für Investitionen gedacht, für den Waren- und Maschineneinkauf etwa.

Zurück also auf den Boden. In vielen Fällen ist es besser, in der ersten Zeit kleine Brötchen zu backen und in einem nächsten Schritt – nach zwei, drei Jahren – auf Kreditsuche zu gehen. Dann haben Sie etwas vorzuweisen und die von Ihnen benötigten Summen sind Kapital für mehr Wachstum. Das gefällt den Banken, wenn Sie nicht gerade einen Gastronomiebetrieb haben oder in einer ähnlich ungeliebten Branche tätig sind, etwa ein Fingernagel- oder Sonnenstudio ausbauen (oder aufbauen) möchten.

Ihr Geldbedarf sollte seriös, also anhand von Marktforschung, ermittelt und in einem Business-Plan erfasst sein. Dem erforderlichen Kapital stellen Sie Ihr Eigenkapital gegenüber. Außerdem fassen Sie dort Ihre Sicherheiten und mögliche staatliche und private Bürgschaften zusammen.

Bei der Ermittlung des Kapitalbedarfs hilft Ihnen folgendes Formular. Füllen Sie nur die Felder aus, die für Sie relevant sind.

Ermittlung des Kapitalbedarfs

Langfristige Investitionen	Betrag
Grundstücke	
Gebäude	
Umbaumaßnahmen	
Anlagen, Maschinen, Geräte	
Geschäfts- und Ladeneinrichtung	
Fahrzeuge	
Nutzung von Patenten	
Reserve (10 Prozent)	
Summe	

Kurzfristige Investitionen	
Waren- und Materialausstattung	
Rohstoffe	
Hilfs- und Betriebsstoffe	
Maklergebühr und Kaution	
Werbung (Schilder, Anzeigen, Prospekte etc.)	
Miete	
Personalkosten	
Versicherungen und Gebühren	
Reserve (10 Prozent)	
Summe	

Gründungskosten

Unternehmensberatung und Coaching		
Anmeldungen und Genehmigungen		
Eintrag ins Handelsregister und Notar		
Rechtsanwalt		
Reserve (10 Prozent)		
Summe		

Vorfinanzierung

Finanzierungsaufwand für die Zeit zwischen Einkauf und Verkauf		
Finanzierungsaufwand für Außenstände		
Reserve (10 Prozent)		
Summe		

Kapitalbedarf (ergibt sich aus den einzelnen Summen)		

Eigenkapital

Kredite sind für Teams oft leichter zu beschaffen, weil mehrere Gründer oft auch mehr eigenes Geld in die Waagschale werfen können. Gemeint ist das so genannte »Eigenkapital«. Es ist Kapital, das Sie entweder in bar besitzen oder kurzfristig freisetzen können – etwa die Einlage auf einem Tagesgeldkonto. Auch ein Bausparguthaben gehört dazu.

Bei der Beantragung von Krediten müssen Sie immer über Eigenkapital verfügen. Empfohlen wird eine Eigenkapitalquote von 20 Prozent, unter 15 Prozent sollte sie keinesfalls liegen. Das heißt, dass Sie 20 oder 15 Prozent der benötigten Kreditsumme selbst einbringen, zum Beispiel durch Bargeld oder Bausparverträge.

Es kann auch durch langlebige Sachwerte, zum Beispiel durch eine bezahlte Büroausstattung, erbracht werden. Ist nicht genügend eigenes Geld vorhanden, kann Eigenkapital auch durch Geschäftspartner oder Kapitalbeteiligungsgesellschaften ins Unternehmen fließen. Letztere investieren in der Regel in Form einer stillen Beteiligung ab 50.000 Euro. Beteiligungsbörsen bringen Kapitalsuchende mit Kapitalgebern zusammen. Einige Industrie- und Handelskammern betreiben ebenfalls solche Börsen.

Bei Unternehmen, die als Kapitalgesellschaften (GmbH, AG) bereits firmieren, versteht man unter Eigenkapital den Teil des Vermögens, der den Eigentümern zuzurechnen ist. Dazu zählen je nach Rechtsform das Kapitalkonto des persönlich haftenden Gesellschafters, das Grundkapital einer Aktiengesellschaft oder das Stammkapital der GmbH oder der Bilanzgewinn.

Der Dispo

Achtung: Wenn Sie sich selbstständig machen, sollten Sie auch mit der Bank sprechen, bei der Sie Ihr persönliches Konto haben. Es könnte sonst passieren, dass Ihr Dispo – auch Kontokorrent – von einem Tag auf den anderen auf null gestellt wird. Banken haben wenig Verständnis für unregelmäßige Einnahmen. »Wie viel verdienen Sie?«, fragte der Bankberater die Unternehmer einer PR-Agentur. Die Antwort »zwischen 0 und 6.000 Euro« kam nicht gut an. Banken wollen regelmäßige Einkünfte, auch wenn der gesunde Menschenverstand und die Erfahrung sagen, dass sich Regelmäßigkeit und Selbstständigkeit einigermaßen ausschließen. Ihnen gefällt es besser, wenn 12 Monate im Jahr 1.500 Euro eingehen, als wenn einmal 150.000 eingezahlt werden (was bei Kaufleuten, die etwa mit Maschinen handeln, durchaus »normal« ist).

Die gleichen Probleme werden Sie auch mit Ihrem gemeinsamen Konto haben. Sie werden kaum eine Bank finden, die Ihnen von Anfang an einen Kontokorrentkredit anbietet. Man wird Ihnen sagen, dass erst einmal »regelmäßig« Geld eingehen solle ... und dann könne man sehen. Ausnahmen sind auch hier vor allem in ländlichen Gegenden zu finden, wo eine hohe Bindung zwischen der örtlichen Sparkasse und dem Kunden besteht. Das soll natürlich nicht heißen, dass die Beschaffung eines Dispositionskredits unmöglich wäre ... sie ist aber schwer. Sie müssen Überzeugungsarbeit leisten. Was, wie gesagt, einem Team schon aufgrund des eindrucksvolleren Auftritts leichter fällt, da es sich auch bei den Banken herumgesprochen hat, dass Teamgründungen erfolgreicher sind.

Stecken Sie Ihren Kreditrahmen gemeinsam mit Ihrem Berater ab. Machen Sie klar, dass Sie den Kontokorrentkredit nur in Notfällen ausschöpfen werden. So eine Situation ist beispielsweise gegeben, wenn Sie auf eine größere Zahlung warten, die verspätet eintrifft, oder wenn Sie wichtige Lieferanten im Voraus bezahlen müssen. Dann aber brauchen Sie die Freiheit eines Kontokorrents.

Privatkredite

Sollten Sie langfristig eine kleinere Summe Geld benötigen, so sollte Ihre erste Wahl immer ein privates Darlehen sein. Können Sie dies nicht erhalten und ist Ihr Konto deshalb dauerhaft im Minus, empfiehlt es sich unbedingt, diese Schulden auf einen Privatkredit umzuschichten, da die Zinsen dafür stets deutlich niedriger liegen als für den Dispositionskredit. Einen Privatkredit können Sie auch als Personengesellschaft erhalten oder eben als Einzelperson, die ihren Kredit den anderen »ausleiht«.

Sprechen Sie mit Ihrer Bank über die Konditionen: Fast immer gibt es einen kleinen Verhandlungsspielraum. Wandeln Sie den Kontokorrentkredit frühzeitig um, falls sich herausstellen sollte, dass Sie ihn in absehbarer Zeit nicht ablösen können. Achtung: Vereinbaren Sie realistische Rückzahlungsraten, übernehmen Sie sich nicht. Im Zweifel sollten Sie Ausgaben und Investitionen lieber zurückhaltender tätigen, als einen Kredit aufzunehmen.

Für normale private Bankkredite, die Sie für eine Umschuldung vom Dispositionskredit, für den Kauf eines Autos oder Computers einsetzen, brauchen Sie in der Regel keine Sicherheiten. Kreditentscheidungen werden oft innerhalb einer Minute getroffen, die Raten für 10.000 Euro, die in 36 Monaten abbezahlt werden sollen, beginnen derzeit bei einem Zinssatz von etwa 6,4 Prozent.

Existenzgründer- und Unternehmerkredite

Bevor Sie gemeinsam einen Kredit aufnehmen, sollten Sie Ihr Innenverhältnis regeln. Besteht ein Gesellschaftervertrag und sind hier die Gewinnanteile aufgeschlüsselt? Für Sie selbst ist das wichtig, für die Bank leider nicht. Hier haften Sie als GbR gesamtschuldnerisch. Das bedeutet, dass Ihr Kollege für Sie mitzahlen muss, wenn Ihnen das Geld ausgeht. Und umgekehrt. Im Innenverhältnis können Sie übrigens andere Regelungen beispielsweise für die Rückzahlung eines Kredits finden. Haben Sie 5.000 Euro, Ihr Kollege aber nur 2.500 Euro eingebracht, so können Sie in einem gesonderten Kreditvertrag festlegen, dass er Ihnen die Aufwendungen für den Kredit erstattet. Sie können auch die Gesellschafteranteile entsprechend ändern, so dass die Gewinnausschüttungen einer Person niedriger sind.

Benötigen Sie einen Existenzgründer- und Unternehmerkredit, müssen Sie Eigenkapital oder Sicherheiten vorweisen können. Alles, was die Bank in bare Münze verwandeln kann, gilt dabei als solche Sicherheit. Das kann ein Grundstück sein oder eine Eigentumswohnung, ein Auto, eine Lebensversicherung, ein Bausparvertrag oder das Gehalt eines Bürgen.

Prüfen Sie, welche Sicherheiten Sie anbieten können und wollen. Machen Sie sich jedoch die Konsequenzen bewusst: Wenn Sie Ihr Haus einlösen, bedeutet das, dass Sie es verlieren, falls Ihre Gründungspläne schief laufen. Das gilt selbst dann, wenn Sie Ihr Haus nur beleihen. Beleihen bedeutet, dass die Bank als Mitbesitzer im Grundbuch eingetragen wird. Wer hier vermerkt ist, kann veranlassen, dass das komplette Gut verkauft oder gegebenenfalls zwangsversteigert wird, falls Sie zahlungsunfähig sind – selbst wenn der Anteil am Objekt nur gering ist. Üblicherweise lassen sich Banken nämlich im ersten Rang im Grundbuch (1a-Rang) eintragen. Dies bedeutet, dass sie stets zuerst Geld erhalten, wenn das Haus verkauft oder versteigert wird. Die andere Möglichkeit wäre eine »nachrangige Eintragung«, die aber für die Banken nicht von Interesse ist.

Private Bürgschaften

Wenn Sie als Team nicht genügend Eigenkapital aufbringen können, kann auch ein privater Bürge einspringen. Ihr Bürge bietet Sicherheiten für Sie: Bargeld, ein Haus oder Auto. Ideal ist es, wenn er ein regelmäßiges Gehalt bezieht. Doch Vorsicht: Muss die Bank auf diese Sicherheiten zurückgreifen, hält Sie sich auch an Ihren Bürgen. Ist es die Ehefrau Ihres Mitgesellschafters, kann eine schlechte Geschäftsentwicklung schnell das Klima vergiften. Schließlich hat sie das Geld vor allem ihrem Mann geliehen, gesamtschuldnerische Haftung hin oder her.

Sie tragen also eine besonders hohe Verantwortung dafür, Ihre Bürgen zu schützen. Das gilt eben, wie oben erwähnt, auch bei familiären Verstrickungen: Nicht selten halten Frauen als Bürge für ihren existenzgründenden Ehegatten her. Nach der Pleite ihres Mannes müssen sie dessen Schulden jahrelang bei der Bank abbezahlen, während der Ex vielleicht schon mit seiner Geliebten eine neue GmbH gegründet hat. Das kann natürlich auch umgekehrt passieren, ist aber in der Praxis seltener der Fall.

Staatliche Bürgschaften

Eine weitere Alternative sind staatliche Bürgschaftsinstitute, von denen Sie eine Rückgarantie des Bundes erhalten. Die bekannteste Bürgschaftsbank ist die KfW-Mittelstandsbank in Frankfurt, die verschiedene Programme aufgelegt hat und Gründer umwirbt wie Bienen den Honig – was die Wahrscheinlichkeit, Kredite zu bekommen, aber keineswegs erhöht. Kreditgeber ist und bleibt Ihre Hausbank. Über sie läuft die Beantragung, und sie entscheidet.

Die Bürgschaftsbank trägt ebenfalls nicht das volle Risiko, sondern bürgt für bis zu 80 Prozent der Summe, über die die Bürgschaft beantragt wurde. Für die restlichen 20 Prozent haften Sie selbst. Und sobald Sie persönlich einstehen müssen, brauchen Sie wiederum Sicherheiten. Dies bedeutet, dass auch eine Ausfallbürgschaft der KfW Sie nicht davor bewahrt, Ihren Besitz einzubringen.

Ziel der staatlichen Förder- oder Bürgschaftsprogramme der KfW Mittelstandsbank ist es, Existenzgründer, die für Banken »wertlos« sind, mit (Geld-)Werten auszustatten und für die Kreditvergabe attraktiver zu machen. Die Darlehen tragen so klangvolle Namen wie ERP-Eigenkapitalhilfe, DtA-Existenzgründungsdarlehen oder DtA-StartGeld. Alle Förderprogramme setzen unterschiedliche Schwerpunkte.

Interessant für kleinere Gründungen sind vor allem das Mikrodarlehen (bis 25.000 Euro) und das Startgeld (bis 50.000 Euro). Für beide Programme benötigen Sie Eigenkapital in Höhe von 20 Prozent. Damit die Banken solche geringwertigen Kreditanträge überhaupt bearbeiten, zahlt ihnen die KfW Mittelstandsbank ein festes Bearbeitungsentgelt.

Die ERP-Eigenkapitalhilfe macht schon mit ihrem Namen deutlich, worum es geht: Sie möchte mit einem Kredit fehlendes Eigenkapital ersetzen, um dann weitere Kredite beantragen zu können. Mit diesem Programm erhöht der Staat der Bank gegenüber das Eigenkapital auf 40 Prozent der gesamten Finanzierungssumme. Das Kreditinstitut muss also nur noch für 60 Prozent gerade stehen, so dass Gründer von Ihrer Hausbank höhere Kredite erhalten können, selbst wenn sie nur wenig eigenes Geld besitzen. Die ERP-Eigenkapitalhilfe ist aber kein geschenktes Geld: Sie müssen dafür genauso Zinsen zahlen wie für alle anderen Kredite.

Die Zinssätze für staatliche Kredite sind vergleichsweise gering, ändern sich aber laufend. Einige – etwa das Startgeld – beinhalten eine tilgungsfreie Zeit, wodurch die Rückzahlungsraten nach hinten gestreckt werden. Auf diese Weise können Sie wertvolle Zeit gewinnen.

Reine Existenzgründungsdarlehen können Sie nur in den ersten zwei Jahren einer Gründung beantragen – und meist nur für Ihre erste Gründung (Ausnahme: Mikrodarlehen). Darüber hinaus müssen Sie jünger als 50 Jahre sein.

Wichtig ist, dass Sie öffentliche Mittel beantragen, bevor Sie Ihr Vorhaben in Angriff nehmen – also schon in der Planungsphase. Das bedeutet: Sie dürfen beispielsweise eine Maschine, die sie dringend brauchen, noch nicht anschaffen, wenn Sie zur Bank gehen. Es empfiehlt sich außerdem, zuerst Kredite zu beantragen und dann Zuschüsse des Arbeitsamtes. Denn wer bereits Überbrückungsgeld bezieht, wird als Unternehmer eingestuft und ist damit in der Regel nicht mehr förderungswürdig.

Vergleich staatlicher Bürgschaften und Kredite

Förderart	Höhe und Bedingungen	Verwendungs-zweck	Zielgruppe	Dauer	Effektivzins Nominalzins Tilgungsdauer Auszahlungskurs
Beratungs-förderung	Beratung wird mit 50 Prozent der Kosten bis 1.500 Euro bezu-schusst; auch mehrere Bera-tungen, zum Beispiel für Exis-tenzgründung und Umwelt-schutz, bis 3.000 Euro möglich	Beratungen für: Existenzgrün-dung, allgemeine Unternehmens-beratung, Energiesparen, Umweltschutz	Kleine gewerb-liche Unterneh-men und »wirt-schaftsnahe« freiberufliche Existenzen in den ersten zwei Jah-ren	maximal 2 Jahre nach Gründung 30 %, spä-ter 40 % Zuschuss	
Startgeld	Bis 50.000 Euro, 80 % Haftungs-freistellung	Sachinvestitio-nen, Warenlager und Betriebsmit-tel	Natürliche Perso-nen (also auch GbR etc.), Unter-nehmen bis zu 100 Mitarbeitern	Bis 10 Jah-re nach Gründung	8,29 % effektiv, 7,2 % nominal, bis 2 Jahre tilgungsfrei, 96 % Auszahlung
Mikro-darlehen (auch für neben-berufliche Gründer)	Bis 25.000 Euro, bis zu 100 % der gesamten Kredit-summe; keine Kombination mit anderen KfW-Krediten, Geld ist schnell verfüg-bar, bis 80 % Haf-tungsfreistellung	Gründungen und Beteili-gungen	Natürliche Personen, Unter-nehmen bis 10 Mitarbeitern, auch erneute Gründungen (»zweite Chan-ce«)	Bis 5 Jahre nach Gründung	8,93 % effektiv, 8,65 % nominal, bis 6 Monate tilgungsfrei, 100 % Auszah-lung
ERP-Kapital für die Grün-dung (alte Länder)	Bis 500.000 Euro	Förderung von Gründungs- und Festigungs-vorhaben in der mittelständi-schen Wirtschaft, auch für Markt-erschließungs-kosten	Gründer, als Festigungsdar-lehen in den ersten 2 Jahren	Bis 10 Jah-re nach Gründung	3,35 % effektiv, 3,39 % nominal, 3 Jahre (7 Jahre tilgungsfrei), 100 % Auszah-lung
ERP-Kapital für die Grün-dung (neue Länder und Berlin)	Bis 500.000 Euro	Wie oben	Wie oben	Bis 15 Jahre nach Gründung	3,10 % effektiv, 3,14 % nominal, 5 Jahre (7 Jahre tilgungsfrei), 100 % Auszah-lung
ERP-Kapital für Wachs-tum (alte Länder)	Bis 500.000 Euro	Förderung von Gründungs- und Festigungsvor-haben im Bereich der mittelstän-dischen Wirt-schaft, Übernah-mekosten etc.	Gründer im 2. bis 5. Jahr nach der Gründung	Bis 15 Jahre	4,75 % effektiv, 4,84 % nominal, 3 Jahre (7 Jahre tilgungsfrei), 100 % Auszah-lung

Förderart	Höhe und Bedingungen	Verwendungs-zweck	Zielgruppe	Dauer	Effektivzins Nominalzins Tilgungsdauer Auszahlungskurs
ERP-Kapital für Wachstum (neue Länder und Berlin)	Bis 500.000 Euro	Wie oben	Wie oben	Bis 20 Jahre nach Gründung	4,50 % effektiv, 4,58 % nominal, 5 Jahre (7 Jahre tilgungsfrei), 100 % Auszahlung
Unternehmerkredit	Bis 2.000.000 Euro	Grundstücke und Gebäude, Übernahme, Beteiligungen, Kauf von Einrichtung etc.	Mittelständische Unternehmen und Freiberufler ab dem 5. Jahr nach der Gründung	Zwischen 10 und 20 Jahren nach Gründung	Der am Tag der Zusage gültige »Programm-zinssatz«, 2 Jahre tilgungsfrei, 96 % Auszahlung

Stand: 3/2006, aktuelle Konditionen unter:
http://www.kfw-formularsammlung.de/Konditionen/Ausgabe_2_Mittelstandsbank.html

Basel II

Seit Januar 2006 gilt Basel II. Für viele ist dies ein Schreckenswort, fürchten sie doch, dass kleine und mittelständische Unternehmen es damit noch schwerer haben werden, an Kredite zu kommen. Hinter Basel II steckt ein komplexes Rating-, also ein Bewertungssystem, das Unternehmen auf den Prüfstand schickt. Firmen können ein schlechtes oder gutes Rating erhalten, was dann Auswirkungen auf die Kreditvergabe, aber auch die Höhe der Zinsen hat. Unternehmen mit schlechtem Rating müssen also mehr zahlen, für ihre Kredite höhere Umsätze erwirtschaften und auch mehr Eigenkapital einbringen.

Für ein gutes Rating spricht eine hohe Eigenkapitalquote von mehr als 20 Prozent. Transparenz und die Bereitschaft zur Zusammenarbeit werden positiv gewertet. Doch das reicht nicht. Es reicht auch nicht mehr, nur die Bilanz vorzulegen – Banken wollen Einblick in Ihr Unternehmen gewinnen, mitunter einen sehr detaillierten. Endlich spielen auch die weichen, zukunftsgerichteten Faktoren eine Rolle, und nicht mehr nur harte Fakten: So müssen Sie beispielsweise nachweisen, dass Sie ein professionelles Risikomanagement betreiben. Von Basel II sind alle Unternehmensbereiche betroffen, auch die Personalentwicklung. Selbst die Nachfolgeregelung in Betrieben muss offen gelegt werden.

Als wachstumsorientiertes Team sollten Sie sich frühzeitig mit Basel II beschäftigen, um Ihr Unternehmen darauf einzustellen und bis in die letzte Ecke Basel-fit zu machen. Steht die Kreditaufnahme vor der Tür, sollten Sie einen Spezialisten einschalten.

Teamgespräche mit der Bank

Als Gründerteam haben Sie einen großen Vorteil. Sie können sich auf das Gespräch so vorbereiten, dass die unterschiedlichen Kompetenzen Ihrer Mannschaft zum Tragen kommen. Arbeiten Sie diese auch in den beiliegenden Lebensläufen gut heraus.

Im Gespräch kann sich Ihr »Kaufmann« der Präsentation der Zahlen widmen, während Ihr »Vertriebler« die Idee verkauft. Alle Beteiligten sollten jedoch einen gleich tiefen Einblick signalisieren. Deshalb sollten Business Pläne auch immer selbst und nicht etwa vom Steuerberater erstellt sein.

Hier einige Hinweise für die Vorbereitung:

▶ Als Gründer sollten Sie persönlich, kaufmännisch und fachlich überzeugen. Das gilt für alle Gründer gleichermaßen, auch wenn Schwerpunkte erkennbar sein sollten.

▶ Stellen Sie Gründungskonzept, Lebensläufe der Gründer und laufende Verträge zusammen. Auch eine Selbstauskunft der Gründer gehört dazu, inklusive Übersicht über Ihre Einkommensverhältnisse (auch die der Ehepartner), Kapitallebensversicherungen, Bausparverträge, Zinseinnahmen etc.

▶ Geben Sie die sortierten Unterlagen schon vorher bei der Bank ab, um dem Berater eine Vorbereitung zu ermöglichen.

▶ Schreiben Sie nach dem Gespräch ein Protokoll, das Sie der Bank zusenden. Geht kein Widerspruch ein, gilt dieses als akzeptiert – jedenfalls sofern Sie Kaufmann sind.

Üben Sie die Antwort auf folgende Fragen:

▶ Was ist der Gegenstand Ihres Unternehmens?
▶ Welche Marktlücke besetzen Sie?
▶ Wie gestalten Sie Ihren Markteintritt?
▶ Wie unterscheiden Sie sich von [wichtigste Konkurrenten]?
▶ Kein Wettbewerb? Warum haben Sie keine Konkurrenten? Wieso hat noch niemand diese Idee ausprobiert? Gibt es Beispiele für ein Scheitern in diesem Segment?
▶ Wie sieht der Markt insgesamt aus?
▶ Was sind die Zukunftstrends?
▶ Warum haben Sie sich für diesen Standort entschieden?
▶ Wie viel werden Sie investieren?
▶ Wie hoch ist Ihr Kapitalbedarf für die Anlageinvestitionen und die benötigten Betriebsmittel?
▶ Wie hoch werden die laufenden Kosten sein?

▶ Welche Eigenmittel stehen Ihnen dazu zur Verfügung?

▶ An welche öffentlichen Kredite und an welche Bankkredite haben Sie gedacht? (Vorbereitung, auch auf Konditionen!)

▶ Welche Sicherheiten bieten Sie?

▶ Mit welchen Umsätzen und Erträgen rechnen Sie?

▶ Wie können Sie diese geplanten Umsätze begründen? (Preisfindung genau erklären!)

▶ Welche Personalkosten kommen auf Sie zu?

▶ Welche arbeitsrechtlichen Bestimmungen müssen Sie beachten?

▶ Welche Gesetzesbestimmungen haben Einfluss auf Ihre Idee?

5.2 Business Plan

Eine Gründerin, die mit einer Kollegin ein Call Center betrieb, erzählte mir einst, wie Sie Ihren Business Plan erstellt hatten: Auf einer einsamen Nordseeinsel, im Winter, eine Woche lang abgeschottet von der Welt. Hier hatten sie alles durchdacht. Leider nur auf dem Papier – das Unternehmen scheiterte, obwohl es den dritten Platz eines Schleswig-Holsteiner Business Plan-Wettbewerbs belegt hatte.

Die Geschichte umschreibt den Grund, warum ich von dieser Art des Business Plan-Makings nichts halte – jedenfalls nicht im ersten Schritt. Zahlen, die erdacht werden, sind Zahlen, die der Realität meist nicht standhalten. Zahlen müssen überprüft werden. Und die kleinste Einheit sind die eigenen Preise. Diese lassen sich nicht einfach so hinschreiben oder lediglich anhand der Kosten aufstellen. Preise sind Marktpreise und entsprechen subjektivem Kundennutzen. Es ist gut, zu wissen, welche Kosten Sie haben, um darauf basierend abzuschätzen, inwieweit Ihre Idee Sie als Gründerteam von zwei oder drei Personen überhaupt tragen kann. Es ist sogar absolut notwendig. Das allein reicht aber nicht. Sie müssen zusätzlich herausfinden, welche Preise Kunden zahlen und was die Konkurrenz nimmt. Und das geht schlecht auf einer Nordseeinsel, fernab vom Schuss.

Dass Sie kalkulieren und rechnen müssen, steht fest – vor allem, wenn Sie Geld von einer Bank benötigen. Falls nicht, ist das kein Freifahrtschein. Einen Business Plan braucht jeder, er ist mehr als nur ein Alibi für die Banken. In die Realität überführt, ist er die Grundlage für Ihren Erfolg. Wie sollten Sie diesen auch sonst solide voraussehen oder planen können?

Ohne Business Plan wird es zudem keinen Kredit außer dem Kontokorrent geben – so viel steht jedenfalls fest. Vom Business Plan hängt also alles ab. Er

fokussiert die Idee und zeigt, wie intensiv und professionell Sie die Geschäftsentwicklung geplant haben. Sie sollten sich für seine Vorbereitung und Erstel-
lung also Zeit nehmen. Für einen Banken-Business Plan sind 20 bis maximal
50 Seiten angemessen. Mehr sollte es nicht sein, denn andernfalls erwecken Sie
den Eindruck, dass Sie sich nicht auf das Wesentliche konzentrieren können.

Das Unternehmenskonzept – wie der Business Plan auch heißt – besteht aus einem Text- und einem Finanzteil. In den Finanzteil gehören eine Rentabilitäts-
planung, eine Kapitalbedarfsanalyse sowie ein Liquiditätsplan. Der Textteil
sollte alle Aspekte der Idee systematisch beschreiben. Er beginnt mit einem
»Executive Summary«, einer Zusammenfassung der Eckpunkte auf maximal
einer DIN-A4-Seite, die Sie am besten zuletzt schreiben.

Der Textteil

Im Textteil bringen Sie Ihre Idee auf den Punkt. »Auf den Punkt« ist dabei
wörtlich zu nehmen. Niemand möchte alle Ergebnisse Ihrer Recherche sehen.
Interessant sind nur die Schlüsse, die Sie ziehen, und wie Sie dazu gekommen
sind. Beispiel: Erklären Sie nicht zum 1001. Mal, wie sich die Nutzerstruktur
des Internets seit 1998 entwickelt. Sagen Sie, welches Potenzial sich für die Reisebuchung im Web ergibt, wenn man sich beispielsweise Skandinavien ansieht,
wo die Individualisierung von Webseiten viel weiter fortgeschritten ist als bei
uns. Begründen Sie, warum Deutschland hier rückschrittlich ist und dass ein
entsprechendes Angebot neue Kunden gewinnen kann, die vor der Online-
Reisebuchung jetzt noch zurückschrecken. Alles möglichst konkret.
   Schreiben Sie keine langen, ungegliederten Texte, sondern Häppchen, die Sie
in Rubriken zusammenfassen. Kein Banker liest sich gerne eine DIN-A4-Seite
Fließtext durch. Schön durch Überschriften unterbrochener Text wird ihn po-
sitiv stimmen. Es kommt hier durchaus auch auf die Verpackung an. Ist unter
Ihren Mitgründern kein texterfahrener Kollege, erwägen Sie, den Text von ei-
nem Profi redigieren zu lassen. Dies sollte allerdings jemand sein, der sich auch
auf den wirtschaftlichen Inhalt versteht und diesen zu beurteilen weiß.
   Die Rubriken eines Unternehmenskonzepts sind entgegen anders lautenden
Meinungen keineswegs vorgeschrieben. Sie sollten sinnvoll sein und zu Ihrem
Unternehmen passen. Wenn Sie keine Produktionskosten haben, brauchen Sie
dazu auch nichts zu sagen.
   Trotzdem sind einige Standardrubriken sinnvoll. Sich an Ihnen entlangzu-
hangeln erleichtert Ihnen die Arbeit und dem Leser das Erfassen des Inhalts:

▶ Die Geschäftsidee: Beschreiben Sie kurz, was Ihre Idee ausmacht. Gehen Sie kurz auf das Produkt oder die Dienstleistung ein.

▶ Die Unternehmensform: Wie wollen Sie starten? Als GbR, OHG, GmbH? Und warum? Wie sehen Ihre mittel- und langfristigen Pläne aus?

▶ Das Team: Wer sind die Gesellschafter? Welche – bitte unterschiedlichen – Kompetenzen besitzen Sie und wer wird in Ihrem Unternehmen für was zuständig sein? Banken mögen die Jeder-für-alles-Lösung nicht, auch wenn sie in kleinen GbRs praktisch überlebensfähig ist. Heften Sie dem Business Plan einen sauber ausgearbeiteten Lebenslauf der Gesellschafter an. Formatieren Sie diesen Lebenslauf identisch und bauen sie ihn wiedererkennbar gleich auf. Das wirkt professionell.

▶ Mitarbeiter: Mit welchen Mitarbeitern gehen Sie ins Rennen oder welche Posten gedenken Sie zu besetzen? Betreiben Sie Ihr »Staffing« nicht anhand des Bekanntenkreises – das ist weder sinnvoll, noch wird es von Banken gerne gesehen.

▶ Zielgruppe: Beschreiben Sie, wen Sie ansprechen. Schreiben Sie niemals, »alle«. Die Bearbeitung eines »unsegmentierten Marktes« ist unendlich teuer und nur z. B. von Discountern wie Lidl und Aldi leistbar. Sie haben eine Zielgruppe. Diese wohnt in einer bestimmten Region, hat ein Hobby, liest spezielle Medien, befindet sich in einer bestimmten Altersstufe und ist manchmal auch geschlechtsspezifisch zu unterscheiden. Und wenn Sie sich über diese nicht klar sind, kann ein Rückzug auf die Nordseeinsel dieses Mal eine sinnvolle Maßnahme sein, um mehr Klarheit zu gewinnen.

▶ Der Markt: Ja, wo ist er denn? Und wie sieht er aus, der Ort, an dem Sie Ihre Produkte verkaufen? Das muss kein realer Ort sein, sondern kann auch ein Ort im Kopf des Kunden sein. Wo sitzt sein Bedürfnis, und wo trifft man es an, um es zu befriedigen? Beispiel: »Der Markt für Parfum in Deutschland ist vor allem ein Markenmarkt. Neue Düfte haben nur dann eine Chance, wenn sie an eine bekannte Mode- oder Personenmarke gebunden sind. Je trendiger der Markenname, desto höher der Absatz, was sich auch anhand von Zahlen aus den letzten Jahren belegen lässt ...« Ziehen Sie möglichst konkretes Zahlenmaterial aus möglichst aktuellen Studien heran, um Ihre Analysen zu untermauern.

▶ Wettbewerb: Wer hat eine ähnliche Geschäftsidee wie Sie bereits realisiert? Wer sind Ihre Konkurrenten und was machen sie – vielleicht weniger gut, als Sie es vorhaben, oder zu einem zu hohen Preis. Gute Wettbewerbsanalysen sind konkret und vergleichen alles, was vergleichbar ist: Preise, Mitarbeiterzahl, Standort, Produktangebot, Mitarbeiterqualität etc. Erstellen Sie eine Tabelle, die die für Sie relevanten Faktoren aufführt.

▶ Vertrieb: Wie bekommen Sie Ihr Produkt an den Mann oder die Frau? Über welche Kanäle, mit welchen Methoden?

▶ Marketing und Werbung: Wie machen Sie Ihr Produkt bekannt? Mit welchen Medien, auf welchen Veranstaltungen? Was ist Ihr Rezept, um sich bei der Zielgruppe bekannt zu machen? Denken Sie hier an mehr als Anzeigen – Pressemeldungen, Aufsteller, Gutscheine, Events, Messen, Mailings, das Internet …

▶ Preiskalkulation: Wie bilden Sie Ihre Preise? Berücksichtigen Sie alle drei Verfahren: nach Kosten, nach Wettbewerb und nach dem subjektiven Kundennutzen. Dieser ist am schwersten erfahrbar und setzt eine Befragung in der Kundengruppe voraus. In der Branche übliche Preise erfahren Sie über Dachverbände oder Berater, die auf die entsprechende Branche spezialisiert sind.

▶ Chancen und Risiken: Eine so genannte SWOT-Analyse (für englisch Strengths = Stärken, Weaknesses = Schwächen, Opportunities = Chancen und Threads = Risiken), wie Sie sie bereits aus Kapitel 2.5 kennen, ist ein üblicher Bestandteil professioneller Business Pläne. Fertigen Sie auch hier am besten eine Tabelle an und analysieren Sie alle vier Bereiche. Bedenken Sie bei den Risiken Gesetzesänderungen, konjunkturelle Schwankungen, politische Entscheidungen und Faktoren wie ein sich möglicherweise ändernder Kundengeschmack oder demografischer Wandel.

Der Finanzteil

Der Finanzteil eines Business Plans umfasst eine Umsatz- und Rentabilitätsvorschau, aus der zu entnehmen ist, wie sich Ihre Umsätze im Vergleich zu den Kosten entwickeln und wann die Gewinnzone erreicht ist bzw. wo Ihr Break even Point liegt. Wichtiger Bestandteil ist darüber hinaus die Liquiditätsvorschau, die errechnet, wie viel Geld Sie in jedem Monat zur Verfügung haben. Last, but not least brauchen Sie einen Kapitalbedarfsplan (auch Finanzplan genannt) und Investitionsplan, dem zu entnehmen ist, wie viel Geld Sie einmalig freimachen müssen, um mit Ihrem Geschäft beginnen zu können. Um eine übersichtliche Rentabilitätsvorschau erstellen zu können, benötigen Sie zunächst einen Betriebsmittel- sowie einen Kostenplan.

Betriebsmittelplan für fixe Kosten

Der Betriebsmittelplan enthält eine Übersicht Ihrer fixen Betriebsausgaben. Er ist in vier Bereiche aufgeteilt:

1. Personalkosten ohne Unternehmerlohn
2. Sonstige Betriebsausgaben
3. Zinsen
4. Abschreibungen

Rechnen Sie den Gesamtbetrag per Monat und pro Jahr aus.

Betriebsmittel	Monat	Jahr
1. Personalkosten ohne Unternehmerlohn		
2. Sonstige Betriebsausgaben		
• Miete für Büro oder Laden		
• Kfz-Kosten		
• Reisekosten		
• Werbung		
• Bewirtung		
• Porto		
• Internet		
• Telefon		
• Bürobedarf		
• Steuerberatung		
• Unternehmensberatung		
• Rechtsberatung		
• Geschäftskonto		
Summe		
Sicherheitsreserve 10 %		
3. Zinsen (falls Kredit)		
4. Abschreibungen		
• PC		
• Büroeinrichtung		
Gesamtbetrag		

Kostenplan für variable Kosten

Die im Betriebsmittelplan aufgeführten Kosten sind längst nicht alles. Diese sind Kosten, die sich wiederholen, fixe Kosten. Ihre variablen Kosten führen Sie in einem so genannten Kostenplan auf. Variabel sind beispielsweise Ihre Wareneinkäufe. Auch Aufträge an freie Mitarbeiter vergeben Sie sicher nicht regelmäßig. Alle diese Kosten – also die variablen und die bereits ermittelten fixen – fließen in den Kostenplan ein. Hier führen Sie auch Ihren Unternehmerlohn auf.

Tipp: Berechnung der Löhne bzw. Gewinnvorauszahlungen für die Gesellschafter

Der Unternehmerlohn im Kostenplan ist ein kalkulatorischer Lohn, der aus Ihren Kosten errechnet worden ist. Er bestimmt die Höhe vermutlicher Privatentnahmen für Sie und Ihre Mitgesellschafter. Um ihn zu bestimmen, sollte jeder Gesellschafter eine Aufstellung der eigenen Kosten vornehmen und die Sozialabgaben – Kranken- und Rentenversicherung – hinzurechnen. Besprechen Sie das Ergebnis gemeinsam und legen Sie fest, wie viel jeder Gesellschafter pro Monat bekommen soll. Selbstverständlich muss sich dies an den Gewinnanteilen und nicht etwa am luxuriösen Lebensstil eines Teamgründers orientieren! Die Kosten für dieses Gehalt gehen übrigens entgegen vielfachen Missverständnissen bei einer GbR nicht von der Steuer ab. Es handelt sich also nicht um Betriebsausgaben, sondern lediglich um eine Vorauszahlung auf den Gewinn. Obwohl er also bei Personengesellschaften nicht steuerwirksam ist, den Gewinn also nicht mindert, geht er in Ihren Business Plan mit ein.

Kosten	Monat	Jahr
1. Personalkosten ohne Unternehmerlohn		
2. Sonstige Betriebsausgaben		
• Fixe Betriebsausgaben		
• Variable Betriebsausgaben		
3. Zinsen		
4. Abschreibungen		
5. Kalkulatorischer Unternehmerlohn		
Gesamtkosten		

Investitionsplan

Wir bleiben bei den Ausgaben. Falls Ihr Unternehmen Investitionen benötigt, so fließen diese in den Investitionsplan ein. Hierbei werden die gesamten Kosten berechnet und nicht etwa der Wert für die Abschreibungen, der steuerlich relevant ist. Der 900 Euro teure Laptop geht also ganz in den Plan ein, auch wenn er in drei Jahren mit jeweils 300 Euro in die Steuererklärung eingeht. Der Investitionsplan ist notwendig, um zu errechnen, wie viel Geld Sie benötigen, und eine wichtige Voraussetzung für die Ermittlung Ihres Kapitalbedarfs.

Investitionen	Monat	Jahr
1. Gründungskosten		
• Gewerbeanmeldung		
• Gesellschaftervertrag		
• Rechtsanwaltskosten		
• Eintrag in Handelsregister, Partnerschaftsregister etc.		
• Gründungsseminare		
2. Büro oder Laden		
• Renovierung		
• Kaution und Courtage (nur Courtage absetzbar)		
• Maschinen		
• Büroeinrichtung		
3. Kfz		
4. Arbeitsmittel (PC etc., Ausrüstung bei bestimmten Berufen)		
5. Einmalige Werbekosten		
6. Sicherheitsreserve (20 %)		
Gesamtkosten		

Die Umsatz- und Rentabilitätsvorschau

Die Umsatz- und Rentabilitätsvorschau verwendet Ihre Zahlen aus den bereits erstellten Tabellen. Hinzu kommt die Einnahmenseite, die Sie zuvor sauber kalkulieren müssen. Wie viel können Sie im 1., 2., 3. Monat einnehmen? Rechnen Sie dies für jeden Monat der nächsten drei Jahre aus. Berücksichtigen Sie umsatzwirksame Tage und Tage, die Sie für Buchhaltung und Akquise benötigen. Auch als Team werden Sie am Anfang zu 80 bis 100 Prozent mit dem Aufbau des Unternehmens beschäftigt sein und vielleicht sogar mehrere Monate gar nichts einnehmen.

Die monatsgenaue Rechnung zwingt Sie zum tagesgenauen Hinsehen und dazu, sich Flautezeiten wie die Ferien vor Augen zu führen. Belassen Sie es auch deshalb nicht bei einer groben Jahresplanung, die dazu verführt, Einnahmen allzu oberflächlich abzuschätzen. Im Beispiel führen wir Ihnen nur die ersten drei Monate vor, mit der Bitte, dies in Ihrem eigenen Plan zu erweitern. Die Begriffe »Rohgewinn« und »Cash-Flow« stammen dabei aus der Betriebswirtschaft und sind »Bilanzierungsdeutsch«. Rohertrag ist die Spanne, die sich aus dem Umsatz minus Wareneinsatz und Personalkosten ergibt. Alternative Begriffe sind Rohgewinn und Bruttoertrag.

Der Cash-Flow versucht die tatsächlichen Geldströme in einem Betrieb und den Überschuss an Einzahlungen (oder eben das »Zuwenig«) zu erfassen. Er ist damit eine wichtige betriebswirtschaftliche Kenngröße.

Lassen Sie sich davon nicht irritieren: Das Rechnen gemäß der Tabelle ist sehr einfach und übersichtlich.

Umsatz- und Rentabilitätsvorschau	01-2007	02-2007	03-2007
Einnahmen			
– variable Kosten			
= Rohgewinn I			
– Personalkosten			
= Rohgewinn II			
– sonstige Betriebsausgaben			
= Cash-Flow			
– Zinsen			
– Abschreibungen			
= Gewinn			

Das Ganze lässt sich auch weiter vereinfachen. Rechnen Sie oben einfach alle Einnahmen zusammen und ziehen Sie unten alle betrieblichen Ausgaben ab. Berücksichtigen Sie, dass sich Mitarbeiterlöhne, Kosten für den Kfz-Betrieb und Werbung (etwa die Internetseite) sofort und ohne Begrenzung absetzen lassen. Investitionsgüter dagegen unterliegen der AfA (Absetzung für Abnutzung), sofern Sie mehr als 410 Euro netto kosten. Sie können diese also nur entsprechend Ihrem im jeweiligen Jahr absetzbaren Betrag einfügen.

Umsatz- und Rentabilitätsvorschau	01-2007	02-2007	03-2007
Einnahmen			
– Betriebliche Ausgaben			
• Gewerbliche Miete / Büro			
• Personalkosten			
• KFZ			
• Werbung			
• Internet und Telekom			
• Betriebliche Versicherungen			
• Sonstige Betriebsausgaben			
• Zinsen			
• Abschreibungen			
= Gewinn			

Liquiditätsplan

Im Liquiditätsplan fließt alles zusammen, was Sie bereits berechnet haben. Hier stellen Sie alle Zahlungen und Einnahmen einander gegenüber. Das Ergebnis ist Ihre Liquidität. Dabei müssen Sie anders als in der Umsatzplanung Zahlungsausfälle berücksichtigen, sofern Sie nicht ausschließlich Bargeschäfte tätigen. Sie müssen außerdem damit rechnen, dass Zahlungen oft sehr verspätet eingehen, nicht selten wird die Rechnung erst mehrere Monate nach der Rechnungsstellung beglichen.

Auch hier rechnen Sie Monat für Monat:

Liquidität	01-2007	02-2007	03-2007
Plan			
1. Bestand an liquiden Mitteln			
2. Einnahmen			
• Aus Honoraren			
• Aus Produktverkäufen			
• Aus Umsatzsteuer			
• Erstattete Umsatzsteuer			
• Privateinlagen			
Gesamteinnahmen			
3. Ausgaben			
• Bareinkäufe			
• Betriebsausgaben (fix)			
• An das Finanzamt abgeführte Umsatzsteuer			
• Einmalige Ausgaben			
• Privatentnahmen			
Gesamtausgaben			
Liquidität (Einnahmen minus Ausgaben)			

Kapitalbedarfsplan

Wie viel können Sie aus der eigenen Tasche oder mit Hilfe der Familie finanzieren? Wo reicht eine kurzfristige Hilfe (Kontokorrent) und wo ist eine langfristige Finanzierung nötig? Diese Berechnungen gehen in Ihren Kapitalbedarfsplan ein, der den Betrag ermittelt, den Sie von der Bank benötigen.

Kapitalbedarf

1. Eigenmittel				
• Eigenkapital				
• Sacheinlagen				
2. Langfristige Fremdfinanzierung				
3. Kurzfristige Fremdfinanzierung				
Kapitalbedarf 1–3				

5.3 Kredite ohne Bank

»Wir haben so eine gute Idee, aber alle Banken winken ab. Was sollen wir nur tun?« Solche Fragen höre ich immer wieder. Oft können die Gründer gar nicht glauben, dass ausgerechnet sie – mit ihrer guten Idee – kein Geld bekommen. So, wie die zwei jungen Damen, die auf Franchise-Basis ein Schönheitsstudio eröffnen wollten. Das Konzept des Franchisegebers überzeugte die Banken nicht, auch wenn bereits mehrere Studios eröffnet waren. Der wesentliche Punkt war aber das Fehlen von Sicherheiten.

Für Gründer ist es fast unmöglich, einen Kredit zu erhalten, wenn keine Sicherheiten da sind. Hinzu kommt, dass der oft geringe Kreditbedarf von Jungunternehmen für Banken uninteressant ist. Wer engagiert sich schon für 10.000 Euro? Die Hausbank jedenfalls in aller Regel nicht. Die räumt den jungen Startern oft nicht mal einen Kontokorrentkredit ein. Trotzdem gibt es Mittel und Wege, Geld zu beschaffen.

Lieferantenkredite

Wenn Sie bei einem Großhändler Waren bestellen, müssen Sie nicht immer sofort zahlen. Ist Ihre Ware »zahlbar in 30 Tagen« statt »in 7 Tagen« bringt Ihnen eine spätere Zahlung bares Geld. Sie haben 23 Tage gewonnen, in denen Sie Ihr Geld anders anlegen können oder keine Zinsen zahlen müssen – falls Sie auf Pump einkaufen. Nicht umsonst belohnen die meisten Händler Schnellzahler mit Skonto, also einem Barzahlerrabatt in Höhe von 2 oder 3 Prozent. Sprechen Sie rechtzeitig über die Lieferungs- und Zahlungsbedingungen. Versuchen Sie Möglichkeiten zu finden, die Zahlung möglichst weit aufzuschieben oder in Raten zu begleichen, wenn Sie größere Bestellungen tätigen, die Sie finanziell sehr stark belasten.

Überlegen Sie genau, wie viel Ware Sie auf einmal einkaufen. Vielleicht ist es für Sie besser, nur kleinere Mengen zu bestellen: Viele kleinere Einzelhändler und Ebay-Verkäufer ordern nur dann bei ihrem Großhändler, wenn eine Bestellung vorliegt. So sind Sie in der Lage, den Geldfluss selbst zu steuern, und Ihre Liquidität erhöht sich: Sie bezahlen nämlich nur, wenn auch ein baldiger Zahlungseingang in Sicht ist. Zudem sparen Sie die Kosten für Lagerhaltung. Auf der anderen Seite bekommen Sie natürlich günstigere Konditionen eingeräumt, wenn Sie größere Stückzahlen abnehmen.

Geld von einer KG

Wer sein Geschäft etwas größer aufziehen möchte und im gewerblichen Bereich tätig ist, kann Finanziers zu stillen Mitgesellschaftern machen. Sie heißen dann Kommanditisten – und wir sprechen von der KG, der Kommanditgesellschaft. Sie wird idealerweise mit einer GmbH verknüpft, womit eine GmbH & Co. KG entsteht: In der GmbH sitzen die ideengebenden Gesellschafter und Geschäftsführer, in der KG die Finanziers. Eine ähnliche Kopplung zwischen privaten Geldgebern und einer haftungsfreien Gesellschaft entsteht mit der Limited & Co. KG. Selbstverständlich können in der KG Kommanditisten sitzen, die zugleich im Komplementär, der GmbH, Gesellschafter sind. Ihr Geld in der KG – die Einlage kann beliebig hoch sein – würde hier nicht angetastet. Zudem ist die KG auch nicht am Verlust beteiligt, was das Ganze noch attraktiver macht.

Die Konstruktion mit der GmbH & Co. KG setzt allerdings einen Handelsregistereintrag voraus und ist von daher für viele Gründer eine Nummer zu groß, deren Kapitalbedarf oft nur 3.000, 5.000 oder 10.000 Euro beträgt.

Stille Gesellschaft

Wenn Sie die Kapitalgeber nicht fest in Form einer KG an Ihr Unternehmen binden wollen, gründen Sie eine stille Gesellschaft, die als Geldgeber Ihres Unternehmens fungiert. Dabei ist es unerheblich, ob Sie Einzelunternehmer oder Gesellschaft sind. Als Gesellschaft dürfen Sie, um Geld von einer stillen Gesellschaft zu beziehen, GbR, GmbH oder auch Limited sein. Die Organisationsform spielt also keine Rolle.

Die stille Gesellschaft entsteht parallel zur GbR als eine Art Innen-GbR. Rechtlich handelt es sich allerdings nicht um eine eigenständige Gesellschaftsform. Regelungen zur stillen Gesellschaft finden sich im Handelsgesetzbuch (HGB) und ergänzend dazu im Bürgerlichen Gesetzbuch (BGB), das auch die Bestimmungen zur GbR enthält. Bei der stillen Gesellschaft lässt sich – ebenso wie bei der KG und anders als bei einer vollwertigen GbR – der Verlust der Kapitalgeber auf den Verlust der Einlage begrenzen. Das gibt den Gesellschaftern Sicherheit – sofern sie darüber hinaus bereit sind, sich nicht in das Geschäft einzumischen. Dies ist nämlich Bedingung für die Gründung einer typischen stillen Gesellschaft: Finger weg von der Geschäftsführung. Der stille Gesellschafter ist Geldgeber, der bestenfalls Einsicht in die Bücher und die Bilanz (oder Gewinnermittlung per Einnahmen-Überschussrechnung) verlangen kann.

Wobei eine solche Einmischung nicht prinzipiell verboten ist: Durch sie würde die typische stille Gesellschaft (die gemeint ist, wenn von einer stillen Gesellschaft die Rede ist) zu einer atypischen stillen Gesellschaft. Damit verändert sich der Status und Stellenwert der Gesellschaft. Der sich in die Geschäftsführung einmischende Gesellschafter würde künftig auch für Verluste der Gesellschaft geradestehen müssen. Das dürfte in der Regel weder in Ihrem noch im Sinne des Geldgebers sein. Diesem geht es schließlich normalerweise um seinen Geldgewinn. Eine aktive Einmischung in die Geschäfte findet eher im Venture-Capital-Bereich statt, wo es letztlich auch um das Geldzuführen in Form stiller Gesellschaften geht, allerdings »atypischer« stiller Gesellschaften, die eben auch am Minus beteiligt sind und von daher ein hohes Risiko tragen (das einer überdurchschnittlich attraktiven Gewinnchance gegenübersteht).

Beteiligen Sie Ihren Geldgeber mit einem im Gesellschaftervertrag festgelegten Schlüssel. Eine solche Beteiligung kann auch zeitlich begrenzt werden. Das macht vor allem dann Sinn, wenn das Unternehmen länger besteht und die Finanzierung nur dem Anschub der Geschäftstätigkeit dienen soll.

Der Gewinn Ihrer stillen Gesellschafter ist nicht steuerfrei, er unterliegt der Einkommensteuer. Der Stille kann die Steuervergünstigungen der §§ 16, 34 EStG (Einkommensteuergesetz) in Anspruch nehmen und zahlt dann nach dem so genannten Halbeinkünftegesetz den halben Steuersatz. Zusätzlich gilt der Freibetrag für Kapitaleinkünfte. Es besteht somit auch der Freibetrag in Höhe von 1.370 Euro bzw. 3.100 Euro für Eheleute.

Darüber hinaus sind allerdings wenige Formalitäten nötig. Stille Gesellschafter müssen z. B. kein Gewerbe anmelden, ihre Einnahmen gelten als Kapitaleinkünfte, die in der Steuererklärung in die Anlage KAP eingehen.

Tipp: Unbegrenzte Gewinnausschüttungen für GmbH-Gesellschafter

Sie haben eine GmbH oder planen, eine solche Gesellschaftsform zu gründen und mit eigenem Geld aufzubauen? Wenn Sie parallel dazu als atypische stille Gesellschaft auftreten, können Sie Gewinne aus der GmbH abschöpfen, ohne darauf Gewerbesteuer und Körperschaftsteuer zahlen zu müssen. Ihr Gewinn sind Ihre Kapitaleinkünfte, auf die lediglich Kapitalertragsteuer fällig wird. Dies setzt allerdings voraus, dass eigenes Geld vorhanden ist. Es handelt sich in jedem Fall um eine atypische stille Gesellschaft, weil Sie zugleich als Gesellschafter und

Geschäftsführer die GmbH auch aktiv leiten. Das bedeutet in der Konsequenz, dass Sie als stille Gesellschafter auch am Verlust beteiligt sind. Das Modell »atypische stille Gesellschaft« ist also nur für Unternehmer interessant, die sich einerseits mit Geld beteiligen und andererseits sofort Gewinne erwarten – oder aber bereits mit einer GbR tätig waren, die klar in der Gewinnzone ist und im nächsten Schritt in eine GmbH überführt werden soll.

Anwendungsbeispiel

Lisa und Lilly möchten einen kleinen Laden eröffnen, in dem sie Kunstwerke aus Papier verkaufen wollen. Dafür benötigen sie eine Maschine, die 5.000 Euro kostet. Die Bank lehnt ab. Einzig einen Privatkredit mit einer Verzinsung von 10 Prozent könnten sie erhalten. Sie ärgern sich und lehnen ab. Ihre Bekannten und Freunde sind aber von ihren kreativen Objekten so überzeugt, dass sie bereit sind, Geld zu geben. Lisa und Lilly gründen eine GbR, in der sie beide geschäftsführende Gesellschafter sind. Zehn Bekannte schließen sich in einer stillen Gesellschaft zusammen, in die jeder 500 Euro einlegt. Im Gesellschaftervertrag wird festgelegt, dass jeder Gesellschafter nach drei Jahren seine Einlage zurückerhält und zusätzlich in den ersten fünf Jahren mit jeweils 2 Prozent am Gewinn beteiligt wird. Die Gesellschafter sind so auf der sicheren Seite, können kein Geld verlieren und haben, wenn sich das Geschäft gut entwickelt (wovon sie ausgehen), sogar noch etwas Gewinn gemacht.

Tatsächlich wirft die Kunstgalerie ab dem 2. Jahr Gewinn ab, im zweiten sind es 20.000 Euro. Davon müssen Lisa und Lilly 20 Prozent an die Gesellschafter ausschütten, also 2.000 Euro. Jeder Gesellschafter bekommt 200 Euro – sofern er die Grenzen für Einnahmen aus Kapitalanlage nicht überschritten hat, ist das steuerfreies Geld. Im dritten Jahr erhalten die Gesellschafter schon 1.000 Euro, da sich der Gewinn auf 50.000 Euro erhöht hat. Eine rentable Angelegenheit ... allerdings auch ein optimaler Verlauf, der zeigt, wie wichtig es ist, die Gewinne der stillen Gesellschafter in Grenzen zu halten, damit sie nicht »ihr Leben lang« an einer kleinen Einlage verdienen. Dies kann z. B. geschehen, indem Sie ein Verfallsdatum für die Gesellschaft bestimmen. Zu diesem Termin löst sich eine stille Gesellschaft als GbR automatisch auf. Dies wäre bei anderen Gesellschaftsformen so nicht möglich; es müsste eine Löschung im Handelsregister erfolgen. Beachten Sie auch die Umsatz- und Gewinngrenzen der einzelnen Gesellschaftsformen: Mit einem Gewinn von 50.000 Euro würden Lisa und Lilly selbst dann eine (zum Handelsregistereintrag verpflichtete) OHG, wenn Sie die 10.000 Euro Gewinnbeteiligung vom eigenen Gewinn abziehen und ihn damit auf 40.000 Euro reduzieren. Sie müssten im dritten Jahr also ihre Gesellschaftsform ändern, wobei sie sich für eine GmbH entscheiden. Da dies mit der Auflösung der stillen Gesellschaft zusammenfiel, war es in diesem Fall (noch) kein Thema.

Vertragsmuster für eine stille Gesellschaft

Zwischen

Frau Beispiel

Inhaberin der Unternehmensberatung Beispiel XY

und

Herrn Müller, Adresse

wird folgender Vertrag geschlossen:

§ 1

Frau Beispiel beteiligt sich an dem Unternehmen des Herrn Müller als stiller Gesellschafter mit einer Einlage von

_____ [Betrag in Euro].

Die Einlage ist am _____ [z. B. Jahres-/Monatsanfang] zu leisten.

§ 2

Die Gesellschaft beginnt am _____ und endet am _____.
Jeder Vertragspartner kann bis zum _____ gegenüber dem anderen Vertragsteil die Fortsetzung der Gesellschaft erklären.

Für die Erklärung ist eine besondere Form nicht vorgesehen [kann auch anders vereinbart werden]. Die über den _____ [genannter Stichtag] hinaus fortgesetzte Gesellschaft kann unter Einhaltung einer Kündigungsfrist von 3 Monaten zum jeweiligen Jahresende gekündigt werden.

§ 3

Der stille Gesellschafter ist am Gewinn und Verlust mit _____ Prozent beteiligt. Der Gewinnermittlung ist die Steuerbilanz zugrunde zu legen. Gewinnänderungen, die das Finanzamt vornimmt (z. B. durch eine Betriebsprüfung), sind zu berücksichtigen. Sonderabschreibungen nach steuerlichen Vorschriften bleiben unberücksichtigt. Der stille Gesellschafter nimmt an Verlusten auch über seine Einlage hinaus teil.

§ 4

Die Bilanz ist spätestens _____ Monate nach Ablauf des Geschäftsjahres zu erstellen; zum gleichen Zeitpunkt sind die Gewinnanteile auszuzahlen. Rückständige Zahlungen sind mit _____ v. H. zu verzinsen.

§ 5

Der stille Gesellschafter kann die schriftliche Mitteilung der Bilanz verlangen und deren Richtigkeit durch Einsicht in die Bücher und Geschäftsunterlagen nachprüfen. Dies kann auch über einen sachkundigen Vertreter erfolgen.

§ 6

Geschäftsjahr ist das Kalenderjahr. Änderungen bedürfen der Zustimmung des stillen Gesellschafters.

§ 7

Bei Tod des stillen Gesellschafters wird die Gesellschaft mit den Erben fortgesetzt. Jeder Erbe wird mit einer seiner Erbquote entsprechenden Einlage beteiligt. Den Erben bleibt es unbenommen, zu bestimmen, welcher Erbe die stille Gesellschaft fortführen soll.

§ 8

Die sich bei Beendigung der stillen Gesellschaft ergebende Einlage ist spätestens bis zum Datum des auf die Auflösung folgenden Kalenderjahres in monatlichen Raten von _____ v. H. des Gesamtguthabens zurückzuzahlen. Die Ansprüche sind bei Zahlungsverzögerungen mit _____ v. H. zu verzinsen. Die Zinsen sind halbjährlich zu zahlen.

Für die Beteiligung an schwebenden Geschäften gilt die gesetzliche Regelung. Bei Kündigung der stillen Gesellschaft aus wichtigem Grund ist das Auseinandersetzungsguthaben sofort zur Zahlung fällig. Rückständige Zahlungen sind mit _____ v. H. zu verzinsen.

§ 9 Salvatorische Klausel

Sollten einzelne Bestimmungen dieses Vertrages unwirksam sein, so wird die Rechtswirksamkeit der übrigen Bestimmungen dadurch nicht berührt. Die betreffende Bestimmung ist durch eine wirksame zu ersetzen, die dem angestrebten wirtschaftlichen oder rechtlichen Zweck möglichst nahe kommt.

Hamburg,

[Unterschriften]

Geld als privates Darlehen

Eine direkte Beteiligung fremder Personen ist Ihnen eher unheimlich – oder Oma und Tante wollen doch nicht so weit in Ihre Geschäfte hineingezogen werden? Dann fragen Sie doch um ein zinsloses Darlehen an. Dieses werden Sie aber nur innerhalb der Familie oder im nahen Bekanntenkreis erhalten. Entfernteren Bekannten müssen Sie schon etwas mehr bieten.

Die Alternative mit Gewinnaussicht ist ein so genanntes partiarisches Darlehen, also ein Darlehen, das eine Gewinnbeteiligung ermöglicht. Beim partiarischen Darlehen erfolgt zwar ebenfalls eine erfolgsabhängige Vergütung, aber es ist keine gemeinsame Zweckverfolgung vereinbart. Für ein partiarisches Darlehen, meist verzinst mit 7 bis 15 Prozent, sind die gesetzlichen Bestimmungen für ein Darlehen und nicht die der stillen Gesellschaft anzuwenden.

Der Übergang vom partiarischen Darlehen zum Gesellschaftsverhältnis ist fließend. Für ein stilles Gesellschaftsverhältnis spricht

- ▶ Verlustbeteiligung
- ▶ längere Bindung der Einlage
- ▶ keine Sicherheiten
- ▶ Mitwirkung und Kontrolle seitens des »Darlehensgebers«

Umgekehrt spricht für ein Darlehen, wenn oben genannte Faktoren nicht gegeben sind und außerdem im Vertrag »Darlehen« geschrieben steht.

Daneben existiert ein so genanntes nachrangiges Darlehen. Dabei handelt es sich grundsätzlich um einen Kredit, der durch eine Gewinnbeteiligung abgegolten und nicht fest verzinst wird. Es kann allerdings eine Mindestverzinsung vereinbart werden.

Bei beiden Formen wird eine Verlustbeteiligung ausgeschlossen und die Höhe der Haftung auf maximal den Darlehensbetrag beschränkt.

In der Bilanz sind solche Darlehen nicht Eigen-, sondern Fremdkapital. Widersprüchlicherweise führt die Aufnahme eines solchen Darlehens im Basel-II-Rating zur Verbesserung der Eigenkapitalquote.

Business Angels

Diese Geschäfts-Engel sind Privatpersonen, die ihr Geld zwecks Anlage und Gewinnoptimierung in aussichtsreiche Start-ups stecken. Business Angels helfen aber auch mit ihrem Know-how und unterstützen Einzelunternehmer dabei, geeignete Partner zu finden. Sie können auch zeitweise in die Geschäftsführung einsteigen, um eine Firma mit ihrem Wissen aufzubauen. Kapital gilt hierbei wie bei den VC-Gesellschaften als Beteiligungskapital.

Business Angels sind also auch am Verlust beteiligt und schöpfen nicht nur ab. Im Forum des Business-Angel-Netzwerks BAND (*www.band.de*) können Sie nach solchen Geschäftsleuten suchen.

Venture Capital

Viele Unternehmer, aber auch Privatpersonen sind auf der Suche nach jungen Unternehmen, in die sie Geld stecken und es »zu Gold machen« können. Rechtlich haben wir es auch hier mit einer stillen Gesellschaft zu tun. Das so genannte Venture Capital wird zum Eigenkapital der Gründer und erhöht damit auch wieder die Kreditwürdigkeit Ihres Unternehmens vor den Banken. Natürlich ist es kein Kinderspiel, an solches Geld zu kommen.

Oft wird erst dann Geld in ein Unternehmen gepumpt, wenn es bereits Gewinne abwirft, für das weitere Wachstum aber Kapitalbedarf hat. Als Team, das ganz am Anfang steht, macht es für Sie deshalb in der Regel keinen Sinn, nach VC zu suchen. VC ist der zweite Schritt: Wenn alles bestens läuft und der nächste Schritt nur mit einer größeren Kapitalsumme zu bewältigen ist, ist es sinnvoll, Venture-Capital-Gesellschaften zu kontaktieren. Als Team haben Sie dabei einen immensen Vorteil gegenüber Einzelunternehmen, die von VC-Gesellschaften so gut wie nie gefördert werden.

5.4 Überbrückungsgeld & Co.

Sechs Monate das volle Arbeitslosengeld plus 70,8 Prozent obendrauf: Dumm, wer da nicht sagt, »das nehm' ich mit«. Dies geschieht besonders gern als Anschlussgeld nach einem Jahr Arbeitslosengeldbezug – sozusagen als Verlängerung obendrauf. Doch dies ist Missbrauch und soll nicht unser Thema sein.

Die meist hübsche Summe ist für die Bestreitung des Lebensunterhalts und der Sozialabgaben bestimmt und ist personengebunden. Das bedeutet, dass Sie das Geld als Teamgründer auch nur für diesen Zweck nutzen dürfen und nicht etwa für den Kauf einer Maschine für Ihre GbR. Es ist zwar möglich, dass in einem Team alle drei Gründer Überbrückungsgeld bekommen. Es ist hingegen nicht möglich, dass das Geld geteilt wird, falls nur ein Gesellschafter von der Agentur die Förderung erhält. Diese Vorstellung ist jedoch bei Gründern durchaus verbreitet, und ich habe häufiger Gründerteams erlebt, die sich über das Überbrückungsgeld stritten. Dabei war der eine der Meinung, dass der andere die Hälfte abzugeben habe. Dies ist ein Irrtum: Das Überbrückungsgeld gehört ganz allein demjenigen, der es bezieht. Sie dürfen es auch nicht für Investitionen aufwenden, also beispielsweise eine Büroeinrichtung damit kaufen.

Kein Problem, wenn zwei Gründer sich selbstständig machen und jeder 50 Prozent Anteil hat. Dann bekommt derjenige mit dem Anspruch das Geld – und wenn beide einen Anspruch darauf haben, auch beide.

Ihre Krankenkasse müssen Sie als Überbrückungsgeldempfänger selbst bezahlen. Liegen Ihre geschätzten Einkünfte – inklusive Überbrückungsgeld – unter 1.834 Euro im Monat, erhalten Sie den günstigsten Krankenkassensatz als freiwillig Versicherter bei Ihrer gesetzlichen Kasse, der je nach Kasse sich auf ca. 260 Euro im Monat beläuft. Liegen Sie von Anfang an höher – beispielsweise, weil ein Auftrag längst feststeht – will die Kasse mehr, bis rund 500 Euro an der Spitze. Zur Rentenversicherung lesen Sie bitte das Kapitel Versicherungen. Als Teamgründer sind Sie von der gesetzlichen Rentenversicherungspflicht mit wenigen Ausnahmen – beispielsweise als über die KSK versicherte Künstler – befreit.

Überbrückungsgeld beantragen

Für den Antrag auf Überbrückungsgeld benötigen Sie ein Unternehmenskonzept (einen Business-Plan), das aus einem beschreibenden Text- und einem Finanzteil besteht. Wie das Konzept auszusehen hat, darüber scheiden sich die Meinungen der Fachleute. Die Praxis zeigt, dass es in einigen Regionen vollkommen ausreichend ist, wenn eine halbe handschriftliche Seite eingereicht wird. Aussagen von Arbeitsamtberatern vom Schlage wie: »dann schreiben Sie mal zehn Sätze zusammen« sind weit verbreitet. Dem gegenüber stehen ausgereifte Konzepte auf zwanzig und mehr Seiten, wie beispielsweise oft in München gefordert. Hier jonglieren Gründer oft auch schon mit Aktiva und Passiva, Wareneinsatz und Gewinn-und-Verlust-Rechnungen – meist ohne zu wissen, was sie da zu Papier bringen. Ich habe die Erfahrung gemacht, dass kaum jemand versteht, was er schreibt. Meist wird nur mit Vorlagen aus dem Internet gearbeitet.

Eine bilanzorientierte, auf kaufmännischer Buchführung beruhende Denkweise im Business Plan ist in den meisten Fällen überhaupt nicht nötig, da fast alle Gründer am Anfang lediglich Einnahmen-und-Ausgaben-Rechnungen erstellen und sich eher um Aufträge als um das Verständnis von Bilanzen kümmern sollten. Alles zu seiner Zeit … etwa, wenn ein Bankkredit beantragt werden soll.

Beschäftigen Sie sich mit Ihrem Geschäft, aber nicht damit, durch Buchhaltungsregeln durchzusteigen. Und beschäftigen Sie sich ernsthaft damit – Grundlage kann etwa eine detaillierte Preisliste und eine selbst durchgeführte Marktforschung sein, die Hochrechnungen über den Verkauf des Produkts oder der Dienstleistung zulässt. Begnügen Sie sich auch nicht mit einer Jahres-Hochrechnung, sondern beschäftigen Sie sich mit jedem einzelnen Monat in den ersten drei Jahren. Schätzen Sie Zahlen nicht leichtfertig ab. Die Kalkulation von Einnahmen ist deutlich mehr als Kaffeesatzlesen. Einige Leitfragen:

- ▶ Welche Preise können Sie am Markt durchsetzen?
- ▶ Wie lange dauert es, bis ein erster Auftrag kommt?
- ▶ Wie lange akquirieren Sie für einen Vertragsabschluss?
- ▶ Wie hat sich der Verdienst von älteren Wettbewerbern entwickelt? (Eventuell anonym recherchieren)
- ▶ Welche Rolle spielt die Urlaubs- und Weihnachtszeit für Ihr Geschäft?
- ▶ Welche Rolle spielen eigene Ausfallzeiten?

Auch wenn die Arbeitsagentur ein Konzept von einer fachkundigen Stelle – dies kann die IHK, ein Steuerberater oder ein Unternehmensberater sein – abnicken lassen würde: Sie profitieren selbst davon, wenn Sie sich mit dem Konzept auch konkrete Gedanken über die Eckpunkte Ihrer Gründung machen. Denken Sie also immer daran, dass Sie den Plan zwar an leider oft nicht sehr kompetente Dritte – die Arbeitsagentur und/oder eine andere fachkundige Stelle – liefern müssen, aber ihn für Ihr Team und sich selbst schreiben.

Andere Förderinstrumente der Arbeitsagentur

Die Förderung mit Ich-AG-Geld läuft bis 30.06.2006 nach dem alten Modell. Bei Druckschluss wurde diskutiert, ob die Förderzeitdauer von drei Jahren auf 12 oder 18 Monate verkürzt werden soll. Auch Ich-AG (eigentlich EXGZ für Existenzgründungszuschuss) kann einem Teamgründer zufließen. Die Gewinngrenze von 25.000 Euro gilt dann nicht für die GbR oder GmbH, sondern für den Gründer persönlich. Trotz der Bezeichnung Ich-AG dürfen Sie aber eine GbR (wie auch jede andere Gesellschaft) gründen.

Wenn sich ein Hartz-IV-Empfänger in eine GbR einbringt, kann auch dies gefördert werden (ebenso wie eine alleinige Gründung) – mit so genanntem Einstiegsgeld von der ARGE, dem kleinen Bruder der Arbeitsagentur, der für die Arbeitslosengeld-II-Empfänger verantwortlich zeichnet. Das sind meist 145–175 Euro, die bis zu zwei Jahre zusätzlich zu Ihrem Arbeitslosengeld II gezahlt werden. In der Praxis ist eine so lange Förderdauer aber die Ausnahme, oft sind es nur sechs Monate. Dabei sind Sie über die ARGE in Krankenkasse und Rentenversicherung versichert.

	Überbrückungsgeld	Einstiegsgeld
Werden Teamgründer gefördert?	Ja, aber nur personenbezogen. Der Anteil an der Firma sollte 50 % betragen, andernfalls müssen Sie Ihren Einfluss in dem Unternehmen belegen.	Ja, aber nur personenbezogen. Zahl der Gründer spielt keine Rolle, wie auch die ökonomische Tragfähigkeit nicht unbedingtes Ziel ist.
Wenn Sie in ein bestehendes Unternehmen einsteigen	Förderung ebenfalls möglich, sofern Sie 50 % Anteil haben.	Theoretisch möglich.
Wie lange?	Sechs Monate, in Schleswig-Holsteins Ziel II-Gebieten um weitere drei Monate verlängerbar	Bis zu zwei Jahre
In welcher Höhe?	Arbeitslosengeld plus 70,8 %	145–175 Euro zum Arbeitslosengeld II sowie 35 Euro für jedes weitere Haushaltsmitglied
Kann oder muss die Arbeitsagentur bzw. ARGE es bewilligen?	Muss	Kann
Wer ist zuständig?	Örtliche Arbeitsagentur	ARGE
Antrag	Unternehmenskonzept	Oft reicht einfache handschriftliche Begründung, manchmal Unternehmenskonzept
Steuern	Überbrückungsgeld ist nicht steuerlich wirksam	Geld ist nicht steuerlich wirksam.
Gewinngrenze	Nein	Bis zu einem Einkommen von 1.500 Euro dürfen Sie 15 % von Ihrem Gewinn behalten. Im Intervall zwischen 400 und 900 Euro gilt ein erhöhter Satz von 30 %. Den Rest müssen Sie abgeben.

Beratungsförderung

Ob als Team oder Einzelperson – wer gut beraten worden ist, gründet erfolgreicher und ist auch im weiteren Verlauf des Unternehmensaufbaus und der Führung erfolgreicher. Für Teams empfiehlt sich darüber hinaus eine regelmäßige Supervision, die die Entwicklung der Gruppe reflektiert und möglichen Konflikten vorbaut. Hier kann es zum Beispiel auch darum gehen, Lösungen für Abläufe, Aufgabenverteilung und Zusammenarbeit zu finden. Auch das Abstecken von Grenzen zwischen dem privaten und dem persönlichen Bereich kann ein Thema sein.

Zuschüsse zum Gruppencoaching (und auch Supervision) gibt es in der Gründungsphase beispielsweise in Bayern, wo die Industrie- und Handelskammern sowie das Institut für freie Berufe bis zu 674,90 Euro als Zuschuss zum Tageshonorar bei Gruppencoaching zur Verfügung stellen (Info: *www.ifb-gruendung.de*).

Bei Gründung aus der Arbeitslosigkeit stellt die Arbeitsagentur bis zu 1.500 Euro aus dem Europäischen Sozialfonds – das so genannte ESF-Geld oder Coaching-Geld – zur Verfügung. Die Höhe ist von Bundesagentur zu Bundesagentur und Kreis zu Stadt verschieden. Sie ändert sich mitunter innerhalb eines Jahres. Es kann auch sein, dass eine Arbeitsagentur gar kein Geld gibt, wie dies 2006 in München der Fall war.

Leider ist dieses Geld personengebunden und lässt sich von daher nicht für Supervision und Teamcoaching einsetzen. Explizit ausgeschlossen ist die Einbeziehung einer weiteren Person in den Beratungsprozess allerdings auch nicht … und so könnten auch individuelle Absprachen mit einem Coach dahin gehen, dass der oder die Mitgründer zeitweise mit einbezogen werden.

Ein weiterer Fördertopf steht bei der Bundesagentur für Außenwirtschaft, der BAFA. Dort können Existenzgründer, aber auch gestandene Unternehmen Gelder als Zuschuss beantragen. Dieser beträgt bei Gründern 50 und bei Unternehmern 40 Prozent der Beratungssumme bis zu einem Höchstsatz von 1.500 Euro. Dieses Geld kann alle zwei Jahre zur Mitfinanzierung herangezogen werden und lässt sich auch für eine Teamberatung einsetzen – da der Zuschuss personengebunden ist, kann er zweimal beantragt werden.

Interview

Dr. Andreas Lutz von *www.ueberbrueckungsgeld.de* ist Sachbuchautor, Experte für Gründungsförderung und hilft bei der Beratersuche. Er beantwortet die wichtigsten Fragen von Teamgründern, die einen Kredit aufnehmen möchten.

Bekommen Teamgründer leichter Kredite?
Meist haben die Gründer ein Wahlrecht, ob sie nur anteilig – entsprechend ihrem Gesellschafteranteil – haften oder aber gesamtschuldnerisch, das heißt jeder Einzelne mit seinem Privatvermögen für die Rückzahlung des gesamten Kredits. Wenn mehrere Gründer gesamtschuldnerisch geradestehen, so steigt die Chance, dass sie der Bank ausreichend Sicherheiten bieten können. Es ist zum Beispiel viel einfacher, einen Kredit zu erhalten, wenn einer der mithaftenden Gründer noch angestellt ist und ein festes Gehalt bezieht, da man sich dann an ihn halten kann.

Was ist bei der Beantragung eines KfW-Kredits von Teams besonders zu beachten?
Die Herausforderung besteht darin, eine Bank zu finden, die den Kredit

für das Team bei der KfW beantragt. Neben einem überzeugenden Business Plan und ausreichenden Sicherheiten kommt es natürlich auf das Team an. Stimmt das Zusammenspiel, oder ist für einen erfahrenen Banker schon absehbar, dass das Team in Konflikte hineinsteuern wird? Für den Banker ist es wichtig, die Rollenverteilung zu verstehen: Wer bringt Geld, wer Know-how? Vor allem: Wer hat welche Interessen? Werden alle durchhalten, auch in unvermeidlichen Krisensituationen? Wenn es sich nicht gerade um sehr ehrgeizige Gründungen handelt, die auf Venture Capital zielen, haben Teamgründungen kaum Vor- oder Nachteile gegenüber der Gründung eines Einzelnen.

Sind stille Gesellschaften eine Alternative, wenn die Banken kein Geld geben?
Stille Gesellschafter sind eine ernst zu nehmende Alternative zu Bankkrediten. Die Renditeerwartungen des Geldgebers sind höher, aber auch seine Risikobereitschaft. Außerdem können stille Gesellschafter das Gründungsteam auch durch gute Kontakte und andere nicht-finanzielle Leistungen unterstützen. Bei der Suche nach einem Investor sollte man sich nicht von klangvollen Namen blenden lassen. Suchen Sie nach einem Kapitalgeber, dessen Investitionsschwerpunkte und persönliche Interessen zu Ihrem Vorhaben passen, und gehen Sie gezielt auf die aussichtsreichsten Investoren zu. Fragen Sie nicht direkt um Geld, sondern

bitten Sie um eine Empfehlung: »Wissen Sie jemanden, für den unser Vorhaben interessant sein könnte?«

Kann ich als Empfänger von Überbrückungsgeld in ein mehrköpfiges Team einsteigen?
Jeder Partner hat für sich Anspruch auf Förderung, wenn er individuell die Voraussetzungen erfüllt. Allerdings zweifelt die Arbeitsagentur die Unternehmereigenschaft an, wenn der Anteil am Unternehmen unter 50 Prozent liegt. Wenn Sie eine GmbH gründen und sich als Geschäftsführer ein Gehalt auszahlen, kann es zusätzliche Probleme geben. Bitte unbedingt in den FAQ unter *www.ueberbrueckungsgeld.de/faq* schauen.

Ist es ein Risiko, wenn nur ein Gründer Sicherheiten einbringt? Sollte dies Auswirkungen auf den Gesellschaftervertrag haben?
Ja, denn dieser Gründer verliert bei gesamtschuldnerischer Haftung im Fall einer Insolvenz seine Sicherheit. Zwar hat er Ansprüche gegen die Mitgründer, doch wenn diese nicht zahlungsfähig sind, nützt ihm das wenig. Das gleiche gilt, wenn ein Gesellschafter einen Externen (zum Beispiel die Eltern) als Bürgen gewinnt. Auch wenn der Gesellschaftsvertrag hier wenig Schutz bietet (entscheidend ist der Kreditvertrag), so sollte er doch auf jeden Fall mit fachkundiger Hilfe erarbeitet und schriftlich geschlossen werden.

Was raten Sie Gründern?
Wenn Sie einen Kredit aufnehmen, sollten Sie auf jeden Fall einen Unternehmensberater hinzuziehen. Ohne Beratung ist es inzwischen sehr schwierig, einen Kredit »durchzubekommen«. Ich rate zu einem Unternehmensberater, weil er nicht nur Zahlen für Sie zusammenstellt, sondern diese auch hinterfragt und Ihnen wichtige Hinweise geben kann, wie Sie sich schneller und erfolgreicher am Markt etablieren. Nutzen Sie diese Chance – zumal solche Beratungen staatlich gefördert werden.

Internetadressen

Kredite für Gründer und Unternehmer

– KfW-Mittelstandsbank (*www.kfw-mittelstandsbank.de*): Hier erfahren Sie alles über aktuelle Kreditangebote und Konditionen

Business Angels

– BAND (*www.business-angels.de*): Zusammenschluss von Business Angels mit Marktplatz für Gebote und Gesuche

Alles über Förderungen von der Arbeitsagentur und der ARGE:

– Ueberbrückungsgeld.de (*www.ueberbrueckungsgeld.de*): Das Portal von Andreas Lutz. Hier finden Sie Infos und Berater, die Ihren Business Plan begutachten

– Gruenderreports.de (*www.gruenderreports.de*): Unternehmenskonzepte und mehr, Portal der Autorin

6 Organisationsformen für Teams

Eine der häufigsten Fragen von Gründern ist die nach der richtigen Organisationsform für ihre gemeinsame Geschäftstätigkeit. Dies kann nur mit einem detaillierten Blick auf die verschiedenen Gesellschaftsformen beantwortet werden.

Dieses Kapitel stellt die wichtigsten Rechtsformen vor. Sie erhalten Entscheidungshilfen, wann GbR, GmbH, KG, GmbH & Co. KG oder Limited die bessere Wahl sind. Sie erhalten klare Gegenüberstellungen – etwa auch zu den Unterschieden zwischen GmbH und Limited. Allen Bürogemeinschaften und auch virtuellen Teams empfiehlt sich die Lektüre des Abschnitts zur GbR. Einen guten Einstieg bietet Ihnen eine Übersicht, aus der Sie entnehmen können, welche Rechtsformen für Sie überhaupt in Frage kommen.

Welche Unternehmensform eignet sich für Sie?

	GbR	OHG	KG	PartnerG	GmbH	AG	Ltd.	Ltd. oder GmbH & Co. KG	Genossenschaft
Sind Sie alle Freiberufler?	x			x					
Ist Ihnen die Haftungsbeschränkung wichtig?				(x)	x	x	x	x	x
Wollen Sie sich einen möglichst großen eigenen Entscheidungsspielraum sichern?	x	x	x		x		x		
Wollen Sie möglichst wenige Formalitäten bei der Gründung?	x								
Soll die Rechtsform ein gutes Image im Inland vermitteln?		x	x	x	x	x			
Soll die Rechtsform ein gutes Image im Ausland vermitteln?					x		x	x	
Soll die Rechtsform möglichst geringen Aufwand für Ihre Buchführung bieten?	x			x					
Möchten Sie schnell expandieren und benötigen Sie dafür Kapital?						x			
Sind Sie bereit, Ihre Unternehmenszahlen zu veröffentlichen?						x			
Soll die Rechtsform möglichst geringe Gründungskosten verursachen (Kapitaleinlage, Notarkosten)?	x						(x)*		
Soll Ihr Unternehmen ins Handelsregister eingetragen werden, damit Sie auch im Ausland gefunden werden können?					x	x	x		
Möchten Sie gemeinsam etwas erwerben oder produzieren oder vermarkten, wozu Ihnen alleine die Mittel fehlen?									x
Möchten Sie in einer demokratischen Gesellschaftsform agieren, in der alle etwas zu sagen haben?									x

* Hohe Nachgründungskosten

6.1 Freiberufler und Gewerbetreibende

Zunächst geht es gar nicht um die Rechtsform. Die erste Entscheidung eines Gründers findet genau genommen unabhängig von der Rechtsform statt – Sie betrifft den Steuerstatus: Sind Sie Freiberufler oder Gewerbetreibender? Diese Entscheidung ist vor allem steuerrechtlich relevant und gerade auch für Teamgründer keineswegs immer leicht zu fällen. Nicht immer ist klar und eindeutig festzustellen, wer ein Freiberufler ist. Zwar existiert für Freiberufler ein Katalog mit Berufen, die anerkannt freiberuflich sind. Dazu zählen Steuerberater, Anwälte, Journalisten und Ingenieure. Der Vorteil der Freiberufler liegt darin, dass Sie erstens keine Gewerbesteuer und zweitens keine Bilanz erstellen müssen, sondern mit einer einfachen Einnahmen-Überschuss-Rechnung auskommen, selbst wenn sie Hunderttausende verdienen. Das vereinfacht die gesamte Organisation und macht das Freiberuflerleben leichter als das der Gewerbler, ob sie nun allein für sich oder als GbR im Team arbeiten.

In Zeiten immer neuer Berufe und individueller unternehmerischer Tätigkeiten findet sich der Beruf, den Sie gerade suchen, aber wahrscheinlich nicht in diesem Katalog. Als Nächstes wird deshalb die Ähnlichkeit als Kriterium herangezogen. Wie ähnlich ist Ihr Beruf einem dieser definierten Katalogberufe? Gerichte beschäftigen sich seit Jahrzehnten mit diesen Fragen und haben für einige Berufe diese Ähnlichkeit sozusagen »amtlich« festgestellt.

Dabei kann sich die Wahrnehmung für ein Berufsbild auch ändern. So wurde der Webdesigner lange als Gewerbetreibender eingestuft. Inzwischen nimmt auch die Künstlersozialkasse gestalterisch orientierte Webdesigner auf, was dem Finanzamt als Indiz dafür gilt, die gesamte Tätigkeit als freiberuflich zu akzeptieren.

Überhaupt: Freiberufler sind Unternehmer, die meist eine akademische oder akademisch geprägte Ausbildung genossen haben und nun eine Tätigkeit ausüben, die den Kopf fordert und im weitesten Sinn auch der Allgemeinheit dient. Deshalb ist der Begriff Freiberufler nicht nur steuerrechtlich, sondern auch soziologisch zu sehen.

Was aber, wenn die Tätigkeit nicht eindeutig frei ist, wenn ein Journalist auch (gewerbliche) PR-Beratung durchführt und ein Architekt dann und wann ein Möbelstück verkauft? Oder wenn der Beruf so exotisch ist, dass niemand ihn kennt? Oder wissen Sie, was ein Dendrochronologe macht? Das zuständige Finanzamt wusste es auch nicht, entschied sich dann aber für Freiberuflichkeit, denn Dendrochronologie ist die Wissenschaft von der Altersbestimmung bei Hölzern und setzt ein Studium voraus.

Falls Sie nicht absolut sicher sind, welchen Steuerstatus Sie haben, lassen Sie sich diesen verbindlich vom Finanzamt bestätigen. Manchmal ist es aber auch sinnvoller, keine »schlafenden Hunde« zu wecken, sondern von vorneherein eine Freiberufler-Strategie zu fahren. Dies bietet sich vor allem im Bereich der IT an, wo hohe Honorare üblich sind (auf die dann auch vor allem in den Städten eine hohe Gewerbesteuerzahlung zu erwarten ist) und der Steuerstatus besonders schwer zu ermitteln ist. Ziehen Sie im Zweifelsfall einen Steuerberater heran, der genau auf diese Zielgruppe spezialisiert ist.

Konsequenzen dieser Unterscheidung für Teams

Steigt ein weiterer Mann oder eine Frau ins Unternehmen ein, wird eine klare Unterscheidung und Strategie noch wichtiger. Denn erstens verdienen zwei oder drei Unternehmer mehr als ein einzelner und müssen damit auch höhere Steuern – und unter Umständen eben auch Gewerbesteuern – bezahlen. Und zweitens färbt ein Gewerbetreibender im Team auf die anderen ab, wenn diese Freiberufler sind. Es reicht sogar aus, wenn sich ein Freiberufler mit einem anderen Freiberufler zusammentut, der nur zu einem kleinen Teil gewerbliche Tätigkeiten ausübt (und diese organisatorisch und für das Finanzamt nicht von den anderen trennt), damit die gesamte GbR gewerblich wird. Auch im Nachhinein und Jahre später ist das sinnvoll, wenn die Betriebsprüfung die Gewerblichkeit ergibt.

Eine gemischte freiberufliche und gewerbliche Tätigkeit wird also automatisch gewerblich. Ausnahme: Sie klammern die gewerblichen Tätigkeiten aus und schließen sich nur für die freiberuflichen Tätigkeiten zur GbR zusammen. Der (freiberufliche) Geschäftszweck sollte dann klar und deutlich im Gesellschaftervertrag stehen (Beispiel: »Wir gründen eine GbR zum Betrieb eines Journalisten-Büros«). Sie müssten dann auch zwei Gewinnermittlungen erstellen und Einnahmen und Ausgaben je nach Geschäftszweck säuberlich trennen. In dem Fall wäre es kein Problem, wenn einer der Journalisten zusätzlich einen kleinen Verlag betreibt. Die GbR bezieht sich dann nur auf die journalistische Tätigkeit.

Spezielle Gesellschaftsformen für Freiberufler

Für Freiberufler kommen – sofern Sie Ihren Steuerstatus als Freiberufler erhalten und keine Gewerbesteuer zahlen möchten – nur zwei Gesellschaftsformen in Frage: die GbR und die Partnerschaftsgesellschaft. Die mit Abstand am meisten verbreitete Gesellschaftsform ist dabei die GbR, die gerade für Freiberufler viele Vorteile bietet und oft auch die einzige Alternative ist. Anders als Gewerbetreibende werden Sie als Freiberufler beispielsweise nicht beim Überschreiten einer Gewinn- oder Umsatzgrenze bilanzierungspflichtig. Sie können unbegrenzte Umsätze erwirtschaften und bleiben trotzdem bei der einfachen Einnahmen- und Ausgabenrechnung. Das macht die Risiken der GbR – etwa die gesamtschuldnerische und unbegrenzte Haftung – wett. Trotzdem steigen ab einer bestimmten Umsatzgrenze eben auch die finanziellen Risiken und der Gedanke an eine Umwandlung in eine Partnergesellschaft oder in eine (stets gewerbliche) GmbH liegt nahe ...

Die Freiberufler-GbR oder Sozietät

Wenn alle Gesellschafter zweifelsfrei freiberuflich tätig sind – etwa als Journalisten, Architekten oder beratende Ingenieure – ist die GbR die übliche Organisationsform. Auch Sozietäten von Steuerberatern oder Anwälten sind üblicherweise GbRs. Lesen Sie für Details das Kapitel über GbRs, da das hier Gesagte auch für Freiberufler-GbRs gilt.

Der wesentliche Vorteil der GbR für Freiberufler im Vergleich zur Partnergesellschaft: Die Namensgebung ist nicht streng geregelt. Sie können Ihrer freiberuflichen GbR also auch einen Fantasienamen plus Gesellschafternamen geben. Diese Möglichkeit besteht bei der Partnergesellschaft nicht. Sie muss den Namen mindestens eines Partners, den Zusatz »und Partner« oder »Partnerschaft« sowie die Berufsbezeichnungen aller in der Partnerschaft vertretenen Berufe enthalten.

Die Partnergesellschaft

Komisch, dass es erst so wenige davon gibt und dass selbst manche Banken in ihre Masken noch keine PartnerG eingeben können ... Komisch, weil die Partnergesellschaft für Freiberufler eine interessante Alternative ist. Erst seit 1995 gibt es die Partnergesellschaft. Parallel dazu eröffnete der Gesetzgeber auch Freiberuflern die Möglichkeit, eine GmbH zu gründen – sofern Sie dann auch Gewerbe- und Körperschaftsteuer zahlen. Die Partnergesellschaft ist dagegen weiterhin Personengesellschaft wie die GbR. Sie ist eine reine Freiberufler-Gesellschaft, eine Art weiter entwickelte Freiberufler-GbR oder auch eine GbR für höhere Umsätze und größeres Risiko. Sie bietet eine eingeschränkte Haftung: Partner haften nur für Aufträge, an denen Sie persönlich beteiligt waren. Das kommt der typischen Freiberufler-Situation entgegen, bei der die Gesellschafter oft Aufträge allein oder im Zweier-Team erledigen. Während der eine für den Kunden X arbeitet, ist der andere im Auftrag von Kunde Y unterwegs – und weiß mitunter nicht, was bei Kunde X gerade läuft. Bei der GbR wäre der Partner, der bei Y tätig ist, trotzdem für die solide Auftragsabarbeitung bei X zuständig – und müsste für Fehler einstehen, die der Mitgesellschafter bei X verbockt. Sehr ärgerlich, wenn diese außerhalb des eigenen Einflussbereichs liegen. Bei der Partnergesellschaft können Sie diese Haftung für Aufträge, mit denen Sie nichts zu tun haben, ausschließen.

Entscheidung zwischen GbR, Partnergesellschaft und GmbH

Die Haftungsbegrenzung macht die Partnergesellschaft attraktiv. Auch in der Außenwirkung ist die Partnergesellschaft so etwas wie der Mercedes unter den Gesellschaftsformen: angesehen und anerkannt, ja geachtet und wie ein Markenzeichen geschätzt. Trotzdem ist diese Gesellschaftsform wenig verbreitet, was mit der Größenordnung zu tun hat: Wer so hohe Umsätze erwirtschaftet, dass die GmbH eine Alternative ist, braucht keine Partnergesellschaft mehr. Auch die Pflicht zum Führen des eigenen Namens in der Firmenbezeichnung mag viele abschrecken. Die, die zwischen GbR und Partnerschaftsgesellschaft entscheiden, stehen meist ganz am Anfang und sind von den Kosten für die Eintragung ins Partnerschaftsregister abgeschreckt. Steuerlich gilt es genau abzuwägen, ob sich GmbH oder Partnerschaftsgesellschaft mehr lohnen, was letztlich auch von solchen Faktoren wie dem Hebesatz der Gemeinde zur Berechnung der Gewerbesteuerhöhe abhängt. Lassen Sie sich verschiedene Szenarien von einem Steuerberater ausrechnen. Bedenken Sie dabei folgendes:

▶ Wie wirken sich die Steuern auf beide Gesellschaftsformen aus? Die Partnerschaftsgesellschaft zahlt Einkommensteuer. Der Spitzensteuersatz liegt derzeit bei 42,5 Prozent. Gewinn ist gleich Einkommen und wird nicht um Gehälter der Gesellschafter reduziert. Die GmbH bezahlt Körperschaftsteuer, die derzeit 24,5 Prozent beträgt. Hinzu kommt die Gewerbesteuer, die individuell ausgerechnet werden muss (siehe Kapitel Steuern). Das Gehalt der Geschäftsführer muss ebenso wie der persönliche Gewinnanteil der Gesellschafter in der Einkommensteuererklärung versteuert werden, wo wiederum der oben genannte Spitzensatz gilt. Ist eine KG an der GmbH beteiligt, kann diese den GmbH-Geschäftsführern Geld für die Dinge des täglichen Lebensbedarfs steuerfrei zur Verfügung stellen, was auf jeden Fall ein geldwerter Vorteil ist.

▶ Wer sind die Kunden und welche Rolle spielt die Gesellschaftsform für Sie? Denken Sie auch an mögliche Kunden im Ausland, wo die Partnergesellschaft nahezu unbekannt ist.

▶ Brauchen Sie Kredite? Mit einer Partnergesellschaft ist die Wahrscheinlichkeit, einen Kredit zu erhalten, höher als mit einer GmbH.

An der Partnergesellschaft können Sie sich nicht einfach beteiligen; sie erfordert – anders als etwa die GbR – das aktive Mitmachen der Partner. Da Freiberufler jedoch in aller Regel inhaltlich arbeiten, ist das auch kein entscheidender Punkt. Die Partnergesellschaft ist dabei für Freiberufler ungefähr das, was die OHG für Kaufleute ist – in einigen Stellen des Partnerschaftsgesetzes wird auch auf das für die GbR zuständige BGB sowie auf die Absätze zur OHG im Handelsgesetzbuch eingegangen.

Anders als eine GbR gründet sich die Partnergesellschaft nicht von alleine. Es ist ein Gesellschaftervertrag abzuschließen, außerdem erfordert diese Gesellschaft die kostenpflichtige Eintragung in ein Register, das Partnerschaftsregister. Dies erhöht allerdings auch das Ansehen der Gesellschaft, ähnlich wie ein Eintrag im Handelsregister bei Kaufleuten. Vorteil gegenüber der GbR ist das geringere Haftungsrisiko. Zwar haften auch bei der Partnergesellschaft alle an ihr Beteiligten gesamtschuldnerisch – also einer für den anderen –, jedoch lässt sich die Haftung auf einen Auftrag beschränken, an dem die Partner gemeinsam beteiligt waren. Stürzt also die von einer aus Architekten bestehenden Partnergesellschaft gebaute Sporthalle ein, so haften alle am Bau beteiligten Architekten. War jedoch einer der Partner zum Zeitpunkt der Sporthallenerstellung beispielsweise mit dem Bau eines Wolkenkratzers beschäftigt, ist er in diesem Fall von der Haftung befreit.

Gesellschaften für Freiberufler – Vor- und Nachteile

	Partnergesellschaft (PartnerG)	GbR
Welche Freiberufler?	Alle, auch gemischte Zusammenschlüsse, sofern von den Kammern zugelassen	Alle, auch gemischte Zusammenschlüsse, sofern von den Kammern zugelassen
Haftung	Gesamtschuldnerisch und unbegrenzt. Ausnahme: An einem Auftrag waren nur bestimmte Partner beteiligt. Der oder die nichtbeteiligten Partner sind von der Haftung ausgenommen, können also nicht für Fehler zur Verantwortung gezogen werden.	Gesamtschuldnerisch und unbegrenzt. Ausnahme: Beide Seiten (also Gesellschafter und Gläubiger) verzichten auf die gesamtschuldnerische Haftung.
Gründung	Per Partnergesellschaftsvertrag und Eintrag in das Partnerschaftsregister	Durch aktive Geschäftätigkeit und das gemeinsame Verfolgen eines Geschäftszwecks
Gründungskosten	Für den Eintrag in das Partnerschaftsregister, für die notarielle Beglaubigung des Partnerschaftsvertrags.	Kosten entstehen nur, wenn ein Gesellschaftervertrag erstellt wird, was unbedingt empfehlenswert ist.
Gewinnermittlung	Einnahmen-und-Überschuss-Rechnung	Einnahmen-und-Überschuss-Rechnung
Namensgebung	Im Namen müssen die Nachnamen von mindestens zwei Gesellschaftern auftauchen	Alles, auch ein Fantasiename, ist erlaubt, es müssen nur die Nachnamen der Gründer folgen
Steuern	In der Regel umsatzsteuerpflichtig, obwohl theoretisch die Kleinunternehmerregelung in Anspruch genommen werden könnte. Der persönliche Gewinn wird gemäß dem Gesellschafteranteil mit der Einkommensteuer versteuert. Keine Gewerbesteuer, keine Körperschaftsteuer.	In der Regel umsatzsteuerpflichtig, obwohl theoretisch die Kleinunternehmerregelung in Anspruch genommen werden könnte. Der persönliche Gewinn wird gemäß dem Gesellschafteranteil mit der Einkommensteuer versteuert. Keine Gewerbesteuer, keine Körperschaftsteuer.

	Partnergesellschaft (PartnerG)	GbR
Gesetzes-grundlage	PartnerGG, das auf BGB und HGB verweist	BGB
Stand vor Gericht	Die Partnergesellschaft kann klagen und verklagt werden.	Die GbR kann seit einem Urteil aus dem Jahr 2001 klagen und verklagt werden.
Empfehlens-wert	Wenn es auf Ansehen ankommt, der Schwerpunkt der Geschäftstätigkeit in Deutschland liegt und Aufträge allein oder in unterschiedlichen Konstellationen ausgeführt werden.	Für alle, die am Anfang stehen, über-schaubare Umsätze erwirtschaften und für alle Aufträge gemeinsam verantwortlich sind.
Alternative	GmbH (verbunden mit der Abgabe des steuerlichen Freiberuflerstatus)	Partnergesellschaft oder Gründung von zwei GbRs für verschiedene Geschäftszwecke

6.2 Gesellschaftsformen für alle

Wer gründet was?

GbR	37.000*
GmbH	85.000
GmbH & Co. KG	17.400
AG	4.420
KG	2.040
OHG	2.840
Sonstige	5.000

Quelle: Statistisches Bundesamt, 2004, absolute Zahlen umgerechnet
* Da diesen Zahlen die Gewerbeanmeldungen zugrunde liegen – die für Freiberufler nicht nötig sind –, ist die wahrscheinlich sehr viel höhere Zahl freiberuflicher GbRs nicht inklusive.

Die GbR

Wenn Sie nicht wissen, was Sie sind, sind Sie vermutlich eine GbR. Das ist eine Gesellschaft Bürgerlichen Rechts, die nach dem BGB-Recht agiert – deshalb auch BGB-Gesellschaft genannt. Der große Vorteil der GbR: Die Gründungskosten belaufen sich auf nullkommanull, sofern zwecks Gründung kein Anwalt für die rechtssichere Formulierung des Gesellschaftsvertrags und die

Klärung von Fragen eingeschaltet wird. Sie sollten jedoch einen Anwalt hinzuziehen, um sicherzugehen. Das jedoch sind freiwillige Kosten. Es sind für die Gründung nicht unbedingt Verträge notwendig, und auch sonst brauchen sie nichts zu bezahlen, denn so etwas wie ein GbR-Register analog zum Handelsregister gibt es nicht …

Doch das war es auch schon (fast) mit den Vorteilen. Ihnen stehen eine Reihe von Fallen gegenüber. Die größte liegt eben in der Tatsache, dass auch viele Bürogemeinschaften bei näherem Hinsehen eine GbR sind, auch wenn sie das nicht sein wollen und auch nicht wirklich wissen, was sie da tun.

Gründerporträt: futur-zwei – »Wir wissen genau, was wir wollen«

Firma	futur-zwei, Billhardt, Frese, Reiling GbR
Gegründet	2001
Branche	Internet/ Werbung
Webadresse	*www.futur-zwei.de*

Im Studium haben sich Jan Billhardt, Marc Frese und Melanie Reiling kennen gelernt. Und flugs eine GbR gegründet: Futur Zwei (*www.futur-zwei.de*) ist die Internet- und Werbeagentur, die unter anderem auch die Website von Karriere & Entwicklung (*www.karriereundentwicklung.de*) betreut.

Alle drei sind geschäftsführende Gesellschafter. Die Verantwortlichkeiten jedoch haben sie sich aufgeteilt. Während Reiling sich um die Programmierung kümmert, betreut Billhardt die Kunden und das Rechnungswesen und Frese übernimmt Multimedia. Eine Mitarbeiterin übernimmt das Design.

Streit? Gab es nicht, obwohl die GbR bereits seit 2001 besteht. »Das klingt vielleicht komisch, ist aber wirklich so«, sagt Billhardt. Lange diskutiert wird wenig. »Meist sind wir uns ganz schnell einig, auch wenn es um den Kauf von neuer Büroeinrichtung geht.«

Vielleicht hat diese Harmonie auch damit zu tun, dass bei futur-zwei über alles offen geredet wird und auch die gemeinsamen Ziele klar sind. So möchten Reiling und Billhardt die Agentur weiter ausbauen und größer machen. Sie haben ihr Studium inzwischen beendet. Freese dagegen könnte sich irgendwann auch einmal einen angestellten Job vorstellen. Doch aktuell läuft es erst einmal zu viert – und es läuft gut.

In gar nicht ferner Zukunft will futur-zwei auch über eine neue Gesellschaftsform nachdenken, die GmbH scheint da im Moment am sympathischsten. Aber erst einmal besteht keine Eile. »Mit der GbR sind wir sehr zufrieden, es gibt ja kaum formale Zwänge.«

Die ungewollte GbR

Eine GbR ist schon dann da, wenn ein gemeinsamer Geschäftszweck besteht, und der kann theoretisch allein in der Nutzung von Synergieeffekten liegen. Zwei Trainer, die gemeinsam ein Seminar veranstalten, sind ebenso schwupp-diwupp eine GbR wie drei Journalisten, die eigentlich doch nur gemeinsam Aufträge abarbeiten wollten, wenn einer allein es mal nicht schafft …

Nicht immer merkt das auch das Finanzamt und rückt mit seinem virtuellen GbR-Stempel an – verdonnert also zur gemeinsamen Gewinnermittlung und zur partnerschaftlichen Abführung der Umsatzsteuer. Wahrscheinlich bekommt es sogar nur in sehr wenigen Fällen Wind von einer GbR, die keine sein will. Aber Unwissenheit schützt, und das gilt es zu betonen, nicht vor Sanktionen. Und die liegen eben nicht nur im steuerlichen Bereich. Hier ist das maximale Ungemach in der Gefahr zu sehen, dass von Einzelpersonen gestellte Rechnungen als nicht gültig anerkannt werden und diese Rechnungen allesamt noch einmal neu im Namen der Gesellschaft ausgestellt werden müssen. Da sie zudem plötzlich von einem gemeinsamen Gewinn reden müssen, vollzieht sich für gewerbliche kaufmännische GbRs der Abschied von der Einnahmen-Überschussrechnung und der Sprung zur Bilanzierung schnell: Wenn Sie als Team die 30.000-Euro-Gewinnzone überschritten haben und zudem ein kaufmännisches Gewerbe betreiben, ist der Zeitpunkt erreicht und Sie sollten über die Frage OHG, KG oder GmbH nachdenken. Diese Summe, die für Einzelunternehmen in den ersten ein, zwei Jahren mühsam zu erzielen ist, kommt schnell zusammen, wenn mehrere für einen Geschäftszweck arbeiten.

Und natürlich werden Sie auch in Zukunft als Team handeln müssen: Die gemeinsame Veranlagung zur Umsatzsteuer ist kein Drama, sie erfordert nur ein gemeinsames Konto, was Sie ohnehin haben sollten, und die Bereitschaft eines Gesellschafters, die Voranmeldungen zu erledigen, sofern dies nicht ohnehin ein Steuerberater tut. Bei der Gewinnermittlung ergibt sich kein Vor- oder Nachteil: Sie versteuern Ihren Gewinnanteil, und dieser liegt in der gewohnten Größenordnung. Auch die Steuer ist dieselbe – Einkommensteuer.

Teuer kann dagegen der Mix von Tätigkeiten werden: Sind Sie Freiberufler und Ihr Partner geht einer teilweise gewerblichen Tätigkeit nach, besteht die Gefahr, dass diese auf Sie abfärbt und Sie als nunmehr unverhofft gewerbliche GbR auch Gewerbesteuer zahlen müssen – und unter Umständen sogar für mehrere Jahre nachzahlen. Dies kann ein Kleckerbetrag oder auch eine größere Summe sein, je nach Gewinn und Gewerbesteuerhebesatz in Ihrer Gemeinde. Auch dies ist genug Grund für einen Gesellschaftsvertrag, der den gemeinsamen Geschäftszweck deutlich umreißt und die anderen Aktivitäten aus der GbR ausklammert.

Was noch sehr viel schwerer wiegt (oder irgendwann schwerwiegend sein könnte), ist die gesamtschuldnerische Haftung, die da ist, ohne dass Sie das wussten oder wollten. Sie haften damit für den »Mist«, den Ihre Kumpel verbockt haben, und auch für Schulden, die diese im Namen der Gesellschaft (wobei Sie möglicherweise dachten, nur in ihrem eigenen Namen) angehäuft haben.

Hat einer aus Ihrer GbR – ganz gleich, ob sie dies nun von Anfang an war oder später etwa von einem Gläubiger als solche erkannt worden ist – einen Kredit aufgenommen und kann er diesen nicht zahlen, so stecken Sie mittendrin in der Pflicht. Vermag einer für seinen Anteil an der Miete nicht aufzukommen, müssen Sie dafür geradestehen … Das Interesse daran, eine GbR als GbR zu »outen«, ist also bei Ihren Geschäftspartnern vor allem dann recht groß, wenn es Probleme gibt. Das Fazit daraus: Gründen Sie Ihre GbR im vollen Bewusstsein und mit einem Gesellschaftsvertrag. Dieser gibt Sicherheit, schafft Regeln und schützt Sie wenigstens ein bisschen. Sollten Sie als Schuldner für einen Gesellschafter von einem Geschäftspartner zur Kasse gebeten werden, so können Sie sich das Geld später bei Ihrem Mitgesellschafter zurückholen. Dies ist allerdings nur dann der Fall, wenn dieser auch Geld hat. Ein Grund, der dafür spricht, sich vor der Gründung gut über die Partnergründer zu informieren und bei Gesellschaftern ohne Vermögen vorsichtig zu sein (oder an eine andere Gesellschaftsform zu denken, so z. B. die GmbH & Co. KG).

Tipp: Gründen Sie mehrere Firmen

Beispiele in diesem Buch beweisen, dass es »in« ist, gleich mehrere Firmen parallel zu betreiben. Doch mehr als das: Ein weiterer Vorteil liegt darin, dass Sie so die Gewinngrenzen unterschreiten können und beispielsweise vermeiden, dass aus einer GbR eine OHG wird. Gründen Sie einfach zwei Firmen mit unterschiedlichen Geschäftszwecken statt einer mit einem übergreifenden … und schwupps können Sie zweimal bis zu 30.000 Euro Gewinn oder 350.000 Euro Umsatz machen, ohne sich gleich für eine größere Gesellschaftsform entscheiden zu müssen. Sie können so z. B. auch freiberufliche und gewerbliche Tätigkeit sauber trennen.

Gemeinsamer Geschäftszweck

Eine GbR kann sowohl aus lauter Freiberuflern als auch aus Gewerbetreibenden bestehen. Die Mischung gilt es durch einen gemeinsamen Geschäftszweck zu vermeiden – dieser ist entweder gewerblich oder freiberuflich. Wenn alle gemeinsam entscheiden, sowohl freiberufliche als auch gewerbliche Tätigkeiten auszuüben, sollten die Tätigkeiten voneinander getrennt und auch getrennte Gewinnermittlungen erstellt werden. Dies kann Sinn machen, wenn Sie einerseits einen Verlag besitzen (gewerblich) und andererseits ein Designbüro betreiben (freiberuflich). Eigentlich sind Sie dann zwei GbRs. Oder auch ein Einzelunternehmen und eine GbR.

Sie sehen, eine klare Definition des gemeinsamen Geschäftszwecks in einem Gesellschaftervertrag ist wichtig. Auch deshalb, weil dies Tätigkeiten eines Einzelkämpfers unter den Gesellschaftern aus der GbR hebt. Beispiel: Ein Gesellschafter vertreibt neben seiner journalistischen und damit klar freiberuflichen Tätigkeit Ware bei Ebay, bietet Seminare oder Stadtführungen an. Dies könnte – wie bereits gesagt – ohne expliziten Ausschluss zum Abfärben auf die anderen Gesellschafter führen. Die Regel mitgehangen, mitgefangen greift – und alle sind plötzlich gewerblich.

Außen- und Innen-GbR

Das Bürgerliche Gesetzbuch unterscheidet die Außen- und die Innen-GbR. Die Innen-GbR verfolgt einen gemeinsamen Geschäftszweck im Inneren, der schon darin liegen kann, sich Büroräume zu teilen und eine gemeinsame Infrastruktur zu nutzen. Eine Bürogemeinschaft ist also in fast jedem Fall eine GbR. Ausnahme: Es handelt sich klar um Untervermietung, indem ein Hauptmieter auftritt und die Verantwortung übernimmt. Mehr dazu lesen Sie im Abschnitt Recht »Bürogemeinschaften«.

Die Außen-GbR verfolgt Ihren Geschäftszweck nach außen hin, ist also auch für Kunden und eventuelle Gläubiger erkennbar. Das zeigt sich im gemeinsamen Briefpapier, dem Internetauftritt, in der Aufgabenverteilung, dem gemeinsamen Namen – und natürlich in der Praxis. Die Außen-GbR ist dabei die typische GbR-Form, die sich eben auch dann gründet, wenn dieser gemeinsame Auftritt nicht gewünscht ist.

Arbeitsgemeinschaften ARGE

Eine weitere Form der GbR sind Arbeitsgemeinschaften, die nicht auf Dauer, sondern nur zur Durchführung eines einzigen Auftrages oder auch Werkvertrages gebildet wurden. Es kann sich auch um einen übersichtlichen Geschäftszweck wie die Veranstaltung eines Seminars oder die Entwicklung einer Website handeln. Typisch ist die ARGE beispielsweise für Projektarbeiten, bei denen sich zur Realisierung Programmierer, Softwarearchitekt und Projektleiter zusammentun. Sehr verbreitet ist die ARGE zudem in der Baubranche.

Die ARGE ist also eine GbR – allerdings nicht in letzter Konsequenz: Hier gibt es keine Verpflichtung zur einheitlichen und gesonderten Gewinnfeststellung. Die Mitglieder der GbR dürfen sich also weiterhin als Freelancer fühlen und eine eigene Gewinnermittlung beim Finanzamt einreichen. Einnahmen und Ausgaben werden anteilig den Beteiligten zugerechnet. Auch die Umsatzsteuer führen die Beteiligten entsprechend ihrem Anteil ab. Der organisatorische Aufwand hält sich damit für Freelancer, die sonst gewohnt sind, allein zu arbeiten, in Grenzen. Sie arbeiten, als wären sie Einzelunternehmer. Einzig die rechtlichen Konsequenzen sind zu bedenken: Auch eine ARGE haftet gesamtschuldnerisch, im Rahmen des Auftrags, den sie gemeinsam erfüllt.

Der Gesellschaftervertrag

§ 1 Name, Sitz und Zweck der Gesellschaft

Zum gemeinsamen Betrieb eines Ebay-Shops wird von den Unterzeichnenden eine Gesellschaft Bürgerlichen Rechts unter der Bezeichnung:

»Lieschen Müller und Heinz Meiser, Uhreneinzelhandel«

gegründet.

Die Gesellschaft ist auf alle dem Zweck der Gesellschaft dienenden Tätigkeiten gerichtet. Es können Filialen gegründet werden.

Sitz der Gesellschaft ist Musterstadt.

§ 2 Dauer der Gesellschaft

Die Gesellschaft beginnt am _____ . Ihre Dauer ist unbestimmt. Der Gesellschaftsvertrag kann unter Einhaltung einer Frist von sechs Monaten jeweils zum Schluss eines Kalenderjahres gekündigt werden.

Die Kündigung muss schriftlich erfolgen.

§ 3 Geschäftsjahr

Das Geschäftsjahr entspricht dem Kalenderjahr.

§ 4 Einlagen der Gesellschafter

Frau Müller bringt in bar _____ Euro sowie Einrichtungsgegenstände und Maschinen im Wert von _____ Euro ein. Herr Meiser bringt in bar _____ Euro sowie Einrichtungsgegenstände und Maschinen im Wert von _____ Euro ein. Beide Gesellschafter sind entsprechend ihren Anteilen mit sofortiger Wirkung je zur Hälfte am Gesellschaftsvermögen beteiligt.

§ 5 Geschäftsführung und Vertretung

Die Geschäfte werden von beiden Gesellschaftern gemeinschaftlich geführt. Jeder Gesellschafter ist zur Geschäftsführung alleine berechtigt. Er vertritt die Gesellschaft im Außenverhältnis allein.

Im Innenverhältnis ist die Zustimmung beider Gesellschafter zu nachfolgenden Rechtshandlungen und Rechtsgeschäften erforderlich:

– Ankauf, Verkauf und Belastung von Grundstücken;
– Abschluss von Miet- und Dienstverträgen jeglicher Art;
– Aufnahme von Krediten, Übernahme von Bürgschaften;
– Abschluss von Verträgen, deren Wert im Einzelfall den Betrag von 2.000 Euro übersteigt;
– Aufnahme neuer Gesellschafter und Erhöhung der Einlagen.

§ 6 Pflichten der Gesellschafter

Keiner der Gesellschafter darf ohne schriftliches Einverständnis des anderen Gesellschafters außerhalb der Gesellschaft ohne Rücksicht auf die jeweilige Branche geschäftlich tätig werden. Dazu gehört auch eine mittelbare oder unmittelbare Beteiligung an Konkurrenzgeschäften. Für Zuwiderhandlungen wird eine Vertragsstrafe in Höhe von je 4.500 Euro vereinbart.

Fristlose Kündigung bleibt vorbehalten.

Jeder Gesellschafter kann verlangen, dass der Mitgesellschafter alle auf eigene Rechnung abgeschlossenen Geschäfte als für die Gesellschaft eingegangen gelten lässt. Daraus folgt, dass die aus solchen Geschäften bezogenen Vergütungen herauszugeben sind oder die Ansprüche auf Vergütung an die Gesellschaft abgetreten werden müssen.

§ 7 Gewinn-und-Verlust-Rechnung / Entnahmerecht

Gewinn und Verlust der Gesellschaft werden nach Maßgabe der Beteiligung der Gesellschafter aufgeteilt. Jedem Gesellschafter steht eine Vorabvergütung in Höhe von _____ Euro zu. Sollte die Gesellschaft nach Feststellung des Jahresabschlusses durch Auszahlung der Vorabvergütung in die Verlustzone geraten, sind die Gesellschafter zu entsprechendem Ausgleich verpflichtet.

§ 8 Kündigung eines Gesellschafters

Im Falle der Kündigung scheidet der kündigende Gesellschafter aus der Gesellschaft aus. Der verbleibende Gesellschafter ist berechtigt, das Unternehmen mit Aktiva und Passiva unter Ausschluss der Liquidation zu übernehmen und fortzuführen. Dem ausscheidenden Gesellschafter ist das Auseinandersetzungsguthaben auszuzahlen.

Bei der Feststellung des Auseinandersetzungsguthabens sind Aktiva und Passiva mit ihrem wahren Wert einzusetzen. Der Geschäftswert ist nicht zu berücksichtigen.

Die Auszahlung des Auseinandersetzungsguthabens hat in vier gleichen Vierteljahresraten zu erfolgen, von denen die erste drei Monate nach dem Ausscheiden fällig ist. Das Auseinandersetzungsguthaben ist ab dem Ausscheidungszeitpunkt in Höhe des jeweiligen Hauptrefinanzierungssatzes der Europäischen Zentralbank zu verzinsen.

§ 9 Tod eines Gesellschafters

Im Falle des Todes eines Gesellschafters gilt § 8 entsprechend mit der Maßgabe, dass die Auseinandersetzungsbilanz zum Todestag aufzustellen ist.

§ 10 Einsichtsrecht

Jeder Gesellschafter ist berechtigt, sich über die Angelegenheiten der Gesellschaft durch Einsicht in die Geschäftsbücher und Papiere zu unterrichten und sich aus ihnen eine Übersicht über den Stand des Gesellschaftsvermögens anzufertigen.

Jeder Gesellschafter kann auf eigene Kosten einen zur Berufsverschwiegenheit verpflichteten Dritten bei der Wahrnehmung dieser Rechte hinzuziehen oder zur Wahrnehmung dieser Rechte beauftragen.

§ 11 Salvatorische Klausel

Sollte eine Bestimmung dieses Vertrages unwirksam sein, so bleibt der Vertrag im Übrigen wirksam.

Für den Fall der Unwirksamkeit verpflichten sich die Gesellschafter, eine neue Regelung zu treffen, die wirtschaftlich der unwirksamen Regelung weitestgehend entspricht.

§ 12 Änderungen des Vertrages

Änderungen und Ergänzungen dieses Vertrages bedürfen der Schriftform.

_____

Ort, Datum

Tipp: Umsatzsteuer sparen

Im Innenverhältnis ist die ARGE von der Umsatzsteuer befreit. Das heißt, dass Rechnungen, die sich die ARGE-Gesellschafter gegenseitig stellen, keinen Mehrwertsteuerausweis brauchen. Beauftragen Sie sich doch einfach gegenseitig und sparen Sie dadurch 16 Prozent (ab 2007 sind es 19 Prozent).

Gibt es die GbR mit beschränkter Haftung?

Lässt sich die Haftung einer GbR durch den Zusatz »mbH« einschränken? Lange war das umstritten. Spätestens seit 2004 ist endgültig klar, dass die Beschränkung nicht rechtswirksam ist – der Zusatz wäre also überflüssig. Im Außenauftritt wirkt die GbR mbH zudem etwas »windig« und wird nicht ernst genommen.

Der Außenauftritt der GbR

Als GbR treten Sie vor Ihrem Kunden als Firma auf. Sie haben einen gemeinsamen Namen und werden als Team wahrgenommen. Die Betonung des Einzelnen kann dabei unterschiedlich groß sein. Wenn Sie beispielsweise unter »Medienbüro Kiel GbR« firmieren, eröffnet Ihnen das viel Präsentationsfläche für den eigenen Namen, denn Sie können ihn leicht dazu- oder auch darüber schreiben (Beispiel: »Medienbüro Kiel GbR Angelika Rittmeister«) Das ist überall dort wichtig, wo Arbeit über den eigenen Namen verkauft wird – etwa im Journalismus und bei Beratungsunternehmen. Denken Sie auch über eine Kombi aus beschreibendem Firmennamen und Personennamen nach, etwa: »Medienbüro Kiel Müller, Hausmann & Hofmeister GbR«.

Aus formaler Sicht brauchen Sie für den Außenauftritt eine eigene Steuernummer für die Umsatzsteuer und die GbR-Gewinnermittlung. Diese Steuernummer müssen Sie auf Ihren Rechnungen angeben, alternativ dazu die Umsatzsteueridentifikationsnummer (siehe Kapitel Steuern).

Gewinnermittlung der GbR

Erst einmal: Die GbR macht eine Gewinnermittlung für die GbR. Das heißt, Sie müssen alle Einnahmen und Ausgaben der GbR protokollieren und brauchen eine saubere und lückenlose Buchhaltung. Das muss so sein – was die Banken wenig interessiert: Es ist kaum möglich, bei einer Bank ein Konto auf den Namen einer GbR einzurichten, denn Banken kennen nur Privatpersonen oder Körperschaften. Problemlos möglich dagegen ist es, ein Konto auf den Namen eines Gesellschafters einzurichten, auf das alle Gesellschafter Zugriff haben. Um eine Vermischung mit eigenen Geschäften oder dem Privatbereich zu vermeiden, sollten Sie unbedingt ein Konto nur für GbR-Zweck einrichten. In Konflikt zur Möglichkeit, mit der GbR einen Fantasienamen zu führen, steht eine Auflage der Banken, wonach die Auftraggeber und Kunden bei jeder Überweisung auch den Namen dieser Person angeben müssen. Wenn ein Kunde nur den Namen der GbR vermerkt, weigert sich die Bank höchstwahrscheinlich, Ihnen das Geld gutzuschreiben. Das hat Auswirkungen auf Ihren Außenauftritt, speziell das Geschäftspapier: Hier sollte dieser Name explizit vermerkt sein: »Bitte überweisen Sie den Betrag auf das Konto 1234567 bei der Stadtsparkasse Kiel, BLZ 3432453566. Kontoinhaber (bitte unbedingt angeben) ist Alexandra Müller.«

Auch andere Unternehmen werden Sie im Zweifelsfall zwar als GbR verklagen, Sie aber trotzdem nicht als solche akzeptieren: So kann bei der Telekom keine Kundenummer auf eine GbR angelegt werden, diese muss immer auf eine natürliche Person lauten. Das heißt: Ein Gesellschafter muss für die Zahlungen einstehen, und erst wenn es Zahlungsärger mit diesem gibt, schauen sich die Gläubiger um, wo es sonst noch was zu holen gibt …

GbR und die Steuern

Die GbR ist eine Personengesellschaft und zahlt als Unternehmenssteuern nur Gewerbesteuer und Umsatzsteuer. Zu diesen beiden Steuerarten werden Sie gemeinsam mit den Partnern veranlagt. Das bedeutet: Die GbR zahlt Umsatzsteuer ebenso wie die Gewerbesteuer. Was nach Abzug aller Kosten als Gewinn der GbR übrig bleibt, wird entsprechend den Gesellschafteranteilen aufgeteilt.

Der jeweilige Gewinnanteil geht dann in die Einkommensteuererklärung der einzelnen Gesellschafter ein. Hat ein Gesellschafter also 50 Prozent des Gewinns von 50.000 Euro kassiert, geht die Hälfte – 25.000 Euro – in die Steuererklärung über. Bei der Versteuerung gelten für Sie dieselben Regeln und Steuersätze wie für alle anderen Bürger, die zur Einkommensteuer veranlagt werden, und auch die gleichen Regeln wie für Einzelunternehmen.

Wichtig ist, dass Sie sowohl die gezahlte Umsatz- als auch die Gewerbesteuer in der eigenen Einkommensteuererklärung angeben. Damit können Sie wiederum Ihren persönlichen Gewinn senken (was im Sinne eines geringeren zu versteuernden Einkommens in diesem Beispiel immer ein Vorteil ist). Dies bedeutet: Der Gewinn der GbR ist mitnichten auch gleich Ihrem zu versteuerndem Einkommen, sondern er reduziert sich um durch Sie persönlich absetzbare, berufsbedingte Kosten sowie Sonderausgaben und unter Umständen außergewöhnliche Belastungen. Sie müssen sich schließlich auch über die Anteile am Unternehmen »GbR« im Klaren sein – diese haben schließlich auch Auswirkungen auf die persönlich anzusetzenden Gewinnanteile und damit auf Ihre Steuerzahlungen.

Wenn Sie Anschaffungen für die GbR getätigt haben, die diese aber nicht mittragen will, müssen Sie die Kosten dafür von dem übermittelten Gewinn abziehen. Einen Vorsteuerabzug für diese Anschaffungen gibt es jedoch nicht (mehr siehe Kapitel Steuern).

Die GbR vor Gericht

Eine GbR kann nicht verklagt werden, sondern nur eine Einzelperson. So lautete lange der Grundsatz. Dieser ist seit 2001 nicht mehr gültig, mit der Folge, dass auch GbRs als Ganzes vor den Kadi gezerrt werden können, ähnlich wie das bei einer GmbH der Fall ist. Macht also einer aus Ihrer Gesellschaft schmutzige Geschäfte –, indem er beispielsweise beschädigte TFT-Monitore bei Ebay verkauft –, so kann dies gerichtliche und strafrechtliche Konsequenzen für die GbR als Ganzes, also für alle Gesellschafter haben.

Die GbR bewusst vermeiden

Die GbR ist ungewollt? Die ungewollte GbR ist in der Praxis mindestens genauso häufig zu finden wie die gewollte – im freiberuflichen Bereich vermutlich sogar häufiger. Denn sehr viele Unternehmer wollen zwar locker mit jemandem zusammenarbeiten und Synergien nutzen, aber auf keinen Fall in ein gemeinsames Firmenboot steigen. Mitunter stehen dahinter schlechte Erfahrungen mit einem Team oder aber auch langjähriges Einzelkämpfertum.

Meist versuchen Unternehmer der GbR-Falle aus dem Weg zu gehen, indem sie in getrennten Büroräumen arbeiten. Tatsächlich weckt das nach außen den Anschein der Eigenständigkeit. Doch die GbR droht auch bei zwei Mietverträgen, denn sie ist nicht unbedingt an gemeinsame Büroräume gekoppelt. Vor allem wenn die Gesellschafter nach außen hin gemeinsam auftreten, liegt trotzdem eine GbR vor. Wer dies bewusst vermeiden möchte, sollte also nicht nur getrennte Räume, sondern auch zweierlei Firmennamen, Briefpapier und unterschiedliche Visitenkarten verwenden – auch mit anderer Gestaltung. Selbstverständlich sollte auch der Webauftritt getrennt sein, oder aber deutliche Formulierungen beinhalten wie:

- Wir kooperieren mit Thomas Meyer
- Dieser Webauftritt ist eine gemeinsame Werbemaßnahme von Thomas Meyer und Christian Brecht

Auch virtuelle Teams können, siehe oben, in den unerwünschten Genuss der GbR-Gesellschaftsform geraten – in der Regel geschieht dies unvorbereitet und ohne Gesellschaftervertrag. Der gemeinsame Geschäftszweck allerdings reicht aus, um Sie dennoch als GbR zu identifizieren. Hier besteht eine wirksame GbR-Vermeidungstaktik darin, wechselnd Rechnungen zu schreiben. Das heißt: Mal ist der eine, mal der andere Auftraggeber und der jeweils andere hat die Rolle eines Subunternehmers. Dass Sie ständig gemeinsame Sache machen, ist da nur schwer nachweisbar – vor allem wenn jeder nach außen hin eigenständig auftritt.

Auch wenn Sie die anderen Teammitglieder durchgängig als »freie Mitarbeiter« auf Honorarbasis beschäftigen, bewahrt Sie das vor der GbR. Der Haken an dieser Variante: Sie sind auch formal der Boss, was für Teamkonflikte sorgen kann. Hinzu kommt, dass die anderen »verkappte« Arbeitnehmer sein könnten, wenn sie nur und ausschließlich für Sie arbeiten ... und damit für Sie (auch nachträglich festgestellt, was zu immensen Nachforderungen führen kann) Sozialversicherungspflicht entsteht.

Schließlich gibt es auch noch die Franchising-Methode oder das So-tun-als-ob-Franchising. Hierbei wird zwar ein gemeinsames Logo genutzt, aber jeder tritt für sich auf, also mit eigenem Namen. Ob das Finanzamt oder die Gläubiger Ihnen allerdings glauben, dass Sie in einem einzigen Büro nebeneinander »bestehen« und tatsächlich Franchising betreiben, ist unsicher, liegt doch der Charakter von Franchising darin, dieselbe Idee an unterschiedlichen Standorten aufzubauen. Fragen Sie sich vielmehr, ob Sie nicht tatsächlich und nicht nur vorgeschoben ein Franchise-System aufbauen wollen, wenn Sie in Hamburg und Ihr Partner in Köln arbeitet. Damit bleiben Sie nebenbei auch Besitzer der Idee und müssen sich später nicht darüber streiten, wem eigentlich die Lorbeeren gebühren.

Einige Gründer sollen auf Anraten fachkompetenter Stellen deshalb eine symbolische Franchising-Gebühr verlangt und einen Vertrag unterzeichnet haben – dies ist aber, wie gesagt, kein hundertprozentiger GbR-Schutz.

Gegen eine GbR spricht zudem das Verwenden von verschiedenen Corporate Designs, also unterschiedlichem Briefpapier, Visitenkarten etc. und einer jeweils eigenen Internetsite. Dies wiederum läuft dem Netzwerkgedanken zuwider. In verschiedenen Außenauftritten verwässert eben auch das Gemeinsame – was aus Marketingsicht kontraproduktiv ist. Sie sollten das Risiko einer GbR dem Nutzen eines offiziellen Verbundes gegenüberstellen. Und dieser ist eben durchaus auch gegeben: Als bekennende GbR sind Sie auch von außen wahrzunehmen, können gemeinsam Kunden akquirieren und durch die gemeinsame Nutzung von Ressourcen und Arbeitskraft unternehmerisch »einen Zahn zulegen«. Und wenn Sie eben wirklich nur teilweise zusammenarbeiten wollen, gelingt Ihnen das durch eine entsprechend eindeutige Definition des Geschäftszwecks.

Von der GbR zur OHG

Eigentlich ist die GbR eine kleine OHG oder die OHG die größere GbR – jedenfalls wenn es sich um eine gewerbliche GbR handelt. Freiberufler-GbRs werden keine OHGs, sondern bleiben – egal wie groß – eine Freiberufler-GbR. Anders als die GbR muss die offene Handelsgesellschaft einen Handelsregistereintrag vornehmen. Ein Indiz für ein Überschreiten der Grenzen: Sie erwirtschaften mehr als 30.000 Euro Gewinn oder mehr als 350.000 Euro Umsatz. Als Kaufmann sollten Sie dann über eine neue Rechtsform nachdenken, denn auch die OHG gründet sich ohne Vertrag, hat aber wiederum eigene Rechtsbeschränkungen. So dürfen OHG-Gesellschafter anders als GbR-Gesellschafter nicht ohne weiteres ein zweites Unternehmen mit konkurrieren-

dem Geschäftszweck betreiben. Gedanken über die Rechtsform machen sollten Sie sich jedoch auch ohne Druck von außen: Schließlich braucht der
Mensch neue Kleider, wenn er den alten entwachsen ist.

Das Ende der GbR

Ende gut, alles gut? Bei einer GbR ist oft das Gegenteil der Fall. Denn während
mit dem Ende der GmbH auch die Rechtspersönlichkeit erlischt und die Ansprüche der Gläubiger verfallen, beginnt beim Ende der GbR oft erst das Hick-
hack. Im Zentrum stehen dabei die Besitztümer der Gesellschaft oder, noch
schlimmer, mögliche Schulden. Formal findet die Gesellschaft zwar mit der
Verteilung des Restvermögens ihr Ende, praktisch kann einen die GbR noch eine lange Zeit verfolgen. Übel: Wenn der eine Gesellschafter nicht für die Schulden aufkommen kann, so muss der andere einspringen. Der, der einspringt,
wird dann versuchen, sein Geld zurückzubekommen – vielleicht erfolgreich,
vielleicht auch nicht. Eine Firmeninsolvenz gibt es für die GbR nicht: Die
Zahlungsunfähigkeit ist da, wenn die Gesellschafter kein Geld mehr haben.
Und wenn beim einen nichts mehr zu holen ist, ist immer noch der andere da.
Dagegen absichern können Sie sich nur, indem Sie den Geschäftsverlauf im
Blick behalten und rechtzeitig reagieren, wenn die Zahlen schlechter werden.

Die OHG

Die OHG ist nichts anderes als eine große gewerbliche GbR – eine GbR mit
Handelsregistereintrag. Kaufleute, die mehr als 30.000 Euro Gewinn oder über
350.000 Euro Umsatz erwirtschaften, entwickeln sich automatisch zu dieser
Gesellschaftsform.

Umgekehrt bedeutet das aber nicht, dass eine OHG erst diese Umsatz-
größen erreichen muss, um OHG zu sein. Hier ist in der Regel dennoch der
Umsatz ein Anhaltspunkt. Ab einer Größenordnung von 150.000 Euro Umsatz ist ein kaufmännisches Gewerbe wahrscheinlich – also ein Gewerbe, das
von einem »Vollkaufmann« betrieben wird, wie es früher hieß. Es bedeutet
für Sie als Gründer – wenn Sie zuvor eine GbR betrieben haben – letztendlich,
dass nicht mehr das BGB, sondern das Handelsgesetzbuch für Kaufleute gilt.
Bei einem Umsatz von 150.000 Euro wäre allerdings auch noch kein Handelsregistereintrag nötig, insofern könnte die OHG – wenn sie dies denn
wollte – durchaus weiter oder vorübergehend als GbR firmieren.

Der Zweck einer OHG liegt im Gewerbe – im Betrieb eines Handelsgewer-
bes oder aber in der Vermögensverwaltung. Eine bestimmte Umsatzgröße ist
dafür nicht nötig. Auch wenn Sie einen geringen Umsatz erwirtschaften, können Sie sofort eine OHG statt GbR gründen und müssen damit automatisch
auch einen Handelsregistereintrag vornehmen. Für Betriebe im Bereich Export

beispielsweise kann dies ein Vorteil sein, denn ausländische Firmen können Sie damit im Register finden.

Auf ihrem Geschäftspapier muss die OHG ihren Sitz, die Handelsregisternummer und die Rechtsform angeben.

Know-how: Wer ist Kaufmann?

Der Kaufmann betreibt ein Handelsgeschäft. Es gibt ihn in den unterschiedlichsten Zusammensetzungen, früher etwa als Voll- und Minderkaufmann (wie diskriminierend). Heute gibt es nur noch den Ist- und den Kann-Kaufmann sowie den Formkaufmann. Der Formkaufmann ist eine AG oder GmbH, die zwingend und unabhängig vom Umsatz ins Handelsregister eingetragen wird. Der Ist-Kaufmann ist ein Einzelunternehmen, das über den Umsatzgrenzen liegt, die ein kaufmännisches Gewerbe nahe legen (nicht genau definiert, allgemeine Regel: 30.000 Euro Gewinn und/oder mehr als 350.000 Euro Umsatz). Für alle Kaufleute gilt das Bürgerliche Gesetzbuch (BGB). Darüber hinaus greifen für Kann- und Formkaufleute die im Handelsgesetzbuch (HGB) definierten Pflichten. Der Kann-Kaufmann ist jemand, der (noch) nicht so hohe Umsätze oder Gewinne erwirtschaftet und sich trotzdem ins Handelsregister eintragen lässt – etwa um von Geschäftspartnern besser gefunden zu werden.

Haftung der OHG

Jeder für jeden – das Motto der GbR gilt auch für die OHG. Gleich ob mögliche Schulden aus einem Arbeitsverhältnis, Miet- oder Kaufvertrag resultieren. Und selbst nach dem Ausscheiden eines Gesellschafters: Fünf Jahre lang muss der ausgetretene Gesellschafter den Gläubigern den Kopf hinhalten; erst dann ist er »frei«. Wenn das Gesellschaftsvermögen aufgebracht und bei den anderen Gesellschaftern nichts zu holen ist, muss er dafür unter Umständen sein Haus und sein Auto verkaufen oder seine Sparkonten auflösen …

Ein Beispiel dafür, wie sich gesamtschuldnerische Haftung bei der GbR und eben auch OHG auswirken kann: Ein Gesellschafter muss einen von einem anderen Gläubiger gegen seinen Willen gekauften Container aus China im Wert von 100.000 Euro mit einem Kredit über fünf Jahre abbezahlen – ohne aktiv geschäftstätig zu sein.

Wahrscheinlich steigen Sie nicht mit Fremden in ein derart wackliges Boot. Sie machen sich sicher bewusst, wie wichtig ein eingespieltes Team ist und dass Sie sich hundertprozentig auf den anderen (Gesellschafter) verlassen können müssen. Doch auf wen ist absolut Verlass? Am ehesten noch auf Familienmitglieder. Das ist der Grund, aus dem viele OHGs Familienbetriebe sind. Der Vater betrügt den Sohn nicht. Normalerweise.

Ist Ihnen das alles zu unsicher, weichen Sie lieber auf eine GmbH oder eine KG aus. Die GmbH ist immer dann das bessere Modell, wenn hohe Umsätze auch zu hohen Verlusten und entsprechend horrenden Gläubigerforderungen führen können. Und bei der KG lässt sich die Haftung wenigstens auf einen Komplementär begrenzen.

Übrigens: Selbst wenn ein Gesellschafter dem anderen ein Darlehen gibt, ist damit noch lange nicht garantiert, dass er es auch zurückbekommt. Die Forderungen der Gläubiger gehen vor. Das kann bedeuten, dass Ihr Darlehen vollständig für den Ausgleich von älteren Zahlungsverpflichtungen draufgeht und am Ende nichts mehr übrig bleibt. Selbst einen möglichen Verlust müssen Sie sich als Darlehensgeber teilen. Das ist wiederum der Grund, warum die Gläubiger die OHG als Gesellschaftsform so sehr schätzen (und Gründer deutlich weniger, denn die OHG ist eine relativ seltene Gesellschaftsform).

Neben der Pflicht zum Handelsregistereintrag bestehen weitere Unterschiede zur GbR, die auch Auswirkungen auf die Gestaltung des Gesellschaftervertrags haben:

▶ Ein Wettbewerbsverbot, das es den Gesellschaftern verbietet, in der gleichen Branche tätig zu sein, besteht automatisch, bei der GbR muss es vereinbart werden. Ein Gesellschafter darf also nicht zugleich in zwei konkurrierenden OHGs Brötchen verkaufen, was bei der GbR durchaus denkbar wäre.

▶ Bei der OHG ist bei »gewöhnlichen Geschäften« jeder Gesellschafter Geschäftsführer. Sie können Höchstbeträge in den Gesellschaftsvertrag schreiben, die diese Befugnis begrenzen.

▶ Sie dürfen – auch in Abgrenzung zur GbR – entsprechend auch keine dritte Person bestimmen, die die Geschäfte führt. Der Einsatz eines Prokuristen ist hingegen möglich.

▶ Die Vertretungsmacht ist unbeschränkt. Jeder kann für jeden anderen Geschäfte »mit-machen«. Kauft Gesellschafter A einen Elefanten und Gesellschafter B ist dagegen, hat Gesellschafter A trotzdem einen wirksamen Kaufvertrag abgeschlossen, der gesetzlich gültig ist – selbst wenn Gesellschafter A laut Gesellschaftervertrag nur bis zu 5.000 Euro ausgeben darf, der Elefant aber 10.000 Euro kostet.

Gründungsformalitäten

Wie bei der GbR gibt es keine Anforderungen an den Gesellschaftervertrag. Er kann, muss aber nicht in Form einer notariellen Urkunde vorliegen. Sie dürfen den Vertrag sogar mündlich schließen. Eine reine Absichtserklärung reicht dabei aus.

Auf Details zu verzichten ist aber natürlich nicht empfehlenswert. Die Pflicht zur Mitarbeit an der OHG sollte ebenso wie die Verteilung des Gewinns entsprechend den Anteilen geregelt sein. Ist das Innenverhältnis nicht klar definiert, gelten die Regeln des Handelsgesetzbuches – im Zweifel ein Nachteil für die Gründer.

Der Name der OHG

Im Namen der OHG muss der Zusatz OHG, oHG oder offene Handelsgesellschaft auftauchen. Darüber hinaus haben Sie die freie Auswahl zwischen Fantasie- und Gesellschafternamen oder Beschreibungen. Möglich ist also neben der »Softwareschmiede Müller OHG« auch die »Müller & Gabler OHG« oder auch die »Nützliche Software aus München OHG«. Der Name muss jedoch individualisierbar sein, so dass »Softwareentwicklung OHG« allein nicht ausreichen würde. Er darf zudem nicht irreführend sein, also etwas assoziieren, wa die Firma nicht bietet. So darf eben ein kleiner Bäcker sich nicht als »Großbäckerei Heinz OHG« bezeichnen.

Die KG

Nur KG – diese Gesellschaftsform ist seltener im Vergleich zur beliebten GmbH & Co. KG, die mehr KG als GmbH ist, aber dazu später mehr ... Einige Grundstücksverwaltungen sind KGs, ebenso Autohäuser. Die KG eignet sich für Teamgründer, die Verantwortlichkeiten unterschiedlich gewichten möchten und die Gesellschafter nur mit einem überschaubaren Betrag und Einsatz an der Firma beteiligen möchten.

Der Vorteil der KG gegenüber der OHG liegt darin, dass nur ein Gesellschafter – der Komplementär – mit seinem Vermögen haftet, während andere Gesellschafter, Kommanditisten genannt, nur mit dem Teil des Geldes einstehen müssen, den sie auch eingebracht haben. Haben also zwei Kommanditisten die KG mit jeweils 25.000 Euro ausgestattet, können Sie maximal jeweils diese 25.000 Euro verlieren. Hat die KG in diesem Jahr einen Verlust erwirtschaftet und im nächsten Jahr einen Gewinn, so wird dieser erst ausgeschüttet, wenn die ursprüngliche Einlage wieder erreicht ist. An weiteren Verlusten werden die Kommanditisten jedoch nicht beteiligt. Das gibt zumindest den »anderen« Gesellschaftern mehr Sicherheit und führt dazu, dass die KG – vor allem eben als GmbH & Co. KG – bei Unternehmern beliebter als die OHG ist.

Dies führt aber auch zu Missbrauch. Nicht selten etwa, dass sich Kommanditisten Komplementäre suchen, die kein Vermögen haben und somit auch für nichts haftbar gemacht werden können. Dann handelt es sich um so genannte Strohmann-KGs am Rande der Legalität.

Ein solcher Strohmann kann beispielsweise auch eine GbR ohne Vermögen sein, denn die GbR & Co. KG ist laut aktueller Rechtsprechung zulässig – ob die Gesellschafter nun Geld haben oder nicht.

Das Innenverhältnis der KG können Sie frei gestalten, etwa was die Gesellschafter- und Gewinnanteile betrifft. Sonst gilt das für die OHG Gesagte, auch in Bezug auf die Namenswahl.

Wenn Sie sich für die KG entscheiden, muss diese ins Handelsregister eingetragen werden. Erst wenn dieser Eintrag erfolgt ist, gilt auch die Haftungsbeschränkung. Ist die KG schon vor dem Eintrag geschäftsmäßig tätig geworden, haftet jeder für jeden. Seien Sie also schnell ...

Die GmbH & Co. KG

Diese Gesellschaftsform liegt näher an der KG als an der GmbH. Der Komplementär – also der persönlich haftende Gesellschafter – ist eine GmbH. Da eine GmbH in ihrer Haftung jedoch beschränkt ist, bedeutet dies, dass die Haftung de facto ausgehöhlt ist. In einer GmbH & Co. KG haftet niemand – und das ist der Grund, warum weder Gläubiger noch Banken sie besonders mögen.

Als Gesellschaftsform ist sie aber gerade deshalb bei Gründern äußerst beliebt. Neben der beschränkten Haftung spielt auch die Möglichkeit eine Rolle, einen Geschäftsführer einzusetzen, der nicht zugleich Gesellschafter ist, was weder bei der OHG noch bei der KG möglich ist.

Dass es vor 1976 zahlreiche Steuervorteile für die GmbH & Co. KG gab, erklärt, warum es sehr viele ältere Gesellschaften gibt. Aber auch aktuell können sich Steuervorteile ergeben. Da das Steuerrecht an dieser Stelle sehr kompliziert und letztendlich jeder Fall individuell ist, lohnt sich der Gang zum Steuerberater unbedingt.

Hier nur zwei konträre Beispiele, die zeigen, dass die Gründung einer GmbH & Co. KG in unterschiedlichen Situationen Vor- und Nachteile haben kann:

▶ Bei der GmbH wird Gewerbesteuer nur auf den um die Geschäftsführergehälter geminderten Gewinn fällig, bei der GmbH & Co. KG auf den gesamten Gewinn. Bei hohem Gewinn ergibt das einen Vorteil für die GmbH.

▶ Geht ein Grundstück in die Gesellschaft ein, löst dies bei der GmbH Grunderwerbssteuer in vollem Umfang aus, während Gesellschafter bei der GmbH & Co. KG nur Grunderwerbssteuer für ihren eigenen Anteil zahlen müssen.

Gründungskosten
Am preiswertesten ist die GbR, die ohne Handelsregistereintrag auskommt und auch keine notarielle Beurkundung des Gesellschaftsvertrags erfordert. OHG- und KG-Gesellschaftervertrag müssen nicht notariell beurkundet werden, dies ist nichtsdestotrotz empfehlenswert. Die Kosten hierfür betragen inklusive Gerichtsgebühren um die 600 bis 700 Euro. Der Handelsregistereintrag einer GmbH mit 25.000 Euro Stammkapital kostet rund 1.000 Euro. Bei der

GmbH & Co. KG müssen zwei Gesellschafterverträge geschlossen werden und zwei Anmeldungen zum Handelsregister erfolgen, was die Kosten erhöht.

Know-how: Handels- und Partnerschaftsregister
Beides sind öffentliche Verzeichnisse, in denen Firmen eingetragen sind. Dabei gibt es die Abteilung A (HRA) für Einzelunternehmen und Personengesellschaften wie OHG und KG sowie die Abteilung B (HRB) für Kapitalgesellschaften. Eingetragene Informationen sind: Firma, Sitz, Stammkapital, vertretungsberechtigte Personen (Geschäftsführer, Vorstand und eventuell Prokuristen, bei Personengesellschaften die Gesellschafter).

6.3 Die GmbH

Die GmbH ist in den letzten Jahren immer attraktiver geworden – und wird in der Beliebtheitsskala trotz Limited wohl weiter steigen. Mehr als die Hälfte aller gewerblichen Gründer entscheiden sich für diese Gesellschaftsform.

Eine weitere Gründungshemmschwelle ist kürzlich weggefallen: Die Mindesteinlage von 25.000 Euro können Sie in Sachwerten und Bargeld einbringen. Sie ist von der Mindeststammeinlage zu unterscheiden. Dies ist der Betrag, mit dem sich ein Gesellschafter an der GmbH beteiligen kann. Die Mindeststammeinlage beträgt 100 Euro und muss durch 50 teilbar sein. Theoretisch könnten sich also 1.000 Gesellschafter an einer mit 10.000 Euro ausgestatteten GmbH beteiligen. Das ist natürlich Quatsch – wer will solch ein Team handlen? Normal sind zwei, drei Gesellschafter. Und auch die Ein-Mann-GmbH ist verbreitet. Da dies aber ein Teambuch ist, soll die Einzel-GmbH nicht Thema sein.

Viel wichtiger als die Frage nach dem Mindeststammkapital ist die nach dem Sinn und Unsinn, eine GmbH zu gründen. »Sexy« ist diese Gesellschaftsform in jedem Fall für viele Gründer vom Handwerker bis zum Freiberufler. Die Frage ist vielmehr, wann der richtige Zeitpunkt für die GmbH gekommen ist. Oder anders ausgedrückt: Ab welcher Größenordnung lohnt sich eine GmbH? In jedem Fall sollte eine GbR, die die Grenzen zur OHG überschritten hat, über diese Gesellschaftsform nachdenken. Auch wer mit hohem Kapitaleinsatz (mehr als 100.000 Euro) und Krediten startet und zudem von Anfang an ordentliche Umsätze erwartet, ist mit einer GmbH gut beraten. Vor allem dann, wenn damit ein hohes Risiko verbunden ist – auch das, viel Geld zu verlieren. Denn die GmbH ist eine Gesellschaft mit beschränkter Haftung. Sie steht gegenüber den Gläubigern nur mit ihrem Gesellschaftsvermögen ein. Private Besitztümer lassen sich durch die Gründung somit in Sicherheit bringen –

sofern diese nicht gegenüber der Bank als Sicherheiten eingebracht werden. Ansonsten lässt sich diese Frage nicht ohne Einzelfallbetrachtung beantworten, denn nicht immer entscheidet der Umsatz über das Ja oder Nein zur GmbH. Von vorneherein bei der Gründung auf die GmbH setzen sollten Firmen, die ihre Zielgruppe in größeren Unternehmen sehen. Dort gibt es nämlich eine einfache ungeschriebene Regel: Geschäfte machen wir nur mit größeren Unternehmen und nicht mit Freelancern oder gar GbRs. Ohne GmbH haben Sie also keine Chance bei Telekom, Siemens oder Bosch.

Dieses Phänomen ist interessant, denn die Außenwahrnehmung einer GmbH in der Geschäftswelt widerspricht der Einschätzung der Banken auffällig. Für diese ist eine GmbH am Anfang ihrer Geschäftstätigkeit eine Art Monstergesellschaft – gefährlich und unberechenbar. Gesellschafter einer GmbH werden demzufolge argwöhnisch beäugt; oft erhalten Sie nicht einmal einen Leasingvertrag fürs Auto. Damit überhaupt Kredite fließen, müssen Sie als Gründer dann doch mit Ihrem Privatvermögen rausrücken. Kommt die GmbH in Zahlungsschwierigkeiten, sind somit auch Sie persönlich betroffen. Schluss mit der beschränkten Haftung.

Nicht ganz so beschränkt, wie es scheint, ist die GmbH noch aus einem anderen Grund: Wird nämlich das Vermögen der GmbH mit dem der Gesellschafter derart vermischt, dass die rechtliche Trennung faktisch aufgehoben wird, kann dies zur so genannten Durchgriffshaftung führen. Dies ist immer dann der Fall, wenn Sicherheiten aus dem privaten Bereich zur Beschaffung von Krediten herangezogen worden sind. Der Gesellschafter haftet nunmehr persönlich für die Schulden der Gesellschaft, was durch die Rechtsform der GmbH als Gesellschaft mit beschränkter Haftung gerade vermieden werden sollte.

Der GmbH-Geschäftsführer

Der GmbH-Geschäftsführer kann angestellt sein oder aber aus dem Gesellschafterkreis stammen. Steuerlich ist er in der Regel Arbeitnehmer, kann seit 2005 aber auch Unternehmer sein. Besprechen Sie mit dem Steuerberater, was in Ihrem Fall günstiger ist. Ob Gesellschafter oder nicht: Der oder die Geschäftsführer benötigen einen Anstellungsvertrag. Die GmbH – als juristische Person, die kein Mensch, sondern Körperschaft ist – muss die Geschäftsführer anstellen. Und dies sollte ordentlich und für das Finanzamt nachvollziehbar erfolgen, mit einem schriftlichen Vertrag. Die Höhe des Geschäftsführergehalts muss sich am Branchenumfeld und der Umsatzgröße des Unternehmens orientieren. Nach unten hin ist jedoch jedes Gehalt vereinbar – und am Anfang, wenn aus dem Gewinn der Gesellschaft kaum 100.000 Euro für jeden Gesellschafter abgezwackt werden können, sind auch schon mal 15.000 Euro Jahresgehalt realistisch.

	• Umsatz unter 2,5 Mio. Euro • Mitarbeiter unter 20	• Umsatz 2,5–5 Mio. Euro • Mitarbeiter 20–50	• Umsatz 5–25 Mio. Euro • Mitarbeiter 51–100	• Umsatz 25–50 Mio. Euro • Mitarbeiter 101–500
Industrie/ Produktion	157.000 Euro	195.000 Euro	233.000 Euro	423.000 Euro
Großhandel	141.000 Euro	162.000 Euro	200.000 Euro	477.000 Euro
Einzelhandel	125.000 Euro	146.000 Euro	190.000 Euro	412.000 Euro
Freiberufler	200.000 Euro	245.000 Euro	300.000 Euro	488.000 Euro
Sonstige Dienstleistung	162.000 Euro	206.000 Euro	240.000 Euro	444.000 Euro
Handwerk	130.000 Euro	168.000 Euro	222.000 Euro	353.000 Euro

Quelle: *www.bic-kl.de*

Durchschnittlich verdient der Geschäftsführer einer kleinen GmbH jedoch ein Grundgehalt von satten 119.000 Euro jährlich (also ohne Provisionen). Fremdgeschäftsführer erreichen immerhin 99.000 Euro. Insgesamt reicht die Spannbreite der Manager-Gehälter in kleinen GmbHs, so die Unternehmensberatung Kienbaum, von unter 40.000 Euro bis über 400.000 Euro jährlich. Mir sind, wie gesagt, auch Fälle bekannt, in denen noch weniger als 40.000 Euro gezahlt werden.

Die GmbH und die Steuern

Als Geschäftsführer versteuern Sie Ihr Gehalt ganz normal mit der Einkommensteuer. Je höher, desto näher am Spitzensteuersatz von derzeit (2006) 42 Prozent liegen Sie also. Den Gewinn der GmbH können Sie anders als bei der GbR nicht so einfach mitnehmen.

Er unterliegt einem Körperschaftsteuer-Satz von 25 Prozent, und sie zahlen Gewerbesteuer ab dem ersten Euro (also ohne Freibetrag). Die Höhe der Gewerbesteuer ist dabei abhängig vom jeweiligen Hebesatz. Je kleiner die Gemeinde, desto niedriger fällt dieser aus, liegt aber mindestens bei 200. Zum Beispiel in Hamburg ergibt sich damit folgende Gewerbesteuer-Belastung:

	Gewerbeertrag	100
x	Steuermesszahl	5 %
x	Hebesatz	470 %
=	**Gewerbesteuerschuld**	**23,5 %**

Zusammen mit der Körperschaftsteuer (25 %) zahlen die Hamburger also nahezu 50 Prozent Steuern. Dabei ist es auch gleich, ob der Gewinn im Unternehmen bleibt oder an die Gesellschafter ausgeschüttet wird: An diesen Steuern kommt keine GmbH vorbei. Eine Gewinnausschüttung wiederum kann kaum am Fiskus vorbeigeschleust werden (es sei denn, es handelt sich um eine verdeckte Gewinnausschüttung und diese ist illegal). Sie unterliegt vielmehr dem so genannten Halbeinkünftegesetz und der Besteuerung durch Kapitalsteuer. Auf Deutsch: Von der Hälfte des Gewinns gehen noch mal 20 Prozent Kapitalsteuer ab – sofern Sie den gültigen Freibetrag von derzeit 1.421 Euro und für Ehepaare 2.842 Euro überschritten haben.

Für steuerrechtliche Pflichten haftet neben der GmbH auch ihr Geschäftsführer persönlich, selbst wenn er lediglich angestellt ist. Er darf also nicht beliebigen steuerlichen Unfug anstellen. Dabei handelt es sich nicht allein um eine materielle Haftung mit dem Privatvermögen des Geschäftsführers. Einem steuerbetrügenden Geschäftsführer droht auch die strafrechtliche Sanktionierung.

Wie die GbR dem Finanzamt jährlich eine Gewinnermittlung in Form einer Einnahmen-Überschussrechnung vorlegt, übermittelt die GmbH ihre Körperschaftsteuer-Erklärung zusammen mit dem Jahresabschluss. Vorauszahlungen an das Finanzamt erfolgen vierteljährlich und werden natürlich mit der Jahressteuerschuld verrechnet. Stichtage sind der 10. März, 10. Juni, 10. September und 10. Dezember eines jeden Jahres.

Verdeckte Gewinnausschüttungen

Über jeder GmbH hängt ein Damoklesschwert. Es heißt VGA oder auch verdeckte Gewinnausschüttung. Was eine verdeckte Gewinnausschüttung ist, wird im Nachhinein vom Finanzamt festgestellt. So erhält ein Geschäftsführer, der sich Überstunden auszahlen lässt, was nicht im Arbeitsvertrag niedergeschrieben ist, eine VGA. Dieses Geld wird im Nachhinein voll versteuert und erhöht die Steuerschuld. Eine verdeckte Gewinnausschüttung ist auch ein Gesellschafter-Darlehen mit zu hohen (um Steuern zu drücken) oder zu niedrigen (um Vorteil zu gewähren) Zinsen.

Der Kauf eines »Mantels«

Eine GmbH zu gründen, das dauert, dauert, dauert. Bis der Eintrag im Handelsregister wirksam ist und die beschränkte Haftung damit greift, verstreichen durchaus schon mal drei Monate und mehr. Klar, dass die Idee, einen so genannten »Mantel« zu kaufen, nahe liegt. Dabei handelt es sich um eine nicht mehr aktive, weitgehend oder sogar ganz vermögenslose Gesellschaft.

Zielsetzung des Mantelkaufs ist es dabei, schneller zu gründen und sofort tätig werden zu können. Außerdem wollen Mantelkäufer zukünftige Gewinne mit dem Verlustvortrag durch den Mantelkauf verrechnen. Nach dem Einkommensteuergesetz sind negative Einkünfte jeweils von den positiven Einkünften derselben Einkunftsart abzuziehen, wenn der neue Gesellschafter mehr als 75 Prozent der Anteile übernimmt und die GmbH ihren Geschäftsbetrieb mit überwiegend neuem Betriebsvermögen wieder aufnimmt.

Organschaft

Im Prinzip möchte der Fiskus von jedem »Steuersubjekt« seine Steuern haben. Steuersubjekte sind dabei Einzelpersonen und Körperschaften. Dies hat zur Folge, dass zwei GmbHs, die eine gemeinsame Mutter haben, ebenso wie die Mutter einzeln besteuert werden. Was aber, wenn die eine Gewinn und die andere Verlust macht? Dann macht eine so genannte Organschaft Sinn. In dieser lassen sich Gewinne und Verluste unter identischen Steuerarten ausgleichen.

Die GmbH gründen Schritt für Schritt

Die Gründung einer GmbH dauert laut einer Untersuchung des Deutschen Instituts für Wirtschaft durchschnittlich 45 Tage. Vor dem erfolgten Handelsregistereintrag können Sie sich GmbH i. Gr. (in Gründung) nennen, sind in dieser Zeit aber keineswegs haftungsbegrenzt.

1. Werden Sie sich über die Rollen einig, die in der GmbH zu verteilen sind. Wer ist Gesellschafter? Wer wird Geschäftsführer? Wer hat welche Anteile? Falls mehrere Geschäftsführer: Wer soll welche Aufgaben wahrnehmen?
2. Führen Sie eine bundesweite Firmen- und Markennamenrecherche durch, um sicherzugehen, dass Ihr gewählter Name einzigartig ist.
3. Erstellen Sie einen Gesellschaftervertrag oder lassen Sie sich vom Rechtsanwalt/Notar einen solchen entwerfen. Dieser muss nach Paragraf 3 GmbHG folgende Punkte enthalten: Firma (= Name) der GmbH, Sitz der Gesellschaft, Unternehmensgegenstand, Höhe des Stammkapitals (mindestens 25.000 Euro), Höhe der Stammeinlagen der einzelnen Gesellschafter (z. B. zweimal 10.000 und einmal 5.000 Euro). Denken Sie weiterhin an die Verteilung der Stimmrechte und den Schlüssel für die Gewinnausschüttung.
4. Entwerfen Sie einen Vertrag für den oder die Geschäftsführer, der auch das Gehalt bzw. die Gehälter regelt.
5. Lassen Sie sich den Gesellschaftervertrag beglaubigen. Dieser wird in einer weiteren beglaubigten Ausführung an das Handelsregister und das Amtsgericht weitergereicht. Die IHK prüft die Firmierung der kaufmännischen Gründungen, der Gründungsprüfer bei der Handwerkskammer ist für Handwerker zuständig.

6. Zahlen Sie die Stammeinlagen ein. Mindestens 12.500 Euro müssen in Barmitteln erbracht sein, der Rest kann aus Sachwerten bestehen.
7. Lassen Sie sich in das Handelsregister eintragen.

gGmbH und Verein

Sie sind eine Bildungseinrichtung? Beschäftigen Sie sich mit Wohlfahrtspflege oder Kultur oder sind Sie ein Non-Profit-Unternehmen aus einem anderen Bereich?

Geeignete Organisationsformen für Sie sind der eingetragene Verein oder die gGmbH. Die gGmbH ist die Abkürzung für eine gemeinnützige Gesellschaft mit beschränkter Haftung, vergleichbar mit einem Verein oder einer Stiftung, nur liegt der Unterschied zu diesen beiden Formen darin, dass die gGmbH eine beschränkte Haftung des handelnden Gesellschafters hat. Die Rechtsform gGmbH entdecken immer mehr Non-Profit-Organisationen, denn die Vorteile liegen klar auf der Hand. Ein ganz wesentlicher liegt in der auf das Stammkapital (25.000 Euro) beschränkten Haftung der gGmbH. Im Gegensatz dazu haftet der Verein mit seinem gesamten Vermögen, Vorstände können auch privat zur Kasse gebeten werden. Während für die Gründung des Vereins sieben Personen zusammenkommen müssen, reicht bei der gGmbH zur Not eine einzige.

Eine gGmbH erhöht auch die durchgehende Handlungsfähigkeit und Unabhängigkeit der Einrichtung, denn nur ein Geschäftsführer handelt und entscheidet. Der Verein steht und fällt jedoch mit seinen Mitgliederbeschlüssen, die oft mühsam und zeitaufwendig herbeizuführen sind. Dass mehrere Vorstände im Namen der Mitglieder handeln, erhöht ebenfalls nicht gerade die Schnelligkeit und Beweglichkeit eines Vereins, der dafür wiederum von vielen als konsequent »basisdemokratisch« empfunden wird – was dem Denken zahlreicher sozialer Einrichtungen eher entspricht.

Darüber hinaus gilt für die gGmbH das bereits im Abschnitt zur GmbH Gesagte: Auch sie benötigt einen notariellen Vertrag, gilt als Kaufmann und muss entsprechend eine kaufmännische Buchführung einsetzen (während der Verein mit einer Einnahmen-und-Ausgaben-Rechung auskommt).

Limited

Windig? Unseriös? Eine Rotlicht-Rechtsform?

Die Limited, seit 2003 auch in Deutschland problemlos zu gründen, kämpft heftig gegen dieses Image. Dies hat seinen guten Grund: Halbseidene Firmen und betrügerische Unternehmungen haben in der Vergangenheit gerne diese Rechtsform gewählt. Sie zieht zudem Insolvente magisch an.

Allerdings haben sich eben auch immer mehr seriöse Limiteds hinzugesellt – wie etwa die westfälische Drogeriekette Müller. Auch ein Versandhandel für edle Damenmode hat sich für das Ltd. hinter dem Namen entschieden. Die Unternehmen, die bei der Gründung der Limited – in der Regel der UK-Limited – auf die Sprünge helfen wollen, werben mit »1 Pfund Stammkapital« und einer schnellen Gründung, die sich auch schon mal innerhalb von 24 Stunden vollziehen kann. Argument ist auch der niedrige Preis für die Gründung selbst.

Dies ist jedoch alles mit der nötigen Distanz zu betrachten. 1,5 Euro Stammkapital (das Pfund umgerechnet) einzubringen ist nämlich praktisch vielleicht möglich, aber nicht sinnvoll, denn mit dem Kauf der ersten drei Briefmarken in Höhe von dreimal 55 Cent wäre damit schon eine Insolvenz herbeigeführt. Es muss de facto also mehr eingezahlt werden.

Trotzdem: Die Limited gewinnt gegenüber der GmbH an Boden. Ein wesentlicher Grund dafür liegt in den einfacheren Gründungsformalitäten und dem geringeren Kapitalbedarf. Die Limited spricht deshalb gerade all jene an, die schnell und unkompliziert gründen wollen – und vielleicht auch mehrere Limiteds nebeneinander betreiben möchten, etwa um ein Projekt wie einen Bauauftrag unter dem schützenden Mantel der beschränkten Haftung abzuwickeln.

Die beschränkte Haftung ist für viele Unternehmen schließlich ein Zauberwort. Immer mehr Bauunternehmen setzen die Limited ein, um Betriebsvermögen (Maschinen, Fuhrpark etc.) vom Betriebsrisiko zu trennen. Bei Problemen mit dem Bauträger bleibt die eigene Firma unbeschadet. Die Limited muss dazu einfach gelöscht werden, was wiederum nur 10 Pfund kostet.

Eine weiterer Punkt macht die Limited attraktiv. Er liegt darin, eventuell in einem anderen Land – speziell UK – Steuern zu zahlen, denn diese sind niedriger als in Deutschland, wo Körperschaftsteuer und Gewerbesteuer zu einer durchschnittlichen Belastung von 36 Prozent führen.

Falls Sie als deutscher Staatsbürger mit Lebensmittelpunkt in Deutschland eine UK Ltd. gründen, wobei das Welteinkommen der Ltd. in England versteuert werden soll, muss der »Sitz der geschäftlichen Entscheidungen« in England liegen. Eine reine »Briefkastenfirma« ist nicht ausreichend, telefonische Erreichbarkeit muss ebenso vorhanden sein wie ein Inlands-Bankkonto. Entweder verlagern Sie also Ihren Lebensmittelpunkt nach England (oder ein »Beauftragter« bzw. ein steuerrechtlich Ansässiger wird in England als Direktor angestellt), oder Sie schalten einen Treuhand-Direktor vor.

Dieser Treuhand-Direktor will bezahlt werden, ist aber kein Vollzeit-Angestellter. Limited-Gründungshelfer vermitteln dazu meist einen Anwalt, der im Gründungsland und nach außen überwiegend die Geschicke der Gesellschaft lenkt. Nach innen übergibt der Treuhand-Direktor – vertraglich geregelt – alle Rechte und Pflichten an den eigentlichen Gründer.

Risiken gibt es dennoch reichlich, und ein Blick hinter die Kulissen ist vor der Entscheidung pro Limited notwendig. So ziehen manche Argumente der Limited-Gründungshelfer bei näherer Betrachtung einfach nicht. Beispielsweise erhöht ein Gesellschafterdarlehen bei der GmbH das Eigenkapital. Im Fall einer Insolvenz kann der Insolvenzverwalter das Geld einbehalten. Bei der Limited kann das zurückgezahlte Darlehen dem Gesellschafter nicht wieder genommen werden. Ist der Gesellschafter aber auch Geschäftsführer, haftet er nach deutschem Insolvenz-, Handels- und Strafrecht – und hat eine Menge Ärger wegen eventueller Insolvenzverschleppung.

Limited & Co. KG

Aus verschiedenen Gründen ist die Limited & Co. KG interessanter als die Solo-Limited. Ein Argument ist die Steuer: Eine Limited & Co. KG zahlt weniger Steuern, da die KG Personengesellschaft ist. Bei der KG angesiedelte Gewinne sind also nicht mit Körperschaft-, sondern mit Einkommensteuer zu veranschlagen. Zudem gilt der Gewerbesteuerfreibetrag in Höhe von 24.500 Euro, der für die Limited – wie für die GmbH – nicht gilt. Dieser Vorteil ist aber nicht Limited-eigen: Er ist genauso für die GmbH & Co. KG gültig. Hier sticht allerdings die »Karte« Stammkapital: In der Kombi mit der Limited ist dieses eben nicht festgelegt.

Weiteres Argument ist die KG als zweite Gesellschaft, eine urdeutsche Gesellschaftsform, die die »Rotlicht«-Limited abfedert.

Vergleich GmbH und Limited, GmbH & Co. KG sowie Limited & Co. KG

	GmbH	Limited	GmbH & Co. KG	Limited & Co. KG
Stammkapital	25.000 Euro	1 Pfund (= 1,5 EUR)	25.000 Euro	1 Pfund (= 1,5 EUR)
Beschränkte Haftung	Ja	Ja	Ja. KG haftet nur mit ihrer Einlage	Ja. KG haftet nur mit ihrer Einlage
Durchgriffshaftung (bei Verletzung von Sorgfaltspflichten oder Gesetzesverstößen)	Ja	Eingeschränkter, aber möglich. Beispiel: »piercing the corporate veil«: Danach setzt die Haftung ein, wenn nachgewiesen werden kann, dass die Errichtung einer Private Limited Company eine aus Haftungsgründen erbaute Fassade war.	Ja	Eingeschränkter, aber möglich. Siehe Limited

	GmbH	Limited	GmbH & Co. KG	Limited & Co. KG
Verdeckte Gewinnausschüttung	Ja	Erleichtert	Ja	Nein, alles ist absetzbar
Nötige Organe	Geschäftsführung	Direktor als Geschäftsführer, Sekretär, Registered Office muss angemietet werden	Geschäftsführung	Direktor, Sekretär
Registereintrag	Handelsregister	Companies House und Handelsregister als Zweigniederlassung	Handelsregister	Companies House und Handelsregister als Zweigniederlassung
Gründungskosten	Ca. 1.000 Euro reine Gründungskosten, plus Stammkapital	Ab 259 EUR	Ca. 1000 Euro reine Gründungskosten, plus Stammkapital	Ab 259 Euro plus Kosten für KG-Gründung
Gründungsdauer	Durchschnittlich 45 Tage	Ab 24 Stunden	Durchschnittlich 45 Tage	Ab 24 Stunden
Dauerhafte Kostenbelastung	— (außer den individuellen Standards für Buchführung etc.)	Durch Registered Office zwischen 100 und 700 Euro, Steuerberatung und Buchführung durch einen Spezialisten in britischen Bilanzierungsregeln	—	Durch Registered Office zwischen 100 und 700 Euro, Steuerberatung und Buchführung durch einen Spezialisten in britischen Bilanzierungsregeln
Buchführungsart und Gewinnermittlung	Doppelte Buchführung und Bilanz	Buchführung und Bilanz nach den britischen Bilanzierungsregeln	Doppelte Buchführung, zwei getrennte Buchführungen und Gewinnermittlungen	Doppelte Buchführung, zwei getrennte Buchführungen und Gewinnermittlungen, eine Bilanz nach deutschem Recht und eine nach britischem
Gesetzesgrundlage	GmbHG	Company Law	GmbHG/HGB	HGB und Company Law
Steuern	Körperschaftsteuer, Gewerbesteuer. Besteuert wird der Gewinn der Gesellschaft	Bei Sitz in Deutschland: Körperschaftsteuer, Gewerbesteuer. Besteuert wird der Gewinn der Gesellschaft	Steuern fallen auf Ebene der Personengesellschaft KG an, deswegen liegen diese niedriger als bei reiner GmbH/Limited. Der Gewerbesteuerfreibetrag von 24.500 EUR kann von der KG genutzt werden, von der GmbH/Limited nicht.	Steuern fallen auf Ebene der Personengesellschaft KG an, deswegen liegen diese niedriger als bei reiner GmbH/Limited. Der Gewerbesteuerfreibetrag von 24.500 EUR kann von der KG genutzt werden, von der GmbH/Limited nicht.

	GmbH	Limited	GmbH & Co. KG	Limited & Co. KG
Image	Bei Banken schlecht, bei anderen Unternehmen gut	Immer noch Rotlicht-Image	Bei Banken schlecht, bei anderen Unternehmen gut	Image bessert sich auch bei Banken
Löschung	Dauert extrem lang, Liquidation erst möglich, wenn alle Gläubiger zufrieden gestellt sind	Schnell, für 10 Pfund	Dauert extrem lang, Liquidation erst möglich, wenn alle Gläubiger zufrieden gestellt sind	Gegen Gbühr von 15 Euro

Offshore-Gesellschaft

Eigentlich ist die Offshore-Gesellschaft keine richtige Gesellschaftsform. Mit Offshore-Gesellschaft ist lediglich eine Gesellschaft in einem Niedrigsteuerland gemeint – wie mit Offshoring die Auslagerung von Arbeit in Niedriglohnländer bezeichnet wird. Somit ist schon die englische Limited eine Offshore-Gesellschaft – sofern diese ihre Steuern in England bezahlt und auch der Sitz der Gesellschafter und des Direktors nicht in good old Germany ist. Gemeint ist mit Offshore-Gesellschaft eine Gesellschaft, die in einem anderen Land nach dessen Recht gegründet wird – meist aus steuerlichen Gründen.

Dass Deutschland ein Hochsteuer-Land ist, ist gemeinhin bekannt. Dabei geht es nicht um einen Vergleich der Spitzensteuersätze; da liegt Deutschland im internationalen Vergleich durchaus im Mittelfeld. Entscheidend ist vielmehr, dass der Spitzensteuersatz schon sehr, sehr früh greift, nämlich bei einem Einkommen von etwa 55.000 Euro. Hierin und nicht im prozentualen Verteilungsschlüssel liegt der entscheidende Unterschied zu den steuerfreundlichen Ländern. So beginnt der maximale Steuersatz von rund 40 Prozent in manchen Kantonen der Schweiz erst bei mehr als 600.000 Euro. Kein Wunder also, dass Unternehmen auch an Steuerflucht denken, wenn sie gründen. Und schnell stoßen sie dabei auf die Offshore-Gesellschaft.

Interessant für die Gründer sind dabei alle Staaten, die mit Deutschland kein Doppelbesteuerungsabkommen haben (DBA). Das Doppelbesteuerungsabkommen soll die zweifache Besteuerung verhindern und hat letztlich zur Folge, dass der deutsche Steuerzahler in seinem Heimatland zahlt, anstatt von den niedrigen Steuern im Gastland zu profitieren. Besteht kein DBA, so bedeutet dies, dass der Wohn- oder Unternehmenssitz entscheidet. Eine attraktive Lösung, die in ferne Länder wie das Null-Euro-Steuerparadies Dubai zieht, denn Doppelbesteuerungsabkommen bestehen mit allen Ländern der Europäischen Union.

Ein Niedrigsteuerland ist aus deutscher Sicht ein Land, das eine geringere Körperschaftsteuer als die deutsche Körperschaftsteuer zugrunde legt. Hier fündig zu werden ist einfach: Es gibt zahlreiche Länder, in denen Sie gar keine oder nur sehr geringe Steuern bezahlen müssen. Naheliegend ist Offshoring immer dann, wenn Sie etwas via Internet verkaufen. Dann ist es schließlich gleich, wo Ihre Firma sitzt – und wahrscheinlich haben Sie auch sowieso mehr Spaß am Sonnenschein auf den Cayman Inseln als am Regen in old Germany. In manchen Ländern besteht dazu keine Buchhaltungs- und Bilanzierungspflicht, ja nicht einmal aufbewahren müssen Sie Belege, wenn Sie unternehmerisch auswandern. Allerdings ist Vorsicht geboten. Es ist z. B. nicht ohne Weiteres möglich, seine Geschäfte über eine karibische Insel laufen zu lassen, aber sich selbst in Deutschland aufzuhalten und vielleicht sogar Geschäfte auszuüben. Auch die Hotline Ihres Geschäfts darf sich nicht in Deutschland befinden, weil sonst auch hier ein Geschäftsbetrieb vermutet werden könnte.

Lassen Sie von Deutschland aus Geld in eine (zusätzlich zur heimatlichen Firma gegründeten) Offshore-Gesellschaft fließen, liegt außerdem der Verdacht der Steuerumgehung nahe. Sie müssen gegebenenfalls nachweisen, dass damit keine verdeckte Gewinnausschüttung erfolgt ist, sondern beispielsweise nur Gehälter bezahlt worden sind.

Es ist nicht einfach möglich, in Deutschland eine Repräsentanz oder Filiale zu eröffnen – beispielsweise um Ihren Aufenthalt im Heimatland zu begründen. Zwar könnte Ihre Gesellschaft theoretisch als Niederlassung in Deutschland auftreten, jedoch hätte dies keine Vorteile: Es gilt deutsches Recht, und alle Erträge sind mit deutscher Körperschaft- und Gewerbesteuer belegt. Und Kapital (siehe oben) können Sie nicht so einfach nach Übersee verschiffen.

Aber natürlich haben Sie auch hier einen gewissen Gestaltungsspielraum: So können Sie Handelsgeschäfte so abwickeln, dass ein Großteil der Gewinne bei der Gesellschaft mit Sitz in einem Niedrigsteuerland anfällt. Diese kann der Muttergesellschaft in Deutschland entsprechende Gewinnanteile in Form von Darlehen zur Verfügung stellen. Die Darlehenszinsen kann die Muttergesellschaft wiederum als Betriebsausgabe absetzen – und »gewinnt« eine geringere Steuerbelastung.

Hier kommt es auf die pfiffige Ausgestaltung an, bei der Ihnen ein im internationalen Gesellschaftsrecht erfahrener Anwalt und ein Steuerfachmann helfen sollten. Denn Fehler sind schnell gemacht, und die rechtssichere Konstruktion sollte Ihnen ein Beratungshonorar wert sein.

Kleine Aktiengesellschaft (AG)

Warum keine kleine AG? Das Beispiel von Pegasus Informatik (unten) zeigt, dass die AG selbst für virtuelle Unternehmen interessant ist. Hauptsache, es kommen genug Anteilseigner zusammen, die die 50.000 Euro Mindestkapital zur Verfügung stellen. Die Gesellschafter bleiben übrigens geheim, sofern Inhaberaktien ausgegeben werden. Sie müssen natürlich auch nicht alle mitarbeiten – so wie Sie als Besitzer einer Telekom-Aktie auch nicht gleich bei der Telekom arbeiten.

Der große Vorteil der kleinen AG im Vergleich zur GmbH ist die einfache Beteiligung weiterer – eben in Bezug auf die Geschäftstätigkeit – inaktiver Gesellschafter am Unternehmen. Diese Gesellschafter sind die Aktionäre.

Es müssen zudem ein Vorstand, der auch alleiniger Aktionär sein kann, sowie drei Aufsichtsräte bestellt werden. Diese bleiben selbstverständlich nicht anonym. Entscheidungen fallen auf der Hauptversammlung der Aktionäre. Hier beschließen die Gesellschafter vor allem die Verwendung des Bilanzgewinns und die Durchführung von Kapitalerhöhungen. Außerdem werden Aufsichtsratsmitglieder bestellt.

Das Vermögen der Gesellschaft darf nicht an die Gesellschafter ausbezahlt werden – wohl aber die einzelnen Anteile. Genauso können jederzeit Anteile erworben werden. Das verschafft der AG einen erheblichen Bonitätsvorteil bei den Banken. Das Kapital kann zudem durch Eigenkapitalerhöhungen dynamisch beschafft werden. Reicht das vorhandene Geld nicht aus, gibt die AG neue Aktien aus und erweitert damit Zahl und Volumen der Beteiligungen am Unternehmen.

Gründerporträt: Pegasus Informatik AG – Vom Freelancer zur AG

Unternehmen	Pegasus Informatik AG
Gegründet	2004
Branche	IT
Webadresse	*www.pegasus-informatik.de*

Aus Ideen werden Lösungen! Das ist das Motto der Pegasus Informatik AG. 25 erfahrene IT-Berater haben das Projekt gegründet: ein virtuelles Unternehmen in Form einer AG. Ein Unternehmen, dessen Mitarbeiter überall in der Bundesrepublik sitzen, von Flensburg bis München. Denn: IT-Projekte – und diese sind das Geschäft von Pegasus –

werden ohnehin beim Auftraggeber vor Ort erledigt, ein Überbau ist nicht nötig. So ist Pegasus Informatik auch eine vorbildlich »schlanke« AG.

Die Idee der AG war, Firmen ein komplettes Team aus IT-Spezialisten unterschiedlicher Disziplinen zusammenstellen zu können. »Eine Lösung aus einer Hand«, so Dr. Dirk Bisping, der Vorstandsvorsitzende. Das wünschen sich gerade größere Unternehmen. »Konzerne und große Mittelständler können es sich nicht leisten, dass ein Freiberufler einfach ausfällt.«

Deshalb arbeiten große Firmen auch nur mit großen Vermittlern zusammen, die das Ausfallrisiko absichern können. Ist einer krank, steht Ersatz schon in den Startlöchern. Durch ihre umfassende Datenbank ist es Pegasus zu jeder Zeit möglich, einen Experten bereitzustellen.

Aus einem losen Verbund freier Spezialisten hat sich Pegasus Informatik mittlerweile in die Liga der professionellen Projektvermittler aufgeschwungen. »Wir können für jeden Fall den richtigen Experten bieten. Dieser erhält sein Honorar und wir verdienen eine Provision.« Daran wächst auch das Unternehmen – und der Gewinn der Aktionäre.

Zuvor waren alle Pegasus-Informatik-Gründer als Freelancer tätig und arbeiteten dabei oft für andere Firmen, die sie an Auftraggeber vermittelten. Durch die Pegasus Informatik sind sie zu richtigen Unternehmern herangewachsen, die nicht nur mit ihrer eigenen Dienstleistung, sondern auch mit der Geschäftsidee selbst Geld verdienen – über die »Vermietung« von Spezialisten.

»Sicher wäre auch eine Genossenschaft für uns in Betracht gekommen«, so Bisping. »Doch für Firmen signalisiert die AG mehr: Größe, Sicherheit, Qualität.« Diese Außenwirkung war eben auch ein wichtiger Aspekt bei der Entscheidung für diese Gesellschaftsform.

In Zukunft soll die AG weiter wachsen. Wer in den Kreis der Berater eintreten möchte, muss sein Können jedoch erst beweisen. Denn die »AG« ist auch ein Qualitätssiegel. »Jeder steht für die Arbeit des anderen gerade.« Ganz anders als bei einem lockeren Freelancer-Netzwerk ... Aber dies bietet auch nicht annähernd so lukrative Wachstumsperspektiven.

Genossenschaft (e. G.)

Die Genossenschaft ist die demokratischste Gesellschaftsform überhaupt und nur etwas für Menschen, die gerne gemeinsam entscheiden und andere mitreden lassen wollen: Jedes Mitglied besitzt einen eigenen Anteil und ist stimmberechtigt. Totale Teamorientierung ist hier gefordert – und weniger strikt unternehmerisches Denken. Nicht die Gewinnmaximierung ist das ausgesprochene Ziel bei der Gründung von Genossenschaften, sondern die Förderung der Mitglieder. Trotzdem schließen sich Gewinnorientierung und Genossenschaftsgedanke nicht aus: So gibt es zahlreiche wirtschaftlich erfolgreiche Genossenschaften, etwa im Immobilienbereich. Anders als eine AG erfordert die Genossenschaft kein Mindestkapital. Aber wie bei der AG haften die Gesellschafter einer Genossenschaft, hier Mitglieder genannt, nicht persönlich. Das heißt, dass das eigene Vermögen unantastbar ist.

Zur Gründung einer Genossenschaft müssen sich mindestens sieben Gesellschafter zusammenfinden, die einen gemeinsamen Zweck verfolgen. Dieser gemeinsame Zweck kann im Wohnungsbau liegen, in der landwirtschaftlichen Nutzung, im gemeinsamen Weinbau oder auch in der Kreditvergabe (Genossenschaftsbanken). Auch die gemeinsame Nutzung von Internetressourcen (wie Servern) kann Geschäftszweck der Genossenschaft sein.

Entscheidungsgremium ist die Mitgliederversammlung. Diese Versammlung der Genossen, Generalversammlung genannt, ist oberstes Organ der Genossenschaft. Hier werden alle wichtigen Entscheidungen getroffen. Vorstände werden demokratisch gewählt. Ein Aufsichtsrat aus drei Personen kontrolliert die Geschäftsführung durch den Vorstand.

Die Gründungsformalitäten sind relativ aufwändig, da das deutsche Genossenschaftsrecht kompliziert ist. Ein Statut ist notwendig, ebenso die Einschaltung eines im Genossenschaftsrecht erfahrenen Anwalts. Genossenschaften müssen sich in das Genossenschaftsregister beim Amtsgericht eintragen lassen.

6.4 Gesellschaftsformen – welche wann?

Die richtige Rechtsform für jeden Fall gibt es nicht. Sie sollten bei Ihrer Entscheidung folgende Faktoren mit einbeziehen:

▶ **Ihre Zielgruppe:** Konzerne und große Unternehmen arbeiten oft nicht direkt mit Freiberuflern zusammen. Selbst GbRs lehnen diese Unternehmen ab. Sie sind in so einer Situation gezwungen, auf »groß« zu machen – oder den Umweg über den Projektvermittler zu gehen. Da durch diese Schleuse Geld verloren geht (in der Regel 10 bis 30 Prozent des eigentlichen Honorars), ist dieser Weg finanziell weniger attraktiv. Sie werden zudem nicht ohne weiteres von dieser Firma einen direkten Auftrag annehmen können, weil der Vermittler den Kunden als seinen Kunden betrachtet. Im Dienstleistungsbereich empfiehlt sich hier die Gründung einer GmbH oder GmbH & Co. KG – rein schon aus Imagegründen.

▶ **Die Marktsituation:** Es nutzt nichts, wenn Sie eine Limited oder Limited & Co. KG gründen und keiner in Ihrem Umfeld erkennt sie an, weil die Vorbehalte gegen diese Gesellschaftsform so groß sind und Ihre Wettbewerber als GbR oder GmbH firmieren. Den Exotenstatus anzunehmen kann mutig sein, aber eben auch gefährlich.

▶ **Die Banken:** Mit einer GmbH oder GmbH & Co. KG machen Sie sich automatisch unbeliebt bei den Banken, zumal in der Startphase. Sie sind kein gern gesehener Geschäftspartner und müssen mehr um Kredite kämpfen als etwa eine KG, OHG oder GbR.

▶ **Die Familie:** Wenn Sie Ihre Familie auch finanziell aus dem Unternehmen heraushalten wollen, empfiehlt sich eine Gesellschaft mit beschränkter Haftung. Ihr Privateigentum bleibt dann von Eingriffen möglicher Gläubiger verschont – jedenfalls solange es nicht als Sicherheit herhalten musste.

▶ **Steuern:** Es ist manchmal ein Rechenexempel, denn der Hauptunterschied liegt darin, ob Sie als Personengesellschaft Einkommensteuer oder als Kapitalgesellschaft erst Körperschaftsteuer und Gewerbesteuer auf den Gewinn und dann Einkommensteuer auf Ihr Gehalt zahlen. Je höher Ihr Gewinn, desto eher lohnt sich eine Körperschaft. Dies gilt umso mehr, wenn der derzeit gültige generelle Körperschaftsteuersatz von 25 Prozent gesenkt werden sollte.
Durch eine GmbH & Co. KG können sich steuerliche Vorteile ergeben, etwa wenn die Kommanditisten Familienmitglieder sind. Diese können den GmbH-Geschäftsführern nämlich Dinge des täglichen Lebensbedarfs steuerfrei »schenken«. Auf diese Weise lässt sich eine Menge Geld am Staat »vorbeitragen«.

▶ **Wichtige Begriffe:**
US = Umsatzsteuer
GS = Gewerbesteuer
KS = Körperschaftsteuer
KAS = Kapitalsteuer
ES = Einkommensteuer

Organisa-tionsform/ Gesell-schafts-form	Für was? (Geschäfts-modelle)	Steuern	Grün-dungs-kosten	Stamm-kapital	Forma-litäten	Be-schränkte Haftung	Achtung!
Büro-gemein-schaft	Freiberuf-ler und Gewerbe-treibende, die in sich ergänzen-den und gleichen Berufs- und Ge-schäftsfel-dern tätig sind	Frei-berufler: ES, US. Gewerbe-treibende: ES, US, GS	Kaution, eventuell Courtage, Büroein-richtung	Nein	Untermiet-vertrag oder Miet-vertrag als GbR	Nein, aber gegenseiti-ge Haftung nur für z. B. Mietschul-den	Innen-GbR liegt vor, vermeiden Sie den Eindruck der Außen-GbR durch getrennte Auftritte nach außen
Frei-berufler-GbR	Kreative, Berater, Journalis-ten, Inge-nieure, IT-Profis	ES, US	Kaution, eventuell Courtage, Büroein-richtung	Nein	Gesell-schafter-vertrag	Nein	Vorsicht vor Mischung Gewerbe-Freiberuf-ler
Virtuelles Team	IT, Kreation, Beratung	ES, US, bei Gewerbe: GS	Keine	Nein	Ggf. Gesell-schafter-vertrag, der auf Dauer und Projekt begrenzt ist (ARGE), sonst ge-genseitig Rechnung stellen	Nein, aber Haftung nur für ge-meinsame Projekte	—
Gewerb-liche GbR	Vom Han-del bis zum Handwerk	ES, US, GS	Büro, Waren-einkauf, Geräte-einkauf	Frei	Gesell-schafter-vertrag	Nein	—
OHG	Familien-betriebe, Handel, Logistik etc.	US, GS, KS	Waren, Maschi-nen, Büro plus Han-delsregis-tereintrag	Frei	Gesell-schafter-vertrag	Nein	—
KG	Ideal für Betei-ligungs-gesell-schaften, im Bereich Grund-stück etc.	US, GS, KS	Waren, Maschi-nen, Büro plus Han-delsregis-tereintrag	Frei	Gesell-schafter-vertrag	Nein	—

Organisa-tionsform/ Gesell-schafts-form	Für was? (Geschäfts-modelle)	Steuern	Grün-dungs-kosten	Stamm-kapital	Forma-litäten	Be-schränkte Haftung	Achtung!
GmbH	Kaufmän-nische Be-triebe und alle ande-ren, die die Haftung begrenzen wollen	US, GS, KS	Grün-dungskos-ten rund 1.000 EUR und sonst Waren etc.	Derzeit min-destens 25.000 Euro	Notariell beurkun-deter Gesell-schafter-vertrag	Ja	—
GmbH & Co. KG	Kaufmän-nische Be-triebe und alle ande-ren, die die Haftung begrenzen wollen und zudem In-vestoren mit ins Boot neh-men wol-len, deren Kapital durch die Haftungs-begren-zung der GmbH ge-sichert ist	GmbH: US, GS, KS KG: US, ES, GS	Waren, Maschi-nen, Büro, Handels-register-eintrag	Derzeit mindes-tens 25.000 Euro in der GmbH, KG frei	Notariell beurkun-deter Gesell-schafter-vertrag	Ja	—
Limited	Unterneh-men, die schnell und mit wenig Stammka-pital grün-den wollen	US, GS, KS	Ab 249 EUR plus laufende Kosten	1 Pfund	Gesell-schafter-vertrag	Ja	Besondere Buchfüh-rung und Bilanz
Limited & Co. KG	Unterneh-men, die schnell und mit wenig Stammka-pital grün-den wollen und zudem mit der KG Investoren ins Boot holen, de-ren Haf-tung durch die Limited begrenzt ist	GmbH: US, GS, KS KG: US, ES, GS	Ab 249 EUR plus laufende Kosten, Eintrag der KG ins Handels-register	1 Pfund + Einlage der KG	Gesell-schafter-vertrag, Eintrag ins Han-delsregis-ter (KG)	Ja	Besondere Buchfüh-rung und Bilanz

Organisationsform/ Gesellschaftsform	Für was? (Geschäftsmodelle)	Steuern	Gründungskosten	Stammkapital	Formalitäten	Beschränkte Haftung	Achtung!
gGmbH	Gemeinnützige und Non-Profit-Firmen	US, GS, KS	Gründungskosten rund 1.000 EUR	Ab 25.000 EUR	Gesellschaftervertrag, Eintrag ins Handelsregister	Ja	
Genossenschaft e.G.	Demokratische Gründer, die gemeinsames Gut anschaffen möchten, Unternehmen, an denen sich viele beteiligen können, ohne aktiv mitzuarbeiten	US, GS, KS	Genossenschaftsvertrag, Eintrag ins Genossenschaftsregister, Beachtung zahlreicher Vorschriften	Keines	Genossenschaftsvertrag, Eintrag ins Genossenschaftsregister	Ja	—
Kleine AG	Wenn sich mehrere Gründer zusammentun und Beteiligungen ermöglichen wollen	US, GS, KS	Gesellschaftervertrag, Eintrag ins Handelsregister	50.000 Euro	Gesellschaftervertrag	Ja	—
Partnergesellschaft	Wenn Freiberufler sich zusammentun	US, ES	Gesellschaftervertrag, Eintrag ins Partnerschaftsregister, 750 EUR	Keines	Gesellschaftervertrag	Haftung auf Aufträge beschränkbar	—
Offshore-Gesellschaft	Internationale Firma, die ihren Sitz außerhalb D.s hat	Steuern im Offshore-Land	Registereintrag je nach Land	Landesabhängig, in der Regel nichts	Gesellschaftervertrag nach dem Offshore-Land	Nach Landesrecht	Landesrecht beachten
Stille Gesellschaft	Beteiligungen aller Art	KAS, ES	Nein	Nein	Gesellschaftervertrag	Ja	—

Interview: Die richtige Gesellschaftsform

Rechtsanwältin Caroline Knigge aus Hamburg beantwortet zentrale Fragen.

Gibt es die »beste« Gesellschaftsform, eine, die für die meisten Gründer passt?
Nein. Jeder potenzielle Gesellschafter sollte sich im Vorwege genau überlegen, worauf es ihm ankommt. Bei der Entscheidung für die richtige Gesellschaftsform stehen zentrale Fragen wie die Haftung und die steuerliche Behandlung der Gesellschaft bzw. der Gesellschafter im Raum. Darüber hinaus muss sich jeder Gesellschaftsgründer überlegen, wie er sein Handeln im Außenverhältnis gestalten möchte, d. h., ob er die alleinige Stellvertretungsberechtigung innehaben möchte oder die anderen Gesellschafter zustimmungsberechtigt sein sollen.

Wir können Gesellschaftsgründern, die sich über die für ihre Zwecke geeignete Gesellschaftsform unsicher sind, nur empfehlen, eine Fachberatung einzuholen, z. B. bei der örtlichen Industrie- und Handelskammer oder einem Gründungszentrum. Alternativ kann selbstverständlich auch ein Rechtsanwalt zu Rate gezogen werden. Bei kleinerem Budget empfiehlt sich indessen die erstere Alternative.

Was sollten GbRs beim Schließen des Gesellschaftervertrags bedenken?
In jedem Fall sollten die Gesellschafter einen schriftlichen Gesellschaftsvertrag schließen, um – insbesondere im Falle einer späteren Auseinandersetzung – nicht in Beweisschwierigkeiten im Hinblick auf die gemeinsam getroffenen Vereinbarungen zu geraten.

Der Gesellschaftsvertrag sollte insbesondere Regelungen über das Innenverhältnis, also das Verhältnis der Gesellschafter untereinander, beinhalten. Dies betrifft Fragen über die jeweiligen Beiträge der Gesellschafter sowie die Gewinn- und Verlustverteilung.

Darüber hinaus sollten die grundlegenden Fragen des Außenverhältnisses schriftlich fixiert werden, d. h. vor allem die Stellvertretung der Gesellschaft.

Was ist beim Übergang von der GbR zur OHG zu beachten?
Bei einem Übergang von der GbR zur OHG ist insbesondere zu beachten, dass plötzlich das Handelsgesetzbuch (HGB) zur Anwendung kommt. Dieses beinhaltet strenges Kaufmannsrecht. Sowohl im Geschäftsleben selbst als auch im Hinblick auf die steuerliche Behandlung gelten sehr viel strengere Regelungen als im Bürgerlichen Gesetzbuch (BGB), welches die Regelungen betreffend die Gesellschaft bürgerlichen Rechts (GbR) enthält.

Wo liegen aus Ihrer Sicht die größten Fallen bei der Entscheidung für eine Gesellschaftsform?

Es kommt leider immer wieder vor, dass Gesellschafter in ihrem Gründungseifer nicht schriftlich fixieren, was sie wollen, und keinen Gesellschaftsvertrag abschließen. Dies hat in den meisten Fällen zur Konsequenz, dass im Nachhinein Unklarheiten auftreten, die nicht selten zu einer Auflösung der Gesellschaft führen, weil die Gesellschafter hier nicht zu einer einvernehmlichen Regelung gelangen.

Dabei hätte vieles leicht verhindert werden können, wenn nur die wichtigsten Punkte einfach kurz schriftlich festgehalten worden wären.

Ein weiteres Problem tut sich auf, wenn sich die Gesellschafter vor der Gründung ihrer Gesellschaft nicht in ausreichendem Maße über die Gesellschaftsform, deren Gründung sie beabsichtigen, informiert haben. So mag z. B. die Gründung einer Limited auf den ersten Blick ein äußerst verlockendes Angebot darstellen, da die Gründungskosten sehr niedrig sind. Dass die Folgekosten jedoch weitaus höher liegen, als von den meisten Gesellschaftern angenommen wird, stellt sich häufig erst heraus, wenn das Kind bereits in den Brunnen gefallen ist.

Es empfiehlt sich daher in jedem Fall, vor einer Gesellschaftsgründung umfassenden und vor allen Dingen auch kompetenten rechtlichen Rat einzuholen, wobei auch die Hinzuziehung eines Steuerberaters oder eines auf Steuerfragen spezialisierten Rechtsanwalts gründlich in Erwägung gezogen werden sollte.

Internetadressen

Infos über Gesellschaftsformen

- Sehr gute Infos finden sich auf nahezu allen örtlichen IHK-Seiten, z. B. auf *www.rhein-neckar.ihk24.de*

- GmbH Beratungscenter (*www.gmbh-gf.de*): Alles rund um die GmbH

- Nonprofit (*www.nonprofit.de*): Die gGmbh und der Verein

Muster-Gesellschaftsverträge

- Hans.de (*www.hans.de/ fachinformationen/muster-gmbh- geschaeftsfuehrer-vertrag-hpp- muenchen.htm*): Mustervertrag für einen Geschäftsführer

- Potsdam IHK (*www.potsdam.ihk24.de*): Gesellschaftsverträge GbR und GmbH

Offshore-Gesellschaft

- Office Center (*www.office-center.info/ de/offshore-firmengruendung.html*): Infos über die Offshore-Gesellschaft

- Firma Ausland (*http://www.firma- ausland.de/download/offshore.doc*): Infos zum Offshoring

7 Buchhaltung und Steuern

Nur wenige blicken von Anfang an durch: Buchhaltung und Steuern sind eher unbeliebte Themen. Als Team haben Sie den Vorteil, dass sich nicht jeder im Detail mit der Buchhaltung beschäftigen muss. Ein Einblick ist aber für jeden wichtig. Und die Kontrolle über die Finanzen sollten Sie nicht dem Steuerberater überlassen, sondern sie als Ihre eigene Kernaufgabe ansehen.

Dieses Kapitel gibt einen Überblick über die einfache und kaufmännische Buchführung, verrät Tipps zur Auswahl des richtigen Steuerberaters und sagt, welche Steuern Sie als GbR oder GmbH zahlen müssen – und wie Sie dabei sparen können. Berater für dieses Kapitel war Steuerberater Dipl. Kaufmann Michael Menck aus Hamburg (*www.stb-menck.de*).

7.1   Einführung in die Buchhaltung

Wenn Sie zu zweit oder dritt gründen, ist die Wahrscheinlichkeit groß, dass ein Kaufmann unter Ihnen ist. Das heißt allerdings nicht, dass sich dieser gerne mit Buchhaltung auseinander setzt. Der Autorin sind nicht wenige Diplom-Betriebswirte und Diplom-Kaufleute – ebenso wie Bankkaufleute – über den Weg gelaufen, die diese Disziplin zwar mehr oder weniger beherrschen, aber nicht die geringste Lust haben, sich mit der Buchhaltung auseinander zu setzen. Das mag mit dem Image der Buchhalter zu tun haben oder schlicht mit der Tatsache, dass viele Unternehmer kleinteilige Arbeit nicht besonders schätzen. In diesem Fall empfiehlt sich ein Outsourcing dieser Aufgabe an den Steuerberater oder einen Mitarbeiter. Es ist unproblematisch, weil Grundlagen der Buchhaltung bekannt sind und jemand mit kaufmännischem Blick die Geldflüsse im Blick hat. Und Buchhaltung kostet in Buchhaltungsbüros oder beim Steuerberater ab rund 60 Euro im Monat …

Sind Sie zwei, drei oder vier Gründer, aber keine Kaufleute und von der Herkunft oder Geisteshaltung alles andere als buchhalterisch geprägt, sollten Sie sich zumindest am Anfang trotzdem durchbeißen – solange es um eine einfache Einnahmen- und-Ausgaben-Rechnung geht. Es hat den Vorteil, dass Sie sich einmal mit dem Thema auseinander setzen mussten und dadurch auch einen anderen Bezug zu Belegen, Steuern und Buchungen bekommen. Diese Auseinandersetzung ist aus eigenem Interesse wichtig: weil Sie Ihren Buchhalter oder Steuerberater kontrollieren und Fehler vermeiden müssen. Da wird der Drucker als Bildschirm gebucht und einige Versicherungen schlicht vergessen … All das können Sie nur sehen, wenn Sie Ihre eigenen Unterlagen kennen und die des Steuerberaters lesen können.

Den richtigen Steuerberater finden

Einen guten Steuerberater zu finden kann eine Lebensaufgabe sein. Sehr viele Gründer sind mit ihrer meist eher zufälligen ersten Wahl nicht zufrieden. Allerdings entsteht im Laufe der Jahre eine Bindung, die häufiges Wechseln verhindert. Ist mit der Entscheidung für einen »Neuen« doch viel verbunden: Findet der Steuerberatertausch mitten im Jahr statt, müssen z. B. Daten neu aufgenommen werden. Viel belastender ist jedoch die Frage: Ist der nächste Berater wirklich besser?

Die Antwort sollten Sie sich weitestgehend im Vorfeld geben, und deshalb empfiehlt es sich, mindestens ein bis zwei – natürlich kostenlose – Vorgespräche zu vereinbaren. Hier kann beispielsweise geklärt werden, inwieweit der

Steuerberater wirtschaftlich mitdenkt (oder sich nur als Zahlenerfasser versteht). Ein Indiz für ganzheitliches Denken ist sicher die Ausbildung: Selbstverständlich wird ein Betriebswirt den Blick eher auf Ihr Unternehmen insgesamt richten als jemand, der zuvor »nur« Steuerfachgehilfe war. Doch auch die über eine Ausbildung als Steuerberater qualifizierten Dienstleister können das sicher leisten – Praxiserfahrung macht vieles wett. Fragen Sie diese ab, ebenso wie persönliche Einstellungen. Vielleicht suchen Sie einen Steuersparfuchs, Ihr Steuerberater ist aber eher auf gute Zusammenarbeit mit dem Finanzamt gepolt und gibt Ihnen ungern Ratschläge wie den, in Ihre KG doch die 80-jährige Großmutter und den 75-jährigen Onkel einzubinden (Motto: »Ist ja nur ein geringes Risiko und der Gewinn bleibt sowieso in der Familie«).

Leitfragen für das Gespräch mit dem Steuerberater:

- ▶ Auf welchem Weg sind Sie Steuerberater geworden?
- ▶ Wer sind Ihre Angestellten? Wie lange sind sie schon da? (schlecht ist eine hohe Fluktuation, denn diese beschert Ihnen immer neue Ansprechpartner)
- ▶ Wer sind Ihre Kunden? (Größe der Unternehmen, Branchen)
- ▶ Was bedeutet Beratung für Sie?
- ▶ Welche Einstellung haben Sie Ihren Kunden gegenüber? Wie sehen Sie die Zusammenarbeit mit Existenzgründern?
- ▶ Haben Sie Erfahrung in dieser Branche oder aus einem vergleichbaren Umfeld?
- ▶ Rechnen Sie die Beantwortung einzelner Fragen »zwischendurch« am Telefon zusätzlich ab?
- ▶ Was kostet die Buchhaltung im Monat?
- ▶ Übernehmen Sie auch die Lohnbuchhaltung, falls wir Mitarbeiter einstellen?

Als GbR-Gründerteam können Sie theoretisch die Buchhaltung und Gewinnermittlung von einem gemeinsamen Team-Steuerberater machen lassen und die Steuererklärung mit Ihrem »Haus«-Steuerberater erledigen. Leichter und weniger aufwändig wäre es jedoch für alle Beteiligten, wenn Sie sich auf einen Berater einigen könnten.

Verabreden Sie einen Festpreis für die Buchhaltung, die Sie als Gründer monatlich und nach zwei Jahren vielleicht quartalsweise abgeben. Diese sollte dem Buchungsaufkommen angemessen sein. Steuerberater stehen wie Sie selbst im Wettbewerb und können nicht wie Ärzte ihre Preise »von der Kanzel« festsetzen. Bestehen Sie darauf, über Kosten und Preispolitik informiert zu werden. Ein Hinweis auf die Steuerberatungsvergütungsordnung – die zwischen Zeitgebühr (nach Stunden) und Wertgebühr (nach Wert einer bestimmten Dienstleistung) unterscheidet und außerdem Schwierigkeitsgrade beinhaltet – sollte dabei nicht reichen: Es besteht seitens des Steuerberaters seit einiger Zeit nicht mehr die Pflicht, sich daran zu halten.

Die Dicke Ihrer Ordner erlaubt eine erste grobe Schätzung und das Feilschen über den Preis – nicht etwa Ihr Umsatz. Während der Preis der Steuererklärung umsatzabhängig ist, werden die Kosten für die Buchhaltung vom Aufwand bestimmt. Ein Einzelhändler mit vielen Einzelbuchungen zahlt also sehr viel mehr als ein Freiberufler, der im Monat 5 Rechnungen à 1.000 Euro schreibt.

Selbstverständlich muss sich der vereinbarte Preis den laufenden Entwicklungen anpassen. Wird neben der Finanz- auch Lohnbuchhaltung fällig, sollten Sie sich auch über diesen Posten einigen. Dabei ist der erste Mitarbeiter meist der teuerste. Er kostet ab zirka 15 Euro im Monat. Doch so haben Sie aber mit den Gehaltsabrechnungen und den Meldungen an die Sozialversicherungsträger nichts mehr zu tun. Lediglich das Geld müssen Sie überweisen … gerne auch per Dauerauftrag.

Einfache und doppelte Buchführung

Am Anfang drückt das Finanzamt ein Auge zu: Die meisten Gründer – etwa alle GbRs – sind nur zur einfachen Buchhaltung verpflichtet. Diese beruht auf dem Prinzip »Betriebliche Einnahmen minus betriebliche Ausgaben gleich Gewinn«. Ein System, das jeder versteht – auch wenn er keinen kaufmännischen Bezug hat. Sobald Sie allerdings gewisse Umsatz- oder Gewinngrenzen überschreiten, müssen Sie zur doppelten Buchführung übergehen. Diese ist schon deutlich schwerer nachzuvollziehen und nicht in einem Satz zu erklären. Der Zusatz »doppelt« beruht darauf, dass jeder Vorgang zweifach verbucht wird – auf der Seite der »Aktiva« (jeweils mit Haben und Soll) und der »Passiva« (jeweils mit Soll und Haben). Dabei existieren mehrere Konten und das System Konto und Gegenkonto. Das bedeutet, dass zu jedem Konto, das einen Zuwachs des Vermögens beschreibt, auch ein Konto existiert, das ein Abnehmen der Verbindlichkeiten beschreibt.

Zum Verständnis sollten Sie die Logik und alles, was Sie über Soll und Haben bezogen auf Ihren Kontostand wissen, ausschalten (auch wenn Buchhalter aus Leidenschaft die doppelte Buchführung für absolut logisch halten, der Normalgründer tut das nicht). Dies hat nichts, aber auch gar nichts mit den Konten zu tun, von denen Ihr Steuerberater bei der doppelten Buchführung spricht.

Zur doppelten – oder auch »kaufmännischen« – Buchführung sind Sie verpflichtet, wenn Sie:

▶ Gewerbetreibende sind und (dauerhaft) mehr als 350.000 Euro Umsatz im Kalenderjahr erzielen ODER
▶ Gewerbetreibende sind und (dauerhaft) mehr als 30.000 Euro Gewinn im Wirtschaftsjahr erwirtschaften ODER
▶ selbst bewirtschaftete land- und forstwirtschaftliche Flächen mit einem Wert von mehr als 25.000 Euro besitzen ODER
▶ mehr als 30.000 Euro Gewinn im Kalenderjahr aus Land- und Forstwirtschaft erzielen ODER
▶ eine wie auch immer geartete Kapitalgesellschaft sind (z. B. eine GmbH)

Aber halt: Sind Sie als GbR gestartet und nehmen etwa im Jahr 2007 erstmals die 30.000-Euro-Gewinn-Schwelle, so müssen Sie nicht gleich umstellen – warten Sie, bis das Finanzamt Sie dazu auffordert. Es wird das schriftlich tun.

Unterschiede zwischen einfacher und doppelter Buchführung

Unterschied	Einfache Buchführung	Doppelte Buchführung
Für wen relevant?	Freiberufler und PartnerG grundsätzlich. Gewerbetreibende ohne Handelsregistereintrag wie GbR, sofern der Umsatz unter 350.000 Euro oder der Gewinn unter 30.000 Euro liegt.	Für alle, die über den links genannten Umsatzgrenzen liegen, sowie Gesellschaften mit Handelsregistereintrag wie GmbH, OHG, KG. Zudem darf jeder aus der links genannten Gruppe auch freiwillig doppelt Buch führen.
Was wird gebucht?	Nur reine Geldbewegungen sowie Abschreibungen laut AfA. Gebucht wird, wenn etwas auf Ihrem Konto oder in Ihrer Kasse eingeht. Ihre zu begleichenden Rechnungen zählen erst dann, wenn Sie das Geld überwiesen oder erhalten haben.	Die doppelte Buchführung verzeichnet nicht nur reine Geldbewegungen und Abschreibungen. Gebucht wird sofort, wenn z. B. eine Forderung oder ein Guthaben entsteht.
Wie wird gebucht?	Es gibt nur zwei Seiten: Einnahmen und Ausgaben. Sowohl Einnahmen als auch Ausgaben erscheinen erst mit dem Zeitpunkt des Geldflusses. Motto: Kein Geld, keine Buchung.	Es gibt immer zwei Seiten: Aktiva (links) und Passiva (rechts), jeweils mit Soll und Haben. Die linke Seite steht für die Mehrungen des Vermögens, die rechte für Minderungen.

Unterschied	Einfache Buchführung	Doppelte Buchführung
Gibt es Gestaltungsspielraum?	Durch die Art und Weise der Buchung entsteht Gestaltungsspielraum: Haben Sie in einem Jahr so viel verdient, dass die Steuerzahlung hoch ausfallen wird, können Sie weitere Rechnungen ins nächste Jahr verschieben und somit z. B. verhindern, in die nächste Progressionsstufe zu geraten. Erst wenn die Rechnung bezahlt ist, wird sie für die Buchführung »sichtbar«. Natürlich können Sie auch Ausgaben vorziehen.	Auch hier lassen sich Ausgaben vorziehen, Sie können Rückstellungen bilden. Aber: Wenn Sie Geld für einen Auftrag auch nur erwarten, zählt dieser schon zu Ihrem Umsatz/Gewinn. Das gilt umgekehrt auch für Ihre Schulden. Sie zählen auch schon, wenn Sie zwar vereinbart, aber noch nicht bezahlt sind – auch das gibt Ihnen Spielraum.
Was gilt in Bezug auf den Zu- und Abfluss von Umsatzsteuer?	Es gilt nur die tatsächlich erhaltene oder tatsächlich gezahlte Umsatzsteuer, sofern weniger als 250.000 Euro Umsatz in den alten Bundesländern und 500.000 Euro Umsatz in den neuen Bundesländern erzielt wird.	Es zählt auch die vereinbarte Umsatzsteuer. Es reicht also, wenn eine Ware mit Umsatzsteuer in Rechnung gestellt wird, um Sie zur Zahlung der Umsatzsteuer an das Finanzamt zu verpflichten. Selbst wenn Ihr Schuldner sich weigert, die Umsatzsteuer zu zahlen, wird das Finanzamt sie verlangen.
Wie wird die Umsatzsteuer versteuert?	Wenn Sie unterhalb der Grenze von 250.000 Euro/500.000 Euro (alte Bundesländer/neue Bundesländer) liegen oder aber Freiberufler sind, können (und sollten) Sie mit dem Finanzamt die Istbesteuerung vereinbaren. Das bedeutet, dass Sie nur Umsatzsteuer für tatsächlich eingenommenes Geld zahlen, nicht für Geld, das Sie lediglich in Rechnung gestellt haben.	Auf Grundlage der Sollbesteuerung, die steuerrechtlich als Normalfall gilt. Heißt: Gezählt werden alle vereinbarten Einnahmen und Ausgaben. Das bedeutet: Wenn Sie im Januar 7.000 Euro in Rechnung gestellt haben, will das Finanzamt die Umsatzsteuer für diesen Betrag im Voraus haben, auch wenn die Rechnung noch nicht bezahlt ist. Das gilt natürlich auch umgekehrt: Wenn Sie einen Computer für 2.000 Euro bestellt, aber die Rechnung noch nicht beglichen haben, bekommen Sie die darauf entfallende Umsatzsteuer schon vorab zurückerstattet.
Was gilt für die Belege?	Sie müssen die formalen Vorschriften erfüllen (Datum, Rechnungsnummer, Mehrwertsteuersatz, Steuernummer oder Umsatzsteuer-Identifikationsnummer). Aufbewahrungspflicht: 10 Jahre. Es ist Ihre Pflicht, die Belege leserlich zu halten.	Sie müssen die formalen Vorschriften erfüllen (Datum, Rechnungsnummer, Mehrwertsteuersatz, Steuernummer oder Umsatzsteuer-Identifikationsnummer). Aufbewahrungspflicht: 10 Jahre. Es ist Ihre Pflicht, die Belege leserlich zu halten.
Wie ermittelt man den Gewinn oder Verlust?	Einnahmen-und-Überschuss-Rechnung (EÜR)	Mit der Gewinn-und-Verlust-Rechnung (GuV) und der Bilanz
Wann ist das Jahr für den Abschluss zu Ende?	Maßgeblich ist das Kalenderjahr.	Maßgeblich ist in der Regel ebenfalls das Kalenderjahr oder davon abweichend nach Vereinbarung das Wirtschaftsjahr.

Belege verwalten

Es ist gleich, ob Sie doppelt oder einfach buchen: Ihre Belege müssen Sie auf die gleiche Art und Weise verwahren und verwalten. Wie das geschieht, ist weitestgehend Ihnen überlassen, allerdings existieren berufsspezifische Regelungen, etwa für Tierärzte oder Makler. Alle Unternehmen müssen sich jedoch an gewisse Mindeststandards halten. Die folgenden Tipps fassen diese Mindeststandards zusammen:

▶ Sammeln Sie alle Belege, die Ausgaben und Einnahmen dokumentieren, im Original.

▶ Müssen Sie Rechnungen ein zweites Mal ausstellen, gilt: Fertigen Sie eine Kopie an, etwa mit dem Stempel »Kopie«. Andernfalls kann Ihr Schuldner die Rechnung (in betrügerischer Absicht oder versehentlich) zwei Mal einreichen und Sie müssen auch zwei Mal Umsatzsteuer bezahlen. Und wirklich: Buchhandlungen stellen oft zweifach Quittungen aus.

▶ Kopieren Sie schlecht leserliche Rechnungen und Rechnungen auf Thermopapier. Wenn diese nicht leserlich gehalten sind, wird das Finanzamt sie sonst bei einer Prüfung rückwirkend aberkennen.

▶ Verwahren Sie die Belege sicher vor Feuchtigkeit auf.

▶ Halten Sie sich selbst an die Rechnungsvorschriften (siehe Seite 158).

▶ Achten Sie auch Ihrerseits darauf, dass Rechnungen den Vorschriften entsprechen.

Oft wird Gründern empfohlen, mit Schuhkartons zu operieren, die diese dann dem Steuerberater übermitteln sollen. Ein Gründungsberater gab den Tipp, zwei Tüten an die Kellertür zu hängen: In die eine sollten die Quittungen, in die andere die Ausgabe-Belege. Eine schlechte Empfehlung – denn in einem solchen Chaos kann so einiges verschwinden. Außerdem sind gerade Tankquittungen und andere Belege auf Thermopapier sehr empfindlich – und beispielsweise nach dem Einwirken schon von wenig Feuchtigkeit kaum noch leserlich (so viel zum Keller …).

Der Autorin sind nur wenige Steuerberater bekannt, die mit so einer chaotischen Buchhaltung arbeiten würden. Üblich ist, dass die Unterlagen geordnet und nummeriert eingereicht werden, selbst wenn der Steuerberater die Buchung übernimmt. Bei der Übergabe sollten Einnahmen und Ausgaben anhand der Kontoauszüge überprüft sein und nur diejenigen Belege eingereicht werden, die auch bezahlt sind. Idealerweise heften Sie bei einer Einnahmen-und-Ausgaben-Rechnung die relevanten Belege hinter den jeweiligen Kontoauszug. Barbelege folgen erst danach. Es ist dabei sinnvoll, alle Belege durchzunummerieren. Mit Kontoauszügen zu arbeiten macht auch deshalb Sinn, weil Sie ohnehin verpflichtet sind, diese für eine eventuelle Betriebsprüfung zu verwahren.

Der wichtigste Beleg: die Rechnung
Rechnungen und die kleinen Brüder, die Quittungen, sollten Sie hüten wie einen Schatz – zumal wenn diese Ausgaben bezeugen (und natürlich auch sonst). Das Finanzamt will diese nämlich spätestens bei einer Betriebsprüfung sehen, der Steuerberater schon viel früher.

Achten Sie dabei darauf, dass Ihre Rechnungen den Anforderungen genügen. Die Rechnungen, die Sie erstellen, sollten Folgendes enthalten:

▶ Den Namen und die Anschrift des leistenden Unternehmens (das sind in dem Fall Sie). Achten Sie auf die korrekte Gesellschaftsbezeichnung (GbR, GmbH etc.)
▶ Den Namen und die Anschrift des Empfängers.
▶ Die Menge und Art des Gegenstandes der Lieferung oder die genaue Bezeichnung der Dienstleistung, inklusive Datum, an dem die Leistung erbracht worden ist.
▶ Das Rechnungsdatum.
▶ Eine fortlaufende Rechnungsnummer. Diese kann bei 1 beginnen, muss es aber nicht. Sie können verschiedene Nummernkreise anlegen, falls Sie verschiedene Unternehmungen unter einem Dach anbieten.
▶ Das nach den geltenden Steuersätzen aufgeschlüsselte Entgelt, inklusive Angabe des gültigen Steuersatzes (0, 7 oder 16 %, ab 2007 19 %).
▶ Den auf das Entgelt entfallenden Steuerbetrag.
▶ Bei Kleinunternehmern: Der Hinweis auf die Umsatzsteuerbefreiung.
▶ Die vom Finanzamt erteilte Umsatzsteueridentifikationsnummer oder die Steuernummer. (bei GbRs: Lassen Sie sich eine eigene Steuernummer für die Umsatzsteuer zuweisen!)

Rechnungen unter 100 Euro benötigen mindestens folgende Angaben:

▶ Den Namen und die Anschrift des leistenden Unternehmens (das sind in dem Fall Sie). Fertigen Sie einen Stempel mit Steuernummer an, falls Sie Quittungen ausstellen.
▶ Die Menge und Art des Gegenstandes der Lieferung oder die genaue Bezeichnung der Dienstleistung., inklusive Datum, an dem die Leistung erbracht worden ist.
▶ Das Entgelt in einem Bruttobetrag (ohne gesondert ausgewiesenen Umsatzsteuerbetrag).
▶ Den gültigen Mehrwertsteuersatz oder den Hinweis auf die Befreiung.
▶ Die vom Finanzamt erteilte Umsatzsteueridentifikationsnummer oder die Steuernummer (bei GbRs: Lassen Sie sich eine eigene Steuernummer für die Umsatzsteuer zuweisen!).

Tipp: Umsatzsteuer-Identifikationsnummer anfordern

Schon bei der Meldung Ihres Unternehmens werden Sie gefragt, ob Sie die Ust.Id.Nr. beantragen möchten. Dies sollten Sie in jedem Fall tun – und zwar als Unternehmen, denn die Nummer gilt für Ihre GmbH oder GbR und nicht für Sie als Person (es sei denn, Sie sind Einzelunternehmer). Zwar ist diese Identnummer eigentlich für den Datenaustausch im innereuropäischen Handel bestimmt, jedoch hat sie einen wesentlichen Nebeneffekt: Sie ist deutlich anonymer als die Steuernummer, mit der einfach Missbrauch betrieben werden kann. So reicht es aus, mit einer Steuernummer in der Hand beim Finanzamt persönliche Auskünfte zu erhalten. Dies kann bei der Umsatzsteuer-Identifikationsnummer nicht geschehen.

Außerdem brauchen Sie diese Nummer – die mit einem Länderkennzeichen wie DE beginnt – ohnehin, um von der Zahlung der Mehrwertsteuer in anderen europäischen Ländern befreit zu werden.

Haben Sie die Beantragung bei der Meldung Ihres Gewerbes verpasst? Die USt-Id.Nr. wird auf schriftlichen Antrag vom Bundesamt für Finanzen erteilt:

Bundesamt für Finanzen
- Außenstelle -
Industriestraße 6
66740 Saarlouis
Telefon: 068 31/456-444
Telefax: 06831/456-120; -127; -146; -147
www.bff-online.de

Nicht nur Ihre eigenen Rechnungen müssen den Formalien entsprechen, sondern auch diejenigen, die Sie erhalten. Entsprechen diese den Formvorschriften nicht, wird zwar der Bruttobetrag als Betriebsausgabe abgezogen, jedoch ist kein Vorsteuerabzug möglich. Achten Sie also auf ordentliche Belege und fordern Sie Rechnungen zur Not neu an.

Vorsicht auch vor elektronischen Rechnungen – ob Sie diese nun selbst erstellen oder als Ausgabebeleg verwahren: Elektronische Rechnungen benötigen eine qualifizierte Signatur mit Anbieter-Akkreditierung nach § 15 Abs. 1 des Signaturgesetzes, also auf gut deutsch eine gültige »elektronische Unterschrift«. Normale E-Mail-Rechnungen und Rechnungen als Download entsprechen diesem Standard nicht. PDF-Rechnungen und erst recht in die E-Mail eingefügte Belege sind manipulierbar – sofern kein Schreibschutz eingebaut wurde.

Das kann doch keiner nachweisen? Oh doch: Der Gesetzgeber verlangt, dass sowohl der Leistungserbringer als auch Sie die Rechnung ausdrucken und zusätzlich elektronisch archivieren – zehn Jahre lang. Fordern Sie im Zweifelsfall von Ihren Dienstleistern Postrechnungen an. Das nervt diese zwar, aber nur dadurch kann das derzeit noch kaum vorhandene Problembewusstsein geschärft werden. Wer Rechnungen stellt, ist auch verpflichtet, diese gültig zu erstellen. Allerdings gilt dies natürlich nur, wenn Sie nicht zuvor explizit einer E-Rechnung zugestimmt haben. Zudem ist der Anbieter berechtigt, Aufschläge für die Postrechnung zu verlangen.

Tipp

Sollten Sie den Weg des geringsten Widerstands bevorzugen, drucken Sie die Rechnung wenigstens aus. Eine Falz – und schon sieht das ganze aus wie frisch aus dem Brief. Da auch normale Rechnungen – es sei denn, sie stammen von Steuerberatern – nicht unterschrieben sein müssen, ist mit bloßem Auge kein Unterschied festzustellen. Eine Garantie für die Anerkennung übernehmen wir aber nicht ... und empfehlen, im Zweifel und bei hohen Beträgen doch lieber »korrekt« vorzugehen.

Das Geschäftskonto

Als Gründerteam sollten Sie Ihre geschäftlichen Einnahmen und Ausgaben ganz sicher nicht über eines Ihrer Privatkonten laufen lassen. Es empfiehlt sich vielmehr, ein separates Konto zu eröffnen, auf das jeder Gründer zum »Einstand« eine Summe einzahlt, die seinem Anteil an der Gesellschaft entspricht. Sind Sie vier GbR-Gründer mit einmal 40 und dreimal 20 Prozent Anteil, so zahlt der Hauptgesellschafter z. B. 4.000 und die drei anderen jeweils 2.000 Euro ein. Dies ist allerdings bei einer Personengesellschaft keine Pflicht. Da Sie jedoch als Gründer nur sehr selten überhaupt einen Kontokorrentkredit (Dispo) erhalten, macht es Sinn, auf dem Firmenkonto zur Gründung ein Guthaben zu deponieren. Dies ist eine Art Stammkapital, das Sie auch bei der Meldung an das Finanzamt angeben. Selbstverständlich bezahlen Sie aber keine Steuern dafür.

Sind Sie eine Personengesellschaft, werden viele Banken sich weigern, Ihr Geschäftskonto auf den Namen des Unternehmens laufen zu lassen. Es muss dann auf den Namen eines Gründers laufen, wobei natürlich alle Gesellschafter zugriffsberechtigt sein dürfen. Wer auf das Konto zugreifen darf, muss seine Unterschrift bei der Bank hinterlegen. Er ist dann berechtigt, Geld abzuholen und einzuzahlen.

Tipp

Auch auf den Rechnungen muss der Kontoinhaber auftauchen – jedenfalls erwarten das die meisten Banken, denn es gibt dazu keine Gesetzesvorschrift. Klären Sie dies mit Ihrer Bank! Ansonsten laufen Sie Gefahr, dass Ihre Kunden als Zahlungsempfänger den Namen Ihres Unternehmens eingeben und die Bank dies nicht akzeptiert und die Gutschrift zurückweist.

Bevor Sie sich für ein Geschäftskonto entscheiden, klären Sie:

- Ist eine Filiale in der Nähe, der Sie auch Bargeld überbringen können? Dies ist besonders für Einzelhändler wichtig.
- Wie professionell ist die persönliche Beratung?
- Was kostet die einzelne Buchung?
- Was kostet die Kontoführung im Monat?
- Wie hoch ist der Kreditrahmen, den Sie erhalten?
- Inwieweit kann Sie die Bank bei Auslandsgeschäften durch Ihr Filialnetz unterstützen?

Gewinnermittlung für die GbR

Bei der Einnahmen-und-Überschuss-Rechnung ist es ganz einfach: Das, was nach Abzug Ihrer betrieblichen Kosten vom Umsatz übrig bleibt, ist Ihr Gewinn. Dieser Gewinn wiederum ist für Kapitalgesellschaften die maßgebliche Größe für die Berechnung von Steuern. Für Personengesellschaften gilt: Der Gewinn ist die Größe für die Berechnung der Gewerbesteuer. Bei der Einkommensteuer gehen davon aber noch weitere private Kosten in Form von außergewöhnlichen Belastungen und Sonderausgaben, z. B. Versicherungsbeiträgen, ab.

Damit die Finanzämter kontrollieren können, ob Sie auch wirklich den gesamten Gewinn versteuern, müssen Sie als GbR eine »einheitliche und gesonderte Gewinnfeststellung« abgeben. Das ist eine ganz normale Gewinnermittlung auf Basis einer Einnahmen-und-Überschuss-Rechnung. Zusätzlich müssen Sie erklären, wie der ermittelte Gewinn auf die einzelnen Mitunternehmer verteilt wird. Diese Gewinnanteile müssen sich dann in den persönlichen Einkommensteuererklärungen der Mitunternehmer wieder finden. Die Finanzämter am Ort, an dem die GbR betrieben wird, melden das Ergebnis dem Finanzamt an Ihrem Wohnort.

Tipp

Nach der einheitlichen und gesonderten Gewinnfeststellung können Sie
weitere betriebliche Kosten geltend machen: in Form des so genannten »Sonder-
betriebsvermögens«. Beispiel: Sie haben für sich einen teuren TFT-Monitor
angeschafft, den Ihre Mitgesellschafter Ihnen verweigert haben. Diesen
haben Sie dann aus steuerlicher Sicht persönlich für die Gesellschaft getragen
(womit er auch Betriebseigentum und nicht etwa Ihr persönliches Eigentum
wird). Aus dem Sonderbetriebsvermögen können Sie allerdings keine Vorsteuer
ziehen. Sie sollten sich die »Extratour« also gut überlegen – oder den teuren
Monitor im Zweifel in eine andere, von Ihnen als Einzelunternehmen getragene
Firma übernehmen.

Wenn Sie neben der GbR noch ein Einzelunternehmen betreiben, muss selbstverständlich auch der Gewinn daraus Eingang in Ihre Einkommensteuer-Er-
klärung finden – dies sei sicherheitshalber hier noch erwähnt.

Gewinnermittlung für Kapitalgesellschaften und größere Personengesellschaften

Von GmbHs, OHGs und KGs fordert das Finanzamt eine Bilanz mit der
so genannten Gewinn-und-Verlust-Rechnung. Da Sie als OHG auch Personengesellschaft sind, müssen Sie selbstverständlich auch hier eine einheitliche
und gesonderte Gewinnfeststellung einreichen, aus der die Verteilung der Gewinne ersichtlich ist.

Bei der GuV sind Gesamt- und Umsatzkostenverfahren zu unterscheiden.
Ersteres setzen kleinere Unternehmen ein, Letzteres ist internationaler Standard
und z. B. bei deutschen Großunternehmen verbreitet. Beim Gesamtkostenver-
fahren werden dem Wert der erzeugten Güter die Kosten im entsprechenden
Zeitraum gegenübergestellt. Beim Umsatzkostenverfahren stehen den Kosten
für die Entstehung von Umsätzen die Umsätze eines Zeitraums gegenüber.
Besprechen Sie mit Ihrem Steuerberater, welches Verfahren sich in Ihrem Fall
empfiehlt.

7.2 Steuern

»Wie viel wird es sein? Bringt es mich um? Reichen die Rücklagen?« Solche ängstlichen Fragen sind in Gründungsseminaren an der Tagesordnung. Die Antwort darauf fällt leider oft sehr pauschal aus und macht mehr Angst, als dass sie diese nimmt. Tatsache ist, dass kaum ein Neuunternehmer – ob Team oder Einzelperson – weiß, was auf ihn zukommt, zu unberechenbar scheinen die Steuern, über die so viel geredet und gestritten, aber doch auch so wenig gewusst wird. Und die meisten Gründer sind am Ende überrascht, wie wenig es ist – vor allem, wenn Sie unter 25.000 Euro zu versteuerndes Einkommen erzielen, was für die meisten Gründer in den ersten Jahren eine Art magische Grenze sein dürfte. Die in Ratgebern oft kolportierte Ein-Drittel-Regel stimmt nämlich nicht: Demnach sollen Gründer am Anfang mit einem Drittel an Steuern rechnen. In Deutschland gibt es aber eine progressive Steuerentwicklung und eine Steuer, die erst ab einem Einkommen von 7.664 Euro gezahlt werden muss. Dazu addieren sich Freibeträge und bis ca. 10.000 Euro Sonderausgaben, so dass eine vierköpfige Alleinernährer-Familie mit 25.000 Euro zu versteuerndem Einkommen gar keine Steuern bezahlt. Das bedeutet nicht nur, dass untere Einkommen wenig zahlen, sondern auch, dass alle Steuerzahler besagten Freibetrag haben und in ihrem eigenen unteren Einkommensbereich den untersten Steuersatz zahlen müssen. Ob Sie Unternehmer, GmbH-Geschäftsführer oder Angestellter sind, spielt dabei erst einmal keine Rolle. Alle zahlen derzeit Einkommensteuer.

Die Angst treibt oft wilde Blüten. Mir sind zahlreiche Gründer begegnet, die dem Finanzamt die Steuer vorauszahlen wollen, weil sie die Höhe der zu erwartenden Summe für zu unberechenbar hielten. Das ist genauso übertrieben (und letztendlich dumm, das Geld in der Zeit nicht auf einem Tagesgeldkonto arbeiten zu lassen, auch wenn das derzeit nicht viel Zinsen bringt ...) wie das andere Extrem – wenn Gründer die erste richtige Steuerzahlung nach allen Regeln der Kunst so lange wie möglich herauszögern und dann von einer Nach- und zwei Vorauszahlungen für die nächsten beiden Steuerjahre überrascht und mitunter sogar finanziell überwältigt werden. Auch das ist nämlich eine Art Faustregel. Kommen in den ersten zwei Jahren oft Verluste zustande, steigt das Einkommen ab dem dritten Jahr mitunter rasant. Mit einem Steuerberater können Sie Ihre Zahlung aber längstens bis zum Februar des übernächsten Jahres hinauszögern. Die Falle: Haben Sie dann im vorletzten Jahr gut verdient, berechnet das Finanzamt gleich die Steuer für das letzte Jahr mit und verlangt zudem eine Vorauszahlung für das Laufende. Galoppiert Ihr Gewinn in dieser Zeit, kommt das Finanzamt mit seinen Schätzungen nicht mit – und trotz der Vorauszahlung lauert am Ende wiederum eine Nachzahlung. Dieser Kreislauf hat nicht wenige Gründer schon frühzeitig in die Insolvenz getrieben.

Sie sollten also den laufenden Gewinn im Blick haben und mit den Nachzahlungen rechnen. Wie hoch diese ausfallen werden, errechnet Ihnen Ihr Steuerberater, der über die Vorsteuermeldungen stets einen Überblick hat. Parken Sie das Geld für Steuernachzahlungen auf Tagesgeldkonten.

Einkommensteuer – Beispiele

(jeweils Einkommensteuer inklusive Solidaritätszuschlag ohne Kirchensteuer, Stand 2006)

Single mit 15.000 Euro zu versteuerndem Einkommen:	1.626,81 Euro
Verheiratet mit 15.000 Euro zu versteuerndem Einkommen:	0 Euro
Single mit 25.000 Euro zu versteuerndem Einkommen:	4.271 Euro
Verheiratet mit 25.000 Euro zu versteuerndem Einkommen:	1.864 Euro
Single mit 40.000 Euro zu versteuerndem Einkommen:	9.223 Euro
Verheiratet mit 40.000 Euro zu versteuerndem Einkommen:	5.700 Euro
Single mit 100.000 Euro zu versteuerndem Einkommen:	35.960,73 Euro
Verheiratet mit 100.000 Euro zu versteuerndem Einkommen:	27.632,56 Euro
Single mit 200.000 Euro zu versteuerndem Einkommen:	80.270.73 Euro
Verheiratet mit 200.000 Euro zu versteuerndem Einkommen:	71.921,46 Euro

Tipp

Als verheirateter Unternehmer oder Freiberufler können Sie sich wahlweise zusammen oder getrennt veranlagen lassen – dies können Sie auch von Jahr zu Jahr neu entscheiden. Bei Getrenntveranlagung gelten Sie steuerrechtlich als »Single«. Zusammenveranlagung lohnt sich, wenn Sie mehr als 60 Prozent oder weniger als 40 Prozent des Familieneinkommens verdienen.

Als Unternehmen Steuern zahlen

Oft geistert auch die Vorstellung durch den Raum, als Gründer müssten Sie andere Steuern bezahlen als Ihr angestellter Kollege. Doch damit haben wir im vorigen Kapitel schon aufgeräumt. Sofern Sie eine Personengesellschaft sind, zahlen Sie Einkommensteuer – die zahlt Ihr angestellter Kollege auch, selbst wenn sie sich bei ihm Lohnsteuer nennt. Steuern sind Steuern gilt also auch für die wohl häufigste Rechtsform, die GbR.

Die Steuern der GbR

Als GbR sind Sie, wie der Fachmann sagt, nur eigenes »Steuersubjekt« für Gewerbe- und Umsatzsteuer, können also nicht zur Körperschaftsteuer herangezogen werden. Sie müssen lediglich Einkommensteuer zahlen und, falls es sich um einen Gewerbebetrieb handelt, auch Gewerbesteuer. Hinzu kommt die Umsatzsteuer, es sei denn, Sie haben sich als Kleinunternehmer mit einem Umsatz von weniger als 17.500 Euro im Jahr von der Umsatzsteuer befreien lassen, was bei einer GbR reichlich unwahrscheinlich ist und auch bei nebenberuflicher Selbstständigkeit meist unklug wäre.

Auch sonst ist das Steuerleben einer GbR recht unkompliziert. GbRs müssen laut Gesetz lediglich eine Einnahmen-und-Überschuss-Rechnung für das Finanzamt aufstellen und sind mit einem Gewinn, der regelmäßig weniger als 30.000 Euro beträgt, oder einem Umsatz von weniger als 350.000 Euro auch nicht zur Bilanzierung und damit auch nicht zur kaufmännischen Buchführung verpflichtet.

Der Gewinn der GbR wird ihren Anteilen entsprechend an die Gesellschafter ausgeschüttet, die ihren Anteil wiederum in der eigenen Einkommensteuererklärung angeben müssen. Das einzige, was die GbR erstellen muss, ist eine so genannte Feststellungserklärung, bezogen auf den Gewinn.

Dadurch entsteht ein Vorteil gegenüber einem Einzelunternehmen, oder anders ausgedrückt: Wer zu zweit oder zu dritt ist, zahlt (eigentlich ja auch logischerweise) weniger als der Ein-Mann-Betrieb. Beispiel: Hat die GbR 25.000 Euro Gewinn erwirtschaftet und zwei Gesellschafter sind mit jeweils 50 Prozent beteiligt, bringt jeder erst einmal 12.500 Euro in die eigene Steuererklärung ein. Davon gehen noch einmal Sonderausgaben (wie Versicherungsbeiträge) und gegebenenfalls außergewöhnliche Belastungen ab, bevor das zu versteuernde Einkommen übrig bleibt. Wenn dieses z. B. weniger als 10.000 Euro beträgt, ist nicht mit einer Steuerzahlung zu rechnen. Bleibt ein Verlust, also ein rotes Minus unterm Strich, kann dieser in das nächste Jahr übertragen werden. Viele GbRs zahlen de facto keine Steuern.

Die GbR selbst ist bezogen auf die Einkommensteuer kein eigenes »Steuersubjekt«, kann also nicht selbst zur Steuerzahlung herangezogen werden. Die Gewinnanteile der Gesellschafter unterliegen vielmehr der Einkommensteuer bzw. der Körperschaftsteuer, wenn Gesellschafter juristische Personen wie eine GmbH sind – etwas, das in der Praxis durchaus vorkommen kann. Ermittelt werden kann der Gewinn auf zwei verschiedene Arten: zum einen durch einen Vermögensvergleich und zum anderen durch eine Einnahmen-Überschuss-Rechnung. Die Einnahmen-und-Überschuss-Rechnung ist dabei das übliche Verfahren. Hierbei werden die betrieblichen Einnahmen den betrieblichen Ausgaben gegenübergestellt. Das, was nach Abzug der Ausgaben von den Einnahmen übrig bleibt, ist der Gewinn.

7.3   Wer zahlt was? Steuerarten im Unternehmen

Ist die GbR ein Gewerbebetrieb, ist sie gewerbesteuerpflichtig und zahlt Umsatzsteuer. Auch die Personengesellschaften OHG (»große« GbR) und GmbH & Co. KG sowie die KG zahlen keine Körperschaft- sondern Einkommensteuer. Der Unterschied liegt nur in der Art der Gewinnermittlung: OHG und KG sind anders als die GbR zur Bilanzierung verpflichtet.

Zusammengefasst ist es also ganz einfach: Gesellschaften wie die GbR zahlen Einkommensteuer und als Gewerbetreibende auch Gewerbesteuern, Kapitalgesellschaften wie die GmbH zahlen Körperschaftsteuer. Die Höhe dieser Steuer ergibt sich dabei aus einer nach handelsrechtlichen Gesichtspunkten erstellten Bilanz. Schüttet die GmbH Gewinne an ihre Gesellschafter aus, so unterliegen diese wiederum der Einkommensteuer nach dem so genannten Halbeinkünfteverfahren (die Hälfte einer Gewinnausschüttung wird mit 20 Prozent versteuert).

Da GmbHs niemals freiberuflich sind, gesellt sich zur Körperschaftsteuer immer auch noch die Gewerbesteuer.

Gewerbesteuer

Jeder Gewerbetrieb zahlt Gewerbesteuer, sofern er mit seinem Gewinn (hier: Gewerbeertrag) über dem Freibetrag von 24.500 Euro liegt. Diese Gewerbesteuer lässt sich nicht in Prozent ausdrücken, denn sie ist von Gemeinde zu Gemeinde unterschiedlich. Die Gemeinden sind schließlich auch die Nutznießer der Gewerbesteuer. Dabei gilt: Je kleiner die Gemeinde, desto geringer der so genannte Hebesatz, der für die Berechnung herangezogen wird. Bei der Veranlagung zu dieser Steuer unterscheidet die Gemeinde Personengesellschaften und Kapitalgesellschaften wie die GmbH – Letztere zahlt mehr.

Personengesellschaften berechnen die Gewerbesteuer wie folgt:

Gewinn aus dem Gewerbeertrag

+ Hinzurechnungen* (z. B. die Hälfte der Zinsen für Schulden zur Gründung des Betriebs)

= Gewerbeertrag

− 24.500 EUR (Freibetrag)

= um Freibetrag gekürzter Gewerbeertrag

x Steuermesszahl (bis 12.000 EUR 1 %, bis 24.000 EUR 2 %, bis 36.000 EUR 3 %, bis 48.000 EUR 4 %, darüber immer 5 %)

x Hebesatz der Gemeinde (liegt zwischen 200 und 500 %)

= Gewerbesteuer

* Dem Gewinn aus dem Gewerbebetrieb werden bestimmte Kosten, die vorher für die Berechnung der Gewerbesteuer abgezogen wurden, wieder hinzugerechnet. Um welche Posten dies im Einzelnen geht, lesen Sie unter http://bundesrecht.juris.de/bundesrecht/gewstg/__8.html.

Ein Unternehmen, das 50.000 Euro Gewinn gemacht hat und abzüglich der Freibeträge einen Gewerbeertrag von 25.000 Euro hat, zahlt bei einem Hebesatz von 400 also 1.450 Euro. Diese gezahlte Gewerbesteuer gilt als Betriebsausgabe, wird also von der Einkommensteuer abgezogen und mindert diese. Dabei dürfen Teams aber nur den Anteil der Gewerbesteuer in ihrer Einkommensteuererklärung angeben, den sie laut Gesellschaftervertrag auch am Unternehmen haben.

Bei Einzelunternehmen und Personengesellschaften verrechnet das Finanzamt die Gewerbesteuer seit 2001 mit der Einkommensteuer. Dabei wird mit dem 1,8fachen des Steuermessbetrages pauschaliert. De facto bedeutet das, dass bei einem Hebesatz von weniger als 360 keine Belastung durch Gewerbesteuer auf die Firmen zukommt. Betroffen von der Gewerbesteuer sind also lediglich die Personengesellschaften, die in mittleren und größeren Städten angesiedelt sind.

Körperschaften berechnen die Gewerbesteuer wie folgt:

Gewinn aus dem Gewerbeertrag

+ Hinzurechnungen (z. B. 1,2 % des Einheitswertes des Betriebsvermögens)

= Gewerbeertrag

− 24.500 EUR (Freibetrag)

= um Freibetrag gekürzter Gewerbeertrag

x Steuermesszahl (immer 5 %)

x Hebesatz der Gemeinde (liegt zwischen 200 und 500 %)

= Gewerbesteuer

Die Gewerbesteuer ist für GmbHs & Co. also eine größere Belastung als für Personengesellschaften.

Tabelle – Beispiel für die Höhe der Gewerbesteuer

Personengesellschaft / Einzelunternehmen

Hebesatz	370 %	400 %	450 %
Gewinn			
30.000 EUR	196 EUR	208 EUR	234 EUR
40.000 EUR	651 EUR	696 EUR	783 EUR
50.000 EUR	1.343 EUR	1.440 EUR	1.602 EUR
100.000 EUR	8.029 EUR	8.580 EUR	9.450 EUR

Kapitalgesellschaft

Hebesatz	370 %	400 %	450 %
Gewinn			
30.000 EUR	4.681 EUR	5.000 EUR	5.490 EUR
40.000 EUR	6.235 EUR	6.660 EUR	7.335 EUR
50.000 EUR	7.798 EUR	8.320 EUR	9.180 EUR
100.000 EUR	15.596 EUR	16.660 EUR	18.360 EUR

Berechnungen: Steuerberater Michael Menck, www.stb-menck.de

Körperschaftsteuer

Die Körperschaftsteuer ist die Steuer für juristische Personen – wie GmbH und AG. Sie beträgt derzeit 25 Prozent, wobei eine Reduzierung immer wieder im Gespräch ist. Diese 25 Prozent zahlen Sie auf den Gewinn. Sie wird in jedem Fall zusätzlich zur Gewerbesteuer bezahlt. Und das ist der Punkt, auf den es ankommt: Die steuerliche Belastung von Kapitalgesellschaften aus Körperschaftsteuer (25 Prozent) und Gewerbesteuer beträgt zurzeit im Durchschnitt zwischen 37 und 38,5 Prozent. Damit zahlen Unternehmen in Deutschland weit höhere Steuern als in anderen Ländern, die nur die Körperschaftsteuer kennen.

Bei der Berechnung der Steuern ist es gleich, ob dieser Gewinn an die Gesellschafter ausgeschüttet wird oder in der Gesellschaft verbleibt. Wird der Gewinn ausgeschüttet, geht er an die GmbH-Gesellschafter, also die Inhaber, die hierfür erneut Steuern – dieses Mal Einkommensteuer – bezahlen müssen. Hier gilt seit 2001 das bereits erwähnte so genannte Halbeinkünfteverfahren, das besagt, dass der Steuersatz generell 20 Prozent beträgt, wenn der Empfänger die Steuer trägt (der Gesellschafter also). Für nicht ausgeschüttete Gewinne beträgt die Belastung demnach 25 Prozent zuzüglich Solidaritätszuschlag, für ausgeschüttete satte 45 Prozent (25 Prozent Körperschaftsteuer plus 20 Prozent Steuern nach dem Halbeinkünftegesetz). Nicht mit eingerechnet ist hier die Gewerbesteuer! Das ist ein erheblicher Nachteil für Gesellschafter mit einem niedrigen Einkommensteuersatz, die in einer Personengesellschaft wie der GbR nur entsprechend ihrem individuellen Steuersatz veranschlagt würden. In diesen steuerlichen Regelungen liegt auch der Grund dafür, dass Gründer am Anfang mit einer GbR oft auch finanziell besser dastehen. Die Einkünfte aus Unternehmensgewinnen gelten als Kapitaleinkünfte und müssen auf der entsprechenden Anlage in der Steuererklärung auftauchen. Wägen Sie allerdings die Vorteile einer GmbH dagegen ab: Die liegen darin, dass die GmbH ihren Geschäftsführern ein Gehalt zahlt, selbst wenn sie niedrige Gewinne einfährt. Als sozialversicherungsrechtlich Angestellter sind Sie dabei in einer luxuriösen Position, zahlen Arbeitslosengeld und haben dementsprechend nach 12 Monaten auch Anspruch darauf – völlig unabhängig von der finanziellen Situation Ihrer Firma.

Die Besteuerungsregeln für die GmbH gelten auch für verdeckte Gewinnausschüttungen, so genannte VGAs. Das können zwei Weihnachtsgehälter oder aber die Mitgliedschaft im Golfclub sein. Auch wenn es sich nur um geldwerte Vorteile handelt, muss die GmbH 25 Prozent Körperschaftsteuer und der Gesellschafter 20 Prozent nach dem Halbeinkünftegesetz zahlen. Den Gewinn der GmbH mindern diese Ausschüttungen trotzdem nicht. Wird also nachträglich eine verdeckte Gewinnausschüttung festgestellt, so wird der Betrag daraus wie normaler Umsatz behandelt, was Konsequenzen auf die gesamte Steuerzahlung hat – es erhöht diese nämlich.

Für die GmbH & Co. KG, die durch einen oder mehrere persönlich haftende Gesellschafter in der KG wiederum Personengesellschaft ist, gilt das Gesagte nicht. Ihr Gewinn geht direkt an die Gesellschafter und wird dort nach dem persönlichen Einkommensteuersatz versteuert. Da der Höchstsatz inzwischen auf 42 Prozent abgesenkt worden ist, ergibt sich bei vollständig ausgeschütteten Gewinnen ein kleiner steuerlicher Vorteil zugunsten der GmbH & Co. KG (der Solidaritätszuschlag in Höhe von 5,5 % der gezahlten Einkommensteuer).

Umsatzsteuer

Auch mit der Umsatzsteuer hat jedes Unternehmen zu tun, selbst wenn es sich dabei um eine Verbrauchssteuer handelt und keine wirkliche Unternehmenssteuer. Während die Verbraucher »ihre« Steuer meist nicht bewusst wahrnehmen, haben Unternehmer ständig damit zu tun.

Auf jede Dienstleistung und jedes Produkt erhebt der Staat Umsatzsteuer. Als Unternehmer tun Sie das in seinem Auftrag und führen diese Umsatzsteuer auch in seinem Auftrag an das Finanzamt ab. Dabei müssen Sie derzeit 16 Prozent auf Ihre Waren und Leistungen aufschlagen – ab 1.1.2007 19 Prozent –, es sei denn, Sie profitieren vom vergünstigten Steuersatz, der 7 Prozent beträgt und beispielsweise für Lebensmittel und urheberrechtliche Leistungen (etwa Text) gilt.

Sie selbst zahlen als Firma keine Umsatzsteuer, wenn Sie etwas kaufen oder eine Dienstleistung in Anspruch nehmen, die betrieblich bedingt ist. Das bedeutet allerdings nicht, dass Sie im Mediamarkt oder bei Saturn die 16 bzw. 19 Prozent (ab 2007) auf den Flachbildschirm bar zurückbekommen oder dass diese Ihnen gar nicht in Rechnung gestellt würden. Sie müssen diese gezahlte Umsatzsteuer vielmehr mit der eingenommenen verrechnen. Ergibt sich ein Plus für das Finanzamt, kassiert es diese Umsatzsteuer in Form der für diesen Zweck so genannten Vorsteuer ein. Ergibt sich ein Plus für Sie, erhalten Sie die Vorsteuer zurück. Übrigens tatsächlich als Geld auf Ihr Konto und nicht etwa als Guthaben, das mit kommenden Schulden verrechnet würde ...

Beispiel

Sie verdienen im Monat Mai 3.000 Euro an einem Auftrag. Hinzu kommen derzeit 480 Euro Umsatzsteuer (16 %). Im gleichen Monat kaufen Sie ein Notebook für 1.500 Euro und zahlen dafür 240 Euro Umsatzsteuer. Für Tankquittungen und Büromaterial geben Sie noch einmal 500 Euro und 80 Euro an Umsatzsteuer aus.

Insgesamt haben Sie damit 480 Euro eingenommen und 320 Euro ausgegeben. Das Finanzamt erhält von Ihnen die Differenz – 160 Euro.

Dabei ist es gleich, ob Sie allein sind oder im Team, da GbRs die Umsatzsteuer gemeinsam über eine eigens zugewiesene Steuernummer oder wahlweise über ihre Umsatzsteuer-Identifikationsnummer abführen.

Tipp – Umsatzsteuer zurückholen

Wenn Sie am Anfang keine Einkünfte und nur Ausgaben haben, sollten Sie sich die Umsatzsteuer unbedingt zurückholen – dies hilft der eigenen Liquidität auf die Sprünge. Berücksichtigen Sie dabei auch Ausgaben, die Sie bereits vor der offiziellen Gründung hatten. Es gibt hier keinen offiziellen Stichtag, aber Kosten, die Sie ein halbes Jahr vor der Gründung hatten, werden Ihnen im Allgemeinen problemlos als Vorgründungskosten anerkannt und die darauf entfallene Umsatzsteuer wird erstattet (nicht nur verrechnet!).

Als Gründer müssen Sie derzeit einmal im Monat Ihre Umsatzsteuer-Voranmeldung dem Finanzamt übermitteln. Das ist inzwischen nur noch elektronisch über Elster (*www.elster.de*) möglich. Stichtag ist der 10. des Folgemonats. Das ist sehr knapp bemessen und der Grund, warum das Kreuz vor dem Punkt »Dauerfristverlängerung« in der Anmeldung Ihrer unternehmerischen Tätigkeit Sinn macht. Er bedeutet nämlich, dass Sie stets einen Monat mehr Zeit haben. Beispiel: Normal wäre die Abgabe für den Mai am 10. Juni. Mit der Dauerfristverlängerung haben Sie bis zum 10. August Zeit.

Kleinunternehmer ohne Umsatzsteuer

Nur in Ausnahmefällen lohnt es sich, die Kleinunternehmerregelung in Anspruch zu nehmen. Als Team ist der Verzicht auf Umsatzsteuer für Sie im Prinzip gar keine Option, es sei denn, Sie gründen nebenberuflich, handeln mit Privatpersonen ohne eigene Investitionen (Wareneinkauf) und erzielen nur sehr kleine Umsätze.

Die Kleinunternehmerregelung kommt nach außen hin erst einmal für all diejenigen in Frage, die weniger als 17.500 Euro im ersten und weniger als 50.000 Euro im zweiten Gründungsjahr Umsatz machen. Sie können auf den Vorsteuerabzug verzichten und rechnen fortan brutto wie netto. Heißt: Gezahlte Umsatzsteuer bekommen Sie nicht zurückerstattet, Sie müssen aber auch keine Umsatzsteuer auf Ihre Waren und Dienstleistungen aufschlagen. Das ermöglicht es Ihnen, auf den ersten Blick günstiger anzubieten als die Konkurrenz. Auf den zweiten ist das jedoch eine Farce: Da unter jede Rechnung der Verweis auf die Kleinunternehmerregelung gehört, kommt die Inanspruchnahme für Firmen, die mit anderen Firmen Geschäfte machen (Business to Business) nicht in Frage. Niemand würde Sie ernst nehmen. Hinzu kommt, dass Firmen ihre Mehrwertsteuer abziehen wollen – auch wenn ihnen durch einen Kleinunternehmer an sich kein Nachteil entsteht, denn dieser kann seine Leistungen ja 16 bzw. 19 % günstiger anbieten ... Aber erklären Sie das einmal einem Geschäftspartner … Nutzen Sie die Zeit besser, um Kunden zu gewinnen.

Ein klarer Vorteil ist diese Regelung für alle, die sehr wenig Geld verdienen, kein Geld ausgeben, ohne eigene Räume arbeiten und mit Privatpersonen oder mehrwertsteuerbefreiten Institutionen zu tun haben (wie der Arbeitsagentur, Vereinen oder manchen Institutionen). Hier können Sie das Geld brutto einnehmen und müssen nicht – wie der vorsteuerabzugsberechtigte Kollege – 16 bzw. 19 Prozent an den Staat weitergeben. Solche Tätigkeiten üben Sie normalerweise aber nicht als Team aus, deshalb gehen wir hier nicht weiter darauf ein.

Einkommensteuer – für Personen und Personengesellschaften

Als GbR, aber auch als OHG, als KG und als GmbH & Co. KG. bezahlen Sie, wie schon erwähnt, Einkommensteuer. Dabei gibt es für Unternehmer zwei verschiedene Einkunftsarten: aus selbstständigen Tätigkeiten und aus Gewerbebetrieb. »Aus selbstständiger Tätigkeit« meint die Freiberufler, den Begriff »selbstständig« setzt das Finanzamt mit Freiberuflichkeit gleich, auch wenn Otto Normalbürger auch den Ladenbesitzer für selbstständig hält.

Die Einkommensteuer ist die Steuer, in der alle Einkünfte zusammenfließen – auch die aus einer »nichtselbstständigen« Tätigkeit, sofern ein Lohnsteuerjahresausgleich angestrebt wird, sowie Einkünfte aus Vermietung und Verpachtung oder Kapitaleinkünften.

Zur Einkommensteuer veranlagt Sie das Finanzamt an Ihrem Wohnort. Wenn Ihr Wohnort nicht zugleich Ihr Arbeitsort ist, bedeutet das, dass für Umsatz- und Einkommensteuer unterschiedliche Finanzämter zuständig sind.

Der Eingangssteuersatz lag 2005 nach der letzten Stufe der Steuerreform bei 15 Prozent, der Spitzensteuersatz bei 42. Dieser beginnt bei 52.152 Euro. Ab diesem Einkommen (Gewinn) müssen Sie jeden Euro mit 42 Prozent versteuern. Bis dahin gilt eine lineare Steuerprogression: Die Steuerzahlungen erhöhen sich schrittweise. Es ist also nicht etwa so, dass Sie Ihr gesamtes Einkommen mit 42 Prozent versteuern, sollte es über der Grenze liegen. Haben Sie 52.155 Euro verdient, unterliegen gerade mal 4 Euro dem Spitzensteuersatz. Es gilt für Sie – wie für alle anderen – auch der Freibetrag von 7.664 Euro, der bei Ehepaaren für jeden Ehepartner angerechnet wird (sofern diese zusammen veranlagt werden).

> **Tipp: Mit der GbR Steuern sparen**
>
> Führen Sie neben einer gut bezahlten angestellten Tätigkeit ein ebenfalls lukratives Gewerbe und zahlen entsprechend hohe Steuern? Dann macht es Sinn, sich über einen Teilhaber Gedanken zu machen. Der hohe gewerbliche Gewinn kann damit beispielsweise halbiert werden. Allerdings ist dann Ihr Mitgesellschafter im wahrsten Sinne des Wortes der »Gewinner«. Ein nachträglicher Transfer des Geldes wäre illegal.

Oft gestellte Fragen:

▶ Wird der gesamte Gewinn der GbR versteuert?

Ja und nein: Es geht immer nur um den Gewinnanteil des jeweiligen Gesellschafters. Wenn Sie 52.000 Euro verdient haben und einen Anteil von 50 Prozent an Ihrer GbR besitzen, so informieren Sie Ihr Finanzamt in der Steuererklärung über 26.000 Euro Gewinn.

▶ Sollte ich mich getrennt oder zusammen veranlagen lassen?

Wenn Sie verheiratet sind, haben Sie die Wahl. Und mal kann das eine, mal das andere günstiger sein. Bei ungefähr gleichem Einkommen ist die Zusammenveranlagung sinnlos, verdient Ihr Partner deutlich mehr (mehr als 60 Prozent des gemeinsamen Einkommens), rechnet sich die gemeinsame Steuererklärung.

7.4 Steuern sparen

Es gibt ganze Bücher mit Steuerspartricks und weit über 400 Ausnahmeregelungen, die Unternehmen nutzen können, um ihre Steuern nicht oder in geringerer Höhe zu zahlen. Diese sind dem Fiskus schon lange ein Dorn im Auge und sollen nicht Thema dieses Buches sein, zumal diese immer nur in Einzelfällen und nicht von allen Unternehmen zu nutzen sind.

Vorstellen möchte ich Ihnen jedoch die gängigen Steuersparmethoden: Ansparabschreibungen, Verlustvor- und Verlustrücktrag sowie die Möglichkeiten, eines oder mehrere Autos steuerwirksam zu nutzen.

Kosten verursachen

Kosten, Kosten: Manche Unternehmen denken, dass diese sie vor der Steuer bewahren. Aber es ist eine Binsenweisheit, dass Sie nur dort sparen können, wo Sie auch etwas einnehmen. Je höher Ihr Gewinn, desto höher Ihr Steuersatz – und desto mehr »lohnt« sich das betriebliche Ausgeben oder vielmehr »investieren«. Wenn Sie als Gesellschafter einer GbR Steuern am Spitzensteuersatz bezahlen, sparen Sie durch den Kauf von drei TFT-Bildschirmen zu je 400 Euro letztendlich 42 Prozent plus Solidaritätszuschlag. Denn: Der Kauf mindert den Gewinn, und entsprechend weniger Steuern werden fällig. Wenn die Bildschirme Ihnen fortan das Arbeiten leichter machen: wunderbar.

Strategisch unüberlegtes Ausgeben von Geld bringt dagegen keinen Steuervorteil. Was haben Sie von der 3.000 Euro teuren Ledercoach, die Sie nicht brauchen?

Sparen mit dem Auto

Ganz gleich, welche Gesellschaftsform Sie haben: Um das Autofahren kommen Sie nicht herum. Die dafür entstandenen Kosten können Sie von den Einnahmen abziehen. Und zwar jeder Gründer – es gibt keine Begrenzung.

Dieser Abzug funktioniert jedoch leider nur dann ohne Nachweis, wenn Sie das Auto mehr als 50 % betrieblich nutzen und die so genannte Ein-Prozent-Regel anwenden. Diese besagt, dass von den im Jahr entstandenen Kosten 1 Prozent des Listenpreises des betreffenden Fahrzeugs für angenommene private Nutzung abzuziehen sind – und zwar gilt hier jeweils der Listenpreis für einen Neuwagen. Dieser wird auch dann Ihrem Einkommen zugerechnet, wenn Sie das Auto viel günstiger erworben haben. In den meisten Fällen ist diese Lösung zwar bequem, aber äußerst ungünstig. Fahren Sie einen Wagen zum Listenpreis von 28.000 Euro, so bedeutet dies, dass Sie jedes Jahr 2.800 Euro als Einnahmen verbuchen müssen. Betragen Ihre Ausgaben auf der anderen Seite nur 5.000 Euro, wirken sich nur 3.200 Euro steuermindernd aus – obwohl Sie vielleicht viel höhere Kosten hatten. Das Verfahren eignet sich also nur für Unternehmer, die ihren Wagen überwiegend privat nutzen. Alle anderen sollten ein Fahrtenbuch führen, um dem Finanzamt nachzuweisen, wie viel sie tatsächlich geschäftlich bedingt unterwegs gewesen sind. Hierin muss jede einzelne Fahrt dokumentiert werden, und zwar zeitnah und fälschungssicher. Nach neueren Urteilen sind beispielsweise in Excel erstellte Fahrtenbücher ungültig, da diese manipulierbar sind. Die Finanzverwaltung besteht auf dieser Einschätzung, wohl wissend, dass auch handschriftliche Fahrtenbücher manipuliert und nachträglich erstellt werden können …

Eine dritte Methode, das Auto steuerlich geltend zu machen, können Sie nutzen, wenn Sie jeden geschäftlich verursachten Kilometer aufschreiben und mit derzeit 30 Cent berechnen. Diese Methode rentiert sich bei älteren Autos, die wenig Sprit verbrauchen. Relevant ist jeder gefahrene Kilometer. Geht es um Fahrten zur Betriebsstätte, kann dagegen nur eine einfache Fahrt angerechnet werden.

Tipp: Fahrten zur Betriebsstätte absetzen

Fahrten zur Betriebsstätte sind seit 2006 nur noch dann absetzbar, wenn die Entfernung mehr als 20 Kilometer beträgt. Ein unzumutbarer Zustand für Selbstständige, finden Sie nicht auch? Das Problem entfällt, wenn Sie Ihre Wohnung zur Betriebsstätte machen. Dabei ist es unerheblich, ob Sie das dortige Arbeitszimmer auch absetzen können. Sie müssen dem Finanzamt nur belegen können, dass die »Verwaltung« Ihres Geschäfts zu Hause erfolgt – etwa anhand eines zeitweise geführten Kalenders. Damit sind auch nicht mehr nur einfache Touren, sondern Hin- und Rückfahrten geltend zu machen.

Übrigens: Auch wenn Ihre Wohnung keine Betriebsstätte ist, gilt nur eine Fahrt am Tag als Pendelfahrt zur Arbeit. Alle anderen Touren sind absetzbar.

Neue Regelung seit 1.1.2006: Die Nutzung von 10–50 % muss nachgewiesen werden, sonst darf das Finanzamt schätzen.

Möchten Sie einem Mitarbeiter ein Fahrzeug zur Verfügung stellen, muss dieser den darauf basierenden geldwerten Vorteil in der eigenen Steuererklärung angeben – und zwar ebenfalls mit 1 Prozent des Listenpreises. Das Führen eines Fahrtenbuchs ist jedoch ebenfalls möglich. Kann hier nachgewiesen werden, dass der Wagen tatsächlich nur geschäftlich genutzt wird, fällt die Ein-Prozent-Regel unter den Tisch.

Teilen Sie sich als Gesellschaft ein oder mehrere Autos, so können Sie ebenfalls zwischen Fahrtenbuch und Ein-Prozent-Regel entscheiden. Je mehr Personen allerdings beim Fahrtenbuch mitmischen, desto wichtiger ist es, dass ein Verantwortlicher die Eintragungen regelmäßig kontrolliert.

Tipp: Reisekosten absetzen

Wenn Sie unterwegs sind, können Sie dem Finanzamt dies »in Rechnung stellen«. Bei mehr als 24 Stunden Abwesenheit vom Büro können Sie so genannte »Verpflegungsmehraufwendungen« von 24 Euro, bei mindestens 14 Stunden von 12 und bei mindestens 8 Stunden von 6 Euro aufschreiben. Tipp: Notieren Sie dies schon direkt im Fahrtenbuch, sonst wird es leicht vergessen!

	Ein-Prozent-Regel	Nachweis per Fahrtenbuch	30 Cent pro Kilometer
Wie geht's?	Pro Jahr wird 1 Prozent vom Listenpreis Ihrem Einkommen zugerechnet. Alle übrigen Kosten – Sprit, Reparatur, Wartung – können voll betrieblich geltend gemacht werden. Für Fahrten zwischen Wohnort und Arbeitsstätte sind darüber hinaus pro Kilometer 0,03 Prozent des inländischen Listenpreises als Einnahme zu verbuchen.	Sie führen ein handschriftliches Fahrtenbuch, in dem Sie den Kilometerstand bei Abfahrt und bei der Ankunft, die gefahrenen Kilometer, das Ziel, den Grund der Fahrt und die besuchte Person/Firma/Institution zeitnah vermerken. So verzeichnen Sie alle Fahrten, auch die kleinsten und selbst die privat veranlassten.	Diese Pauschale deckt alle mit dem Auto verbundenen Kosten. Weitere Belege werden nicht mehr anerkannt. Auch Leasingkosten etc. dürften bei dieser Variante nicht geltend gemacht werden.
Für wen?	– Firmen, die einen Wagenpool haben – Unternehmer, die das Auto sehr viel privat nutzen – Bei eher günstigen Wagen mit niedrigem Listenpreis	– Unternehmen, die den Wagen überwiegend geschäftlich nutzen – bei teuren, neueren Wagen – bei »Spritfressern« – bei Leasing und Kreditkauf	– bei älteren, sparsamen Modellen – wenn Sie sich einen älteren Wagen teilen
Vorteil	Gut, wenn Sie den Wagen viel privat nutzen	Je höher die Kosten, desto eher lohnt sich der Aufwand	Die Pauschale deckt die Kosten bei älteren Wagen
Nachteil	Schlecht, wenn Sie sehr viel beruflich unterwegs sind und hohe Kosten haben	Sehr hoher Aufwand, verlangt Disziplin	Ärgerlich, dass durch die Pauschale Spritkosten, Reparaturen etc. nicht mehr berücksichtigt werden

Mit Verlustvortrag oder Verlustrücktrag Ausgleich schaffen

Das Leben ist ungerecht: Einem miserablen Jahr mit negativem Gewinn – kurzum Verlust – folgt eines mit dickem Plus. Einen Ausgleich schafft in diesem Fall der Verlustrücktrag. Damit können Sie Ihre Verluste aus dem einen in das andere Jahr übertragen. Das Gleiche ist auch umgekehrt möglich: Haben Sie in einem Jahr kräftig abgesahnt, müssen aber durch Investitionen im nächsten Jahr rote Zahlen schreiben, können Sie Ihren Gewinn »vortragen«. Das bedeutet, dass eine mittlere Steuerbelastung für Sie ermittelt wird. Beispiel: 2005 betrug Ihr Verlust 15.000 Euro, 2006 der Gewinn 40.000 Euro. Sie zahlen 2005 gar keine Steuern und 2005 Steuer für 40.000 minus 15.000 Euro, also 25.000 Euro. Anders als bei der Umsatzsteuer gibt es bei der Einkommensteuer für Personengesellschaften ebenso wie bei der Körperschaftsteuer für Unternehmen kein Geld vom Finanzamt zurück. Es kann nur verrechnet werden – auf die beschriebene Art und Weise.

Abschreibungen

»Das können Sie abschreiben« – bezieht sich dieser Satz auf steuerliche Angelegenheiten, ist er gern gehört. Unternehmer können alles abziehen, was betrieblich bedingt ist. Dabei gibt es allerdings Unterschiede. Sofort und im Jahr
des Kaufes abziehbar sind Wirtschaftsgüter unter 410 Euro (natürlich netto).

Alle preislich darüber liegenden Anschaffungen werden nach der Absetzung
für Abnutzung (AfA) abgeschrieben. Das ist die angenommene Dauer, mit
der sich ein Gut abnutzt und seinen Wert verliert. Die AfA – Absetzung für
Abnutzung – ist eine Tabelle, die die Dauer für eine Abschreibung nahe legt,
allerdings keineswegs unumstößlich. Computer (über Anschaffungskosten
von 410 Euro) sind demnach über drei Jahre und Büromöbel über 13 Jahre ab-
zusetzen. Beispiel: Sie haben im Januar einen Designercomputer für 3.000 Euro
erworben. Bei einer Abschreibungsdauer von drei Jahren setzen Sie in Ihren
Steuererklärungen nun drei Jahre lang jeweils 1.000 Euro an. Das nennt sich
dann lineare Abschreibung und bedeutet, dass alles gleichmäßig verteilt wird.
Das kann ungünstig sein, weil Sie vielleicht in einem Jahr Ihren Gewinn »drücken« wollen. Dann besteht die Möglichkeit, Ihr Wirtschaftsgut degressiv an-
zusetzen. Das bedeutet, dass Sie den Computer im ersten Jahr mit 2.000 Euro
steuermindernd einbringen und in den folgenden neun Jahren nur noch mit jeweils 500 Euro.

In der degressiven, also nicht regelmäßigen Abschreibung steckt erhebliches
Gestaltungspotenzial, das auch große Unternehmen gerne nutzen.

Teams schreiben Güter gemeinsam vom Gewinn ab, es sei denn, ein Gründer hat sich selbst etwas angeschafft. Das gilt als Sonderbetriebsvermögen und
geht erst nach der Gewinnermittlung vom eigenen Gewinn ab.

Die aktuellen AfA-Tabellen erhalten Sie beim Bundesfinanzministerium unter
www.bundesfinanzministerium.de. Hier einige Beispiele:

Auto	6 Jahre		Monitore	7 Jahre
Büromöbel	13 Jahre		Panzerschrank	23 Jahre
Computer	3 Jahre		Autotelefonanlagen	5 Jahre
Kunstwerke	15 Jahre		Teppiche	8 Jahre
Kühlschränke	10 Jahre		Segelyacht	20 Jahre
Fernseher	7 Jahre			

Ansparabschreibungen

Eine weitere Methode, um einen Ausgleich zwischen unterschiedlichen Jahren mit unterschiedlichen Gewinnen zu schaffen, liegt in der Ansparabschreibung. Hier weisen Sie dem Finanzamt in einem Jahr mit gutem Gewinn nach, dass Sie in den nächsten zwei Jahren etwas kaufen möchten – so genannte »bewegliche Wirtschaftsgüter«. Dies kann ein Designermöbel oder aber der Firmenwagen sein. Nicht in Frage für Ansparabschreibungen kommen Gebäude (anders als Anhänger etwa für einen Imbiss) und anderweitig fest Installiertes. Die Investition in eine Internetseite dagegen wird gemeinhin akzeptiert. Ansparabschreibungen werden vom Umsatz abgezogen und mindern deshalb den Gewinn. Sie können allerdings lediglich bis zu 40 Prozent der kalkulierten Kosten für die Anschaffung steuerlich absetzen. Zudem muss Ihre Ansparung auch wieder aufgelöst werden, das heißt, im nächsten oder übernächsten Jahr Ihrem Gewinn wieder hinzugerechnet werden. Damit sich der Steuerspareffekt auch bei nicht eingelöster Ansparung lohnt – schließlich kann niemand Sie dazu zwingen, tatsächlich etwas zu kaufen –, sollte dies in einem Jahr mit niedrigerem Gewinn erfolgen, oder aber bei fallenden Steuersätzen.

Als Gründer haben Sie in den ersten fünf Jahren Ihrer Gründung die Möglichkeit, die Ansparabschreibung wieder aufzulösen, ohne dem Finanzamt Zinsen zahlen zu müssen. Alle anderen Unternehmen müssen das gesparte Geld mit 6 Prozent pro Jahr verzinsen – ob sie nun etwas anschaffen oder nicht. GbRs ziehen die Ansparabschreibung wie Einzelunternehmen vom Umsatz ab. Es kann hier also nur um gemeinsame Anschaffungen gehen, die naturgemäß betrieblich bedingt sein müssen.

Betriebsprüfung

Wann kommt sie? Kommt sie überhaupt? Diese Frage treibt alle Gründer um. Und auch deren Steuerberater, die es genauso wenig wissen. Normalerweise werden Sie für die Prüfung nämlich ausgelost. Es ist also der Zufall, der Sie treffen und auch verschonen kann. Und zwar gleich mehrfach: Die Finanzämter prüfen die einzelnen Steuerarten getrennt, führen also Umsatzsteuer-, Gewerbesteuer- und Einkommensteuerprüfungen einzeln durch.

Neben dem Los kann Sie auch der Fluch des Nachbarn treffen. So kann ein Verdacht das Finanzamt mobilisieren. Aus diesem Grund ist es unverständlich, warum so viele Gründer mit behänder Leichtigkeit von ihrem Steuerbetrug wie von einem Kavaliersdelikt berichten. Es läge sogar in der Verantwortung desjenigen, der so etwas hört, das Finanzamt zu informieren. Mit Petzen hat das nichts zu tun, geht es hier doch um eine echte Straftat.

»Wie sollen die denn wissen, was ich eingenommen habe?«, fragte mich etwa ein fliegender Händler, der weder für den Wareneinkauf noch für den Verkauf Belege vorzuweisen hatte. Das sei in der Branche nicht üblich. Nicht einmal eine Steuernummer hatte der Unternehmer, dessen Umsätze in die Hunderttausende gingen. Außerdem hätte er ja nichts mehr von den Einnahmen, da alles direkt ausgegeben worden sei. Tja, eine Zeit lang Glück gehabt – aber wie lange? Das Finanzamt kann die letzten zehn Jahre prüfen, und so lange gilt Steuerbetrug auch als Steuerbetrug. Und wenn keine Belege da sind, ist dies auch keine Schwierigkeit: Dann wird eben geschätzt. Dazu haben die Finanzbehörden genug Erfahrungen gesammelt und können einigermaßen sicher sagen, was in der Branche üblich ist. Und das gilt es dann zu bezahlen, auch ohne Beleg. Das ist auch deshalb ganz sicher die schlechtere Möglichkeit, weil die Umsatzsteuer ohne Belege nicht abzugsfähig ist. Im Zweifel müssen Steuerbetrüger also die geschätzte Umsatzsteuer abführen, ohne diese mit der eingenommenen verrechnen zu können.

Internetadressen

Buchführung

– Free Tutorials Buchführung (*http://www.open4life.de/open4life_trainer.html*): Kostenloser Kurs zur Finanzbuchhaltung

– Buchhalterverzeichnis (*www.buchhalterverzeichnis.de*): Hier finden Sie freie Buchhalter und Controller

Steuern allgemein

– Bundessteuerberaterkammer (*www.bstbk.de*): Infos und Steuerberater-Suchservice

– Steuernetz (www.steuernetz.de): BFH-Urteile, AfA-Tabellen, Steuerrecht und News. Alles für den steuerinteressierten Unternehmer

– Bundesfinanzministerium (*www.bundesfinanzministerium.de*): Das aktuellste Portal, wenn es um Steuerfragen geht. Es beinhaltet unter anderem einen Abgabenrechner für die Einkommensteuer unter der eigenen Adresse www.abgabenrechner.de

– Haufe.de (www.haufe.de): Verlag mit spezialisierten Informationen zu Steuern

Innereuropäische Besteuerung:

– Gateway to the European Union (*http://europa.eu.int/comm/taxation_customs/taxation/vat/traders/invoicing_rules/index_en.htm*): Innereuropäische Steuerinfos

Rechnungen

– Akademie.de (*http://www.akademie.de/fuehrung-org...rechnungen.html*): Beitrag über Anforderungen an Rechnungen

8 Recht und Verträge

Worauf sollten Teams achten, wenn sie Verträge schließen? Wie sollten Aufträge erledigt werden? Braucht eine Gesellschaft AGBs, und wie gestaltet sie ihr Forderungsmanagement dem Gesetz entsprechend? Diese und andere Fragen beantwortet dieses Kapitel, wobei der Schwerpunkt auf den Themen Mietvertrag und Forderungsmanagement liegt.

8.1 Der gemeinsame Mietvertrag

Ein geeignetes Büro zu finden ist eine der schwersten Teamaufgaben am Anfang. Denn trotz eines allgemein hohen Leerstands von Büroraum – die passenden Räume sind oft nicht dabei. Das hat damit zu tun, dass eine Reihe von Faktoren in die Auswahl mit einfließt. Da sind zunächst einmal die Eckdaten:

▶ Wie groß soll das Büro sein?
▶ Wie viele Räume muss es haben?
▶ Wie groß müssen die einzelnen Büroräume sein?
▶ Welche Anforderungen muss eine Küche oder Kochecke erfüllen?

Hinzu kommt die Standortfrage. Wo soll das Büro liegen? Muss es für Kunden gut erreichbar sein? Was sollte der Stadtteil ausstrahlen, in dem die Geschäftsadresse liegt? Soll er z. B. schick, trendy, alternativ, multikulti oder nur möglichst »normal« sein? Diese Fragen sind natürlich auch für Ladenbesitzer ganz entscheidend. Und es kommen weitere hinzu: Wie viele Zielpersonen kommen am Tag als Laufkundschaft am Laden vorbei? Ist es möglich, sich ein Stammpublikum zu erwerben, das auch eine Anfahrt in Kauf nimmt? Letzteres wird bei allen sehr stark spezialisierten Geschäften der Fall sein, die durch ihre Individualität keine Konkurrenz haben.

Ganz zentral sind, logisch, auch die Kosten höher. Wie viel Büro oder Laden können Sie sich leisten und wie realistisch ist dieser Preis im Stadtteil Ihrer Wahl? Bevor Sie mieten, müssen außerdem folgende Rahmenbedingungen geklärt sein:

▶ Laufdauer des Mietvertrags
▶ Kündigungsbedingungen
▶ Kosten kalt pro Quadratmeter
▶ Kosten für den Betrieb pro Quadratmeter
▶ Wie hoch ist die Kaution?
▶ Wie hoch ist die Courtage (falls ein Makler eingeschaltet ist)?
▶ Gibt es Parkplätze? Wie viel müssen Sie dafür zusätzlich zahlen?
▶ Gibt es eine Putzfrau für Flur und Gemeinschaftsräume?
▶ Was passiert nach dem Auszug? Wer muss renovieren?

Vergessen Sie auch nicht, die technische Ausstattung zu checken. Eine moderne CAT-5-Verkabelung ermöglicht es allen Mitarbeitern, sich einfach und schnell an Netzwerk und Internet anzuschließen. In den Räumen sollte selbstverständlich DSL verfügbar sein (was etwa in Ostdeutschland durchaus immer noch nicht überall selbstverständlich ist). Wie viele Steckdosen gibt es, wo sind diese angebracht und reichen sie für Ihre Zwecke aus?

Nicht zuletzt sollten Sie auch an Ihre Kunden denken, sofern Sie Besucherverkehr haben werden. Was erwarten diese von Ihnen? Entspricht die Ausstattung Ihrem Preisniveau? Sind die Räume ansprechend und eignen sie sich beispielsweise für Beratungen? Werden sich Ihre Kunden wohl fühlen? Können sie das Büro leicht erreichen – sowohl mit dem Auto als auch mit öffentlichen Verkehrsmitteln?

Normalerweise erhalten Sie einen Gewerbemietvertrag, der von den Nettokosten – also von Kosten ohne Umsatzsteuer – ausgeht. Die Mehrwertsteuer kommt zu den genannten Kosten hinzu. Gewerbemietverträge haben den Vorteil, dass sie sich steuerlich problemlos absetzen lassen. Ganz wichtig ist hierbei, dass im Mietvertrag die Mehrwertsteuer separat aufgeführt ist – was in den Standard-Gewerbemietverträgen jedoch der Fall ist.

Achten Sie auch auf die Mietzeitdauer. Die meisten Vermieter versuchen Verträge gleich auf drei oder fünf Jahre abzuschließen. Das kann auch für Sie ein Vorteil sein, da auch Sie auf der sicheren Seite sind und keine plötzlichen Umbauten befürchten müssen.

Wenn Sie allerdings rasch expandieren wollen, stellt eine Mietzeitdauer von drei oder fünf Jahren jedoch oft ein Hindernis dar. In diesem Fall sollten Sie sich besser in einem flexibel erweiterbaren Umfeld ansiedeln – in einem größeren Gewerbe-Village oder klassischem Bürohaus – und auf einen Einjahresvertrag drängen. Dieser ist auch bei kleineren Starter-Büros bei dem aktuellen Leerstand durchsetzbar. Vergessen Sie auch nicht, über die Kündigungszeit zu sprechen. Ist es ein halbes Jahr zum Quartalsende? Für Sie bedeutet das, dass Sie – falls Sie im Januar kündigen – erst zum 30. September rauskommen. Seien Sie sich darüber klar, dass es äußerst schwer ist, Nachmieter zu finden und Büroräume oft Monate und nicht selten Jahre leer stehen, bevor sich ein geeigneter Mieter findet. Von zehn Interessenten, so ein Makler, mietet bestenfalls ein einziger.

Sie haben also meist sehr viel Spielraum und Verhandlungsmacht. Treffen Sie individuelle Vereinbarungen mit dem Vermieter. So können Sie ein bis drei Monate mietfreie Zeit vereinbaren oder den Einbau einer Pantry-Küche.

Wer mietet?

Sind Sie eine GbR? Dann mietet diese GbR mit allen Beteiligten. Der Vermieter freut sich über so eine Lösung, denn er kann jeden einzelnen Mieter zur Verantwortung ziehen, wenn es einmal Mietausfälle oder Nachzahlungen geben sollte. Für Sie kann die GbR-Lösung auch ein Vorteil sein – Sie sind nicht allein verantwortlich. Der gleiche Punkt kann sich eben auch zum Nachteil auswachsen. Löst sich die GbR auf, stehen alle im Mietvertrag, und die Frage, »wer bleibt unter welchen Bedingungen«, sollte im Gesellschaftervertrag beantwortet werden – im Mietvertrag ist dies nicht möglich.

Alle Mitglieder einer GbR haften für alles, was sie gemeinsam unternehmen. Arbeiten beispielsweise ein Journalist und ein Grafiker weiterhin jeder auf eigene Rechnung, so haften sie mit ihrem Privatvermögen nur für die Miete.

Vermietet eine GbR mit zwei oder mehr Gesellschaftern, und nur ein Gesellschafter unterschreibt den Mietvertrag als Gesamtvertreter? Sofern im Gesellschaftervertrag die Vertretungsstellung nicht offen gelegt wurde, ist die Formvorschrift nicht eingehalten und der Vertrag hat unter Umständen keine Gültigkeit. Auch im Mietvertrag muss klar werden, dass der Unterschreibende die Gesellschaft nach außen vertritt. Dies kann unter Umständen im Nachhinein für Sie ein Vorteil sein.

Bei Kapitalgesellschaften wie der GmbH ist auch die GmbH – vertreten durch Ihre Gesellschafter – der Mieter.

Wer mit wem?

Einschränkungen gibt es zudem bei Rechtsanwälten und Ärzten. Anwälte dürfen sich nur mit Anwälten, Steuerberatern, vereidigten Buchprüfern und Wirtschaftsprüfern zusammentun. Praktizierende Psychologen dürfen nicht mit z. B. Unternehmensberatern zusammenarbeiten. Ärzten sind aufgrund der ärztlichen Schweigepflicht (Stichwort Patientenakten!) nur Praxisgemeinschaften mit Ärzten erlaubt.

Vom Einzelunternehmen zur Gesellschaft

Der Eintritt von Gesellschaftern in den Betrieb eines Einzelunternehmens oder Einzelkaufmanns führt nicht dazu, dass die neu gegründete Personengesellschaft Vertragspartner eines vom Einzelunternehmer abgeschlossenen Mietvertrages wird. Der Mietvertrag muss dann geändert werden, und der Vermieter ist nicht dazu verpflichtet, die personelle Ergänzung zu akzeptieren. Schließen Sie sich als Einzelunternehmer zu einer GmbH mit anderen Gesellschaftern zusammen, so bleiben Sie gegenüber dem Vermieter bei nicht geändertem Mietvertrag in der Haftung – auch wenn Sie jetzt eine Gesellschaft mit beschränkter Haftung sind.

Bürogemeinschaft

Sie erinnern sich an die einheitliche und gesonderte Gewinnaufstellung für GbRs. Die Bürogemeinschaft ist eine Innen-GbR. Wenn Sie sich im Rahmen der Bürogemeinschaft lediglich die Kosten für Miete und Büroausstattung teilen wollen, geben sich die Finanzämter meist mit einer internen Kostenaufteilung zufrieden. Die GbR – also die Bürogemeinschaft Lessingstraße 45 – stellt dafür jedem einzelnen Gesellschafter eine interne Rechnung über die Kosten (Miete usw.) und schlägt Umsatzsteuer auf. Seinen Kostenanteil kann dann jedes Mitglied als Betriebsausgabe in seiner Einkommensteuererklärung geltend machen.

Mietpreise

Die Preise für Gewerbeobjekte schwanken je nach Stadt erheblich. Sie liegen allein in Hamburg zwischen drei Euro und 15 Euro je Quadratmeter kalt. Je begehrter die Stadtteile, desto teurer sind auch die Mieten. Logisch, dass die Top-Preiszone in den Einkaufsstraßen der City erreicht wird.

Tipp: Wohnen und Arbeiten verbinden

Immer öfter werben Vermieter mit »Wohnen und Arbeiten«. Im Klartext heißt das, dass hier ein Gewerbemietvertrag angeboten wird – und damit auch das Wohnen damit komplett absetzbar wird, da die Finanzämter Gewerbemietverträge stets als Betriebsausgabe akzeptieren.

Gründungszentren

Mietraum in Gründungszentren ist oft nicht sehr viel günstiger als anderswo. Nur die Ausstattung ist sehr viel besser. Zudem gibt es zum Büro meist noch Konferenz- und Tagungsräume zur Nutzung. Auch Synergieeffekte spielen eine Rolle, wenn Sie in ein Gründungszentrum ziehen.

Weit mehr als 200 Technologie- und Gründerzentren existieren im gesamten Bundesgebiet. Sie bieten Gewerbeflächen und Büroinfrastruktur – und die Nähe zu anderen Gründern. In allen Zentren ist eine kostenlose Erstberatung für Existenzgründer Teil der Dienstleistung. Dies allein sollte allerdings Ihre Entscheidung nicht beeinflussen. Fragen Sie sich vielmehr, ob es für Sie am Anfang von Vorteil ist, als Team im Team zu gründen, und ob Ihre Kunden einen wahrscheinlichen Adresswechsel nach ein, zwei Jahren problemlos mitmachen.

8.2 Aufträge professionell abwickeln

Einen Auftrag an Land zu ziehen ist das eine. Ihn auch professionell abzuwickeln – und zwar vom Kostenvoranschlag an – das andere. Erstellen Sie einen Kostenvoranschlag nach einem ausführlichen Gespräch, in dem Sie den Auftraggeber zu Eckpunkten und Rahmenbedingungen befragen konnten. Ihnen sollte das Bedürfnis des Auftraggebers sonnenklar sein. Deshalb können Sie den Auftrag auch leicht in einzelne Bausteine gliedern, die es möglich machen, zu bestimmten Bestandteilen »ja« und zu anderen »nein« zu sagen.

Gestalten Sie den Kostenvoranschlag zudem verständlich und übersichtlich. Preise sollten den einzelnen Bausteinen zuzuordnen sein und verstehen sich als Nettopreise, sofern Sie andere Firmen ansprechen. Vermerken Sie, dass sich alle Preise zuzüglich der gesetzlichen Mehrwertsteuer verstehen.

Trifft der Kostenvoranschlag den Geschmack Ihres Kunden, senden Sie eine Auftragsbestätigung zu Ihrer eigenen Sicherheit. Andernfalls würde ein auch mündlich angenommener Kostenvoranschlag ebenfalls gelten, allerdings müssten Sie die Zustimmung nachweisen, was ohne schriftliche Unterlage sicherlich schwer scheint. Es genügt, wenn ein Gesellschafter den Auftrag unterschreibt, auch wenn dieser nicht allein vertretungsberechtigt ist. Aufträge annehmen dürfen alle GbR-Gesellschafter.

Allgemeine Geschäftsbedingungen

AGBs vereinfachen die Abwicklung erheblich. Sie sind für Sie ein Standardgerüst und regeln Punkte, die im Gesetz anders stehen. In AGBs treffen Sie also individuelle Regelungen für Ihr Unternehmen. Dies ist leider nur in einem begrenzten Rahmen möglich. Bestimmte Gesetzesbestimmungen lassen sich durch eigene Regelungen nicht aufheben, vor allem nicht im Privatkundenbereich. So gilt etwa das zweiwöchige Rückgaberecht für Waren und Rücktrittsrecht bei Dienstleistungen – auch dann, wenn Sie es anders in Ihre AGB hineinschreiben. Allein dies ist Grund genug, die eigene AGB möglichst von einem Anwalt prüfen zu lassen.

Pflicht sind Allgemeine Geschäftsbedingungen jedoch nicht. Ihr Vorteil indes liegt auf der Hand: Sie müssen nicht bei jedem Auftrag individuelle Vertragsregelungen aufsetzen, sondern nur einmal. Ihre AGB legen Sie dann jedem Kostenvoranschlag einfach bei.

Bei elektronisch im Internet hinterlegten AGBs müssen Sie sicherstellen, dass diese leserlich und verständlich sind und außerdem unübersehbar präsentiert werden. Außerdem muss der Kunde ankreuzen, ob er die AGB gelesen hat, bevor er etwas bestellt.

Werk- und Dienstverträge

Wenn Sie einen Vertrag schließen, kann dies ein Dienst- oder ein Werkvertrag sein. Beim Werkvertrag (§ 631 BGB) schulden Sie einen bestimmten Erfolg, der das Arbeitsergebnis der Dienstleistung darstellt. Beim Dienstvertrag (§ 611 BGB) dagegen müssen Sie nur die Dienstleistung als solche erbringen. Sehr häufig existieren Mischformen. Ob es sich um einen Werk- oder Dienstvertrag handelt, können Sie nur im Einzelfall anhand der Vertragsbedingungen unterscheiden. Es reicht nicht aus, die Bezeichnung »Werk-« oder »Dienstvertrag« über das Regelwerk zu schreiben.

Ein Werkvertrag ist in der Regel besser und mit einer Pauschalsumme dotiert. Er kann auch mit Gewährleistungsverpflichtungen verbunden sein. Dienstverträge werden meist auf Stunden-, Tages- oder Monatspauschalbasis abgeschlossen. Grundsätzlich kann jeder Selbstständige auf Dienst- und Werkvertragsbasis arbeiten. Beispiel: Der Headhunter, der eine Erfolgsprovision bei Vermittlung seines Kunden kassiert, arbeitet mit einem Werkvertrag. Wer dagegen eine Bewerbungsberatung anbietet, agiert mit einem Dienstvertrag. Auch mit dem Steuerberater können Sie Dienst- und Werkverträge abschließen: Der eigentliche Jahresabschluss beruht auf einem Werkvertrag, die monatliche Buchführung ist ein Dienstvertrag. So weit so gut: Die Unterscheidung fällt trotzdem nicht immer leicht. Wichtig ist deshalb die möglichst genaue Beschreibung der Leistungen, die erbracht werden sollen

Ob Werk- oder Dienstvertrag – diese Entscheidung bleibt nicht immer Ihnen und Ihrem Vertragspartner überlassen, denn in manchen Fällen ist es gesetzlich vorgeschrieben, welchen Vertrag Sie verwenden müssen. Ein Arztvertrag ist beispielsweise immer ein Dienstvertrag. Denn egal welche Vereinbarung Sie mit Ihrem Doktor treffen: Der Arzt schuldet Ihnen keinen Heilerfolg. Ein Architekt dagegen, der ein Gebäude baut, muss dafür geradestehen, dass es nicht einstürzt. Auch ein Tierarzt, der einen Hufbeschlag bei einem Pferd ausführt, schuldet den Erfolg dieser Maßnahme. Behandelt er ein erkältetes Tier, so führt er diese Handlung dagegen auf Basis eines Dienstvertrags aus.

Das Thema ist komplex, und die Grenzen sind mitunter nicht leicht zu ziehen. Schuldet ein Provider, der den Internetzugang zur Verfügung stellt, nun die Dienstleistung oder den Erfolg? Kann der Kunde also gegen Ausfälle vorgehen und Zahlungen kürzen? Über solche Fragen streiten sich auch die Gerichte, und oft lassen sie sich nur im Einzelfall klären.

8.3 Ihr Recht bei Zahlungsausfällen

»Wir zahlen grundsätzlich erst nach der dritten Mahnung.« Solche Äußerungen sind sowohl von Privat- als auch von Firmenkunden zu hören. Von den gleichen Personen oft, die selbst mit aller Härte ihre Forderungen eintreiben. Und dass, obwohl seit der Schuldrechtsreform eigentlich gar keine Mahnungen mehr nötig sind. Es hat sich an der Zahlungsmoral nichts verändert. Im Gegenteil, diese hat sich weiter verschlechtert.

Ob Steuerberater oder Handwerker: Alle, die Ihr Geld per Rechnung eintreiben, haben mit zahlungsunwilligen und nicht selten auch zahlungsunfähigen Kunden zu tun. Dies ist nicht nur äußerst ärgerlich, sondern kann Ihr gesamtes Unternehmen bedrohen.

Je anonymer das Geschäft, desto höher der Anteil der Nichtzahler oder Deutlich-zu-spät-Zahler. Ein Online-CD-Handel hat deshalb mit einem deutlich höheren prozentualen Ausfall zu rechnen als ein Coach, der seine Klienten über einen längeren Zeitraum begleitet und zu ihnen eine persönliche Beziehung aufbaut.

Doch selbst diese persönliche Beziehung schützt Sie nicht vor Menschen, die mit allen Tricks versuchen, das Zahlen zu umgehen. Viele scheinen nicht darüber nachzudenken, welche Auswirkungen ihr persönliches Verhalten auf die Gesamtwirtschaft hat. Nicht wenige wissen genau, dass nur größere Unternehmen auch Kleinstbeträge knallhart und trotz erheblicher Kosten eintreiben. Kleine Firmen können sich ein so konsequentes Verhalten bei »Kleckerbeträgen« gar nicht leisten. Solche Kunden mit krimineller Energie sollten Sie schleunigst aus Ihrer Adressdatenbank löschen. Rechtlich sind Sie zwar im Vorteil, doch was nützt Ihnen ein Recht, das sich nur unter erheblichem Kostenaufwand realisieren lässt?

Prävention von Zahlungsausfällen

Das Risiko von Zahlungsausfällen können Sie weitgehend minimieren, wenn auch nie komplett ausschalten. So ist eine wichtige Voraussetzung für ein unkompliziertes Zahlungsverhalten eine glasklare Auftragsklärung und eine eindeutige Definition der zu erbringenden Leistungen. Ein Auftrag für komplexe Dienstleistungen sollte deshalb immer schriftlich erfolgen und alle Einzelbestandteile der Leistung sowie deren Preise enthalten.

Berater sollten zudem einen kurzen Vertrag aufsetzen, der die Höhe des Stundenhonorars oder Tagessatzes festlegt und die weiteren Vertragsbedingungen enthält. Da sich gerade Privatkunden als schlechte Zahler erweisen (Firmen zahlen oft spät, aber sie zahlen fast immer), empfiehlt es sich, wenn möglich,

Bargeld anzunehmen – gerade wenn es sich um überschaubare Dienstleistungen handelt.

Eine frühe Rechnungstellung wirkt ebenfalls präventiv – spätestens eine Woche nach der Leistung. Je frischer die Erinnerung, desto höher die Bereitschaft, sofort zu zahlen. Weisen Sie zudem deutlich auf die Bedingungen hin, die mit der Zahlung verknüpft sind. Bieten Sie Skonto? Wenn ja, bis zu welchem Tag nach Rechnungseingang? (Und bitte in der eigenen Kalkulation berücksichtigen.) Bis wann muss die Zahlung eingegangen sein, oder ist sie »sofort fällig ohne Abzug«? Schreiben Sie nichts dazu, gelten gesetzlich 30 Tage – das Problem ist, dass Ihr Kunde, sofern er privat ist, das oft nicht weiß. Ein Hinweis ist also wichtig. Dies gilt auch, wenn Sie nicht vorhaben, nach einer Rechnung zu mahnen. Schreiben Sie dann, dass bei nicht fristgemäßer Zahlung sofort das Mahnverfahren eingeleitet wird.

Bei großen Aufträgen empfiehlt sich eine Bonitätsauskunft bei der Schufa oder Creditreform. Außerdem sollten Sie erst anfangen, wenn eine erste Abschlagszahlung eingegangen ist. Dies ist nicht nur im Baugewerbe absolut üblich, sondern bei jeder Art Dienstleistung eine gemeinhin akzeptierte Möglichkeit, sich weitgehend abzusichern. Schließlich stecken Sie vielleicht die ganze Arbeitskraft Ihres Teams in den Auftrag und binden sich für Wochen.

Eine wichtige vorbeugende Maßnahme ist auch die professionelle Abwicklung. Wenn Sie hier mal eine Rechnung, da mal eine Mahnung schreiben und dazwischen Monate vergehen lassen, nimmt Sie der Kunde sehr wahrscheinlich weniger ernst – und seine Zahlungsverpflichtung ebenso.

Rechtssicher Mahnen

Auch wenn es vom Gesetz her nicht nötig ist: Es ist dennoch üblich, Erinnerungen herauszuschicken – und auch eine Sache der Höflichkeit und guten Kundenbeziehung, diese freundlich zu halten. Selbst eine Mahnung kann Marketinginstrument sein. Aus diesem Grund kursieren im Internet Mahnbrief-Muster, die witzig und individuell sind. Der Sinn dahinter: Mit einer ungewöhnlichen Mahnung rütteln Sie den zahlungsfaulen Kunden eher wach als mit einer »bösen Drohung«.

Wichtig sind eindeutige Zahlungsaufforderungen und klar gesetzte Termine. Möchten Sie nur einmal mahnen, weisen Sie auf Ihrer Rechnung deutlich darauf hin, dass Sie bei Nichtbezahlen unmittelbar das Mahnverfahren einleiten. Sagen Sie auch, wann Verzug eintritt, der säumige Kunde also Zinsen zahlen muss. Diese dürfen bei Privatkunden 5 und bei geschäftlichen Kunden 8 Prozent über dem Basissatz betragen. Dieser Basissatz ist bei der Deutschen Bundesbank im Internet einsehbar und liegt aktuell bei 1,37 Prozent.

Ob ein berechenbares Mahnwesen immer von Vorteil ist, darüber sind sich Praktiker uneins. Dafür spricht auf jeden Fall, dass es den Eindruck von professionellem Verhalten vermittelt. Kommt die zweite Mahnung drei Tage nach Ablauf der Frist so sicher wie das Amen in der Kirche, beeindruckt das manche Kunden. Aber eben nicht alle. Manche reagieren eher auf die »Überraschung« und die Unberechenbarkeit der nächsten Schritte. Die Frage, ob Sie wirklich ein Mahnverfahren einleiten, sollte der Kunde jedenfalls auf keinen Fall mit »nein« beantworten – selbst wenn Sie bei einer Fünf-Euro-Rechnung wirklich Kosten und Nutzen abwägen sollten.

Der Kunde zahlt nicht

Oft wirkt bei hartnäckigen Nichtzahlern ein Telefonanruf Wunder. Es ist vielen Menschen ganz egal, wenn sie Mahnungen stapeln können. Wenn sie jedoch persönlich am Telefon nach Ausreden suchen müssen, ist ihnen das sehr oft extrem peinlich. Es ist dann oft ein Leichtes, den Kunden ein Zahlungsversprechen rauszulocken. Allerdings kann die Reaktion auch anders ausfallen: Der Kunde wird böse, fühlt sich ertappt, ist beleidigt und zahlt erst recht nicht. Nach der Erfahrung der Autorin siegt jedoch oft das schlechte Gewissen, und wenn Sie selbst freundlich vorgehen, ist die telefonische Mahnung jeder schriftlichen Erinnerung vorzuziehen. Bauen Sie sie in Ihr Forderungsmanagement ein, beispielsweise als ersten Schritt nach nicht bezahlten Rechnungen oder nach der ersten Erinnerung. Selbstverständlich können Sie sich ein derart aufwändiges Vorgehen nur bei höheren Rechnungen leisten. Bei kleineren Beträgen müssen Sie abwägen – auch die Kosten. Mitunter bietet sich die Mahnung per E-Mail an, allerdings mit noch deutlich höherem Risiko. E-Mails lassen sich ungleich leichter ignorieren als Briefe.

Führt die wiederholte Mahnung inklusive telefonischer Erinnerung nicht zur Zahlung, müssen Sie weitere Schritte einleiten. Wunder kann beispielsweise ein Rechtsanwalt bewirken, auch wenn er gar nicht eingeschaltet werden müsste … Allein der Brief eines Anwalts treibt viele Schuldner dann doch zur Bank. Aber auch hier lohnt sich das Engagement kaum bei Niedrigbeträgen. Mitunter ist die Entscheidung, eine Forderung fallen zu lassen, die finanziell weisere.

Auch Inkassounternehmen helfen Ihnen, die üblen Schuldner in den Griff zu bekommen. Einige inkassounternehmen – etwa Media Finanz – haben sich auf kleine Summen und Unternehmen spezialisiert. Es kommen keine Kosten auf Sie zu. Ein hoher Prozentsatz säumiger Zahler wird durch die Rechnung zwar zur Zahlung motiviert, überweist dann aber nur die eigentliche Rechnungssumme. Auf den zusätzlichen Mahngebühren bleiben Sie nicht selten sitzen.

Nicht in Frage kommen übrigens schwarze Männer oder andere halbseidene Geldeintreiber. Diese zu beauftragen wäre illegal.

Haben Sie kein Inkassounternehmen eingeschaltet, können Sie den Mahnbescheid auch selbst ausfüllen – in jedem Schreibwarenhandel gibt es einen »Antrag auf Erlass eines Mahnbescheids«. Auch Online lässt sich die gesetzliche Mühle in Gang setzen. Gerichtsgebühren – die aber im Bereich weniger Euro liegen – müssen Sie erst einmal vorstrecken.

Innerhalb von zwei Wochen kann Ihr Kunde Widerspruch einlegen – oder aber zahlen. Letzteres wird häufig der Fall sein, wenn Ihre Forderung berechtigt war. Falls es einen Einspruch gibt, müssen Sie das jedoch erst beweisen. Ein Grund, aus dem Verträge, Auftragsbestätigungen und Schriftverkehr akribisch verwahrt werden sollten (abgesehen von Ihrer Aufzeichnungspflicht). Meist folgt bei einer Weigerung eine außergerichtliche Einigung mit einem Kompromiss.

Aber auch wenn es keinen Widerspruch gibt, bleiben Sie möglicherweise auf Ihrer Forderung sitzen – sofern kein Geld pfändbar ist. Dies kann unter Umständen auch bei einem Porschefahrer der Fall sein. Gehört das Auto der Ehefrau, haben Sie schlechte Karten …

Kleines Rechtslexikon für Teams

Arbeitsrecht
Beachten Sie als Team vor allem die Bestimmungen zum Thema Arbeitsschutz (falls produzierender Betrieb) und das Kündigungsschutzgesetz. Maßgeblich ist das Arbeits- und Sozialrecht. Infos im Internet unter *www.arbeitsrecht.de* und *www.arbeitsrecht.org*.

Handelsrecht
Was für Privatleute gilt, ist für Kaufleute nur bedingt anwendbar. Für diese gilt das Handelsgesetzbuch, das in einigen Punkten vom Bürgerlichen Gesetzbuch abweicht. Geregelt sind hier die Pflichten der Kaufleute. Den vollen Gesetzestext erhalten Sie unter *http://bundesrecht.juris.de/bundesrecht/hgb/index.html*.

Urheberrecht
Erstellen Sie selbst Design, Texte oder innovative Software? Dann gilt für Sie das Urheberrecht, und zwar personenbezogen. Das bedeutet, dass Sie selbst der Urheber sind und nicht etwa Ihre GbR oder GmbH. Welche Rechte Sie haben und auf was Sie achten müssen, finden Sie unter *http://bundesrecht.juris.de/bundesrecht/urhg/index.html* .

Wettbewerbsrecht

Darf man bei der Geschäftseröffnung gleich mit durchgestrichenen Preisen werben? Natürlich nein. Was Sie sonst noch in Sachen Wettbewerb beachten müssen, steht im 2004 reformierten Gesetz gegen den unlauteren Wettbewerb UWG und im Internet unter *www.wettbewerbszentrale.de*.

Weitere Links

Juraforum: Hier werden Rechtsfragen diskutiert, auch zum Mietrecht: *www.juraforum.de*

9 Versicherungen

Welche Versicherungen brauche ich eigentlich als Unternehmer? Das ist eine der ersten Fragen, die Gründer sich stellen. Teamgründer fragen sich darüber hinaus, welche Versicherungen sie gemeinsam und welche jeder für sich abschließen muss. Dieses Kapitel beantwortet Ihre Fragen.

9.1   Die Muss-Versicherungen für Teams

Die Liste der absoluten Muss-Versicherungen ist kurz. Es gibt zwei Versicherungen, die jedes Gründerteam braucht. Die erste ist die Betriebshaftpflichtversicherung – auch gewerbliche Haftpflichtversicherung genannt. Es gibt sie auch in einer Variante als Berufshaftpflicht, und, um die Verwirrung komplett zu machen, sogar als Bürohaftpflicht. Gleich, welcher Name für die verschiedenen Varianten der nicht-privaten Haftpflicht fällt: Sie gilt trotz dieses Begriffs auch für Freiberufler. Und Teams.

Die zweite Muss-Versicherung ist die Krankenversicherung. Auch wenn Sie als Selbstständiger kein Mitglied sein müssen, wäre ein Ausscheiden oder Pausieren aus finanziellen Gründen reiner Wahnsinn und kann niemandem empfohlen werden. Diese Versicherung ist personengebunden. Jedes Teammitglied muss Sie abschließen.

Alle weiteren Versicherungen können sinnvoll sein. Wie sinnvoll – das ist vom Einzelfall und Ihrer individuellen Teamsituation abhängig. Dabei gibt es kaum ein Risiko, was nicht versichert werden könnte. Nur auf die Idee, eine Versicherung gegen Teamkonflikte anzubieten, darauf ist bisher niemand gekommen.

Muss 1: Die betriebliche Haftpflichtversicherung

»Wer vorsätzlich oder fahrlässig das Leben, den Körper, die Gesundheit, die Freiheit, das Eigentum oder ein sonstiges Recht eines anderen widerrechtlich verletzt, ist dem anderen zum Ersatz des daraus entstehenden Schadens verpflichtet.«
(Bürgerliches Gesetzbuch BGB)

Warum die Betriebshaftpflicht ein Muss ist? Ganz einfach: Ihre – gleichfalls wichtige – private Haftpflicht gilt überall dort nicht, wo Sie arbeiten oder beruflich unterwegs sind. Bricht sich ein Bewerber bei einem Vorstellungsgespräch das Bein, weil er über die Stufe zu Ihrer Bürotür stolpert, müssen Sie für den entstandenen Schaden aufkommen. Zerkratzen Sie während eines Kundenbesuchs mit Ihrer alten Ledertasche versehentlich einen wertvollen Designerschreibtisch, kann der Kunde Sie dafür zu Kasse bitten. Oder eben Ihre Versicherung.

Wobei Kratzer noch leicht zu verkraften sind, aber dabei muss es nicht bleiben: Jeder Unternehmer haftet unbegrenzt für verschuldete Schäden. Im Extremfall kommen also Millionen auf Sie zu, vor allem, wenn Menschen zu Schaden gekommen sind. Diese Haftung lässt sich dem Grundsatz nach weder einschränken noch ihrer Höhe nach begrenzen.

Die betriebliche Haftpflichtversicherung sichert Sie ab – und kostet dabei nur ab rund 120 Euro im Jahr. Sie betrifft einen großen Teil Ihres Lebens, manchmal den größten, in fast jedem Fall den aktivsten. Deshalb braucht sie jeder Unternehmer, ob Team oder Einzelkämpfer. Sie schließen diese Versicherung für Ihre Personengesellschaft, die GmbH oder AG ab. Mit einer Standard-Betriebshaftpflicht sind neben Ihnen als Hauptversicherungsnehmer meist gleich fünf weitere Personen – andere Gesellschafter und/oder Mitarbeiter – abgesichert. Jede weitere Person kostet einen minimalen Beitrag von beispielsweise 7 Euro im Jahr. Ihr finanzieller Einsatz bleibt damit also überschaubar.

Doch Betriebshaftpflicht ist nicht gleich Betriebshaftpflicht. Sie benötigen nämlich eine individuelle Risikoanalyse in Zusammenarbeit mit einem Fachmann. Es muss genau geprüft werden, welches Risiko Sie absichern müssen, damit Sie den Versicherungsschutz haben, den Sie brauchen, aber nicht mehr zahlen, als Sie müssen.

Die Spannen sind groß, vor allem überall dort, wo es um so genannte Vermögensschäden geht. Das sind Schäden, die beispielsweise aufgrund von Beratungsfehlern entstanden sind. Beachten Sie auch: Nicht jede Gesellschaft ist für jede Branche gut. Suchen Sie sich Spezialisten, es zahlt sich aus! Und verhandeln Sie: Oft existieren Angebote für Gründer, die über die ersten ein, zwei Jahre 50 Prozent Rabatt auf den Normalpreis bieten.

Eine häufige Frage: Brauchen Sie auch weiterhin eine private Haftpflichtversicherung? Die Antwort ist klar: Ja, denn schließlich kann auch in Ihrem privaten Umfeld eine Person oder eine Sache zu Schaden kommen.

Viele Betriebshaftpflichtpolicen bieten die Möglichkeit, den privaten Bereich gegen einen geringen Aufschlag mitzuversichern. Bei Teamgründern heißt das allerdings: Während die Betriebshaftpflicht meist gleich bis zu fünf Personen absichert, gilt die private »Mitversicherung« nur für den hauptsächlichen Versicherungsnehmer. Die anderen Gründer müssen also eine private Haftpflicht zusätzlich abschließen.

Etwas anders sieht es bei einer Körperschaft aus. Hier ist die GmbH versichert und mit ihr eine bestimmte Anzahl an Mitarbeitern (zu denen die geschäftsführenden Gesellschafter zählen). Das private Risiko muss hier extra abgesichert werden.

Tipp: Bestimmungen genau hinterfragen

Nehmen Sie nicht einfach eine Versicherung von der Stange. Bestimmte Risiken sind nicht in den üblichen Haftpflichtversicherungen eingeschlossen. Dazu zählen beispielsweise Bildungsangebote. Hier sind externe Referenten, die in Ihrem Auftrag arbeiten, normalerweise nicht versichert, was weitreichende Konsequenzen haben kann. Es empfiehlt sich stets, genau nachzufragen – und auch das Kleingedruckte zu lesen.

Berufs- und Betriebshaftpflicht?

Beides ist nicht ein und dasselbe, wie es auf den ersten Blick erscheint: Während die Berufshaftpflicht besonders risikobelastete Berufsgruppen absichert und auch so genannte Vermögensschäden mit einbezieht, sichert die Betriebshaftpflicht Unternehmer »nur« gegen Personen- und Sachschäden. Die Betriebshaftpflicht bietet also das, was auch die private Haftpflichtversicherung umfasst – nur eben für den betrieblichen Bereich. Dabei ist es unwichtig, ob Sie Freiberufler oder Gewerbetreibender sind. Sie schließen die Versicherung außerdem gleich für den gesamten Betrieb ab. Auch die Rechtsform spielt keine Rolle: Ob GbR oder GmbH – Ihnen entstehen die gleichen Kosten und Sie erhalten die gleichen Gegenleistungen für Ihr Geld.

Eine Berufshaftpflicht deckt zusätzlich zu diesen Leistungen auch Vermögensschäden ab. Dies sind Schäden, die etwa durch falsche Beratung und/oder Behandlung entstehen. Dementsprechend empfiehlt sich diese Haftpflichtart allen Unternehmern, die durch falsche Beratung Schaden anrichten können. Dies sind neben Architekten, Steuerberatern und Ärzten auch Unternehmensberater und beratende Ingenieure. Die Kosten für die Berufshaftpflicht richten sich nach dem zu versichernden Risiko, liegen aber in jedem Fall deutlich über einer reinen Betriebshaftpflichtversicherung. Die Berufshaftpflicht ist anders als die Betriebshaftpflicht meist personengebunden, kann aber auch für eine Gesellschaft, etwa eine Partnergesellschaft abgeschlossen werden und schließt dann auf Wunsch selbstverständlich auch die Mitarbeiter mit ein. Das bedeutet, dass je nach Vertrag jeder aus Ihrem Team eine solche Versicherung abschließen muss, wenn Sie etwa als drei Steuerberater in einer Partnergesellschaft firmieren. Dies ist erst recht der Fall, wenn Freiberufler mit unterschiedlichen Berufen in einem Büro oder einer Gesellschaft zusammenarbeiten.

Übrigens: Bestimmte Berufe werden ohne eine Berufshaftpflicht gar nicht zugelassen, etwa Ärzte oder Rechtsanwälte.

Produkthaftpflichtversicherung

Herstellende Betriebe, Händler und Vertriebler benötigen eine weitere Haftpflichtversicherung: die Produkthaftpflicht. Sie ist ein Äquivalent zur Berufshaftpflicht der Freiberufler. Während diese vor allem für Beratungsschäden und Dienstleistungen haftbar gemacht werden können, haben Handwerker und Kaufleute mit Waren und Produkten zu tun, die durch Transport, Lagerung und sogar schon bei der Herstellung beschädigt werden können. Was etwa, wenn ein Produkt mit dem schadhaften Produkt eines Zulieferers hergestellt wird und deshalb selbst Schaden nimmt? Oder wenn beim Transport ein Behälter zerspringt und alle Waren des Auftraggebers vernichtet werden?

Die Produkthaftpflichtversicherung kann als Ergänzung zu einer bestehenden Betriebshaftpflichtversicherung abgeschlossen werden – oder besser ge-

Mini-Lexikon Versicherungen

Was ist ein Sachschaden?

Versicherungsrechtlich die Vernichtung oder Beschädigung einer Sache. Dazu zählt nicht der Verlust – dies wäre ein Vermögensschaden.

Was ist ein Personenschaden?

Ein Personenschaden liegt vor, wenn eine Person verletzt, getötet oder in ihrer Gesundheit geschädigt wird.

Was ist ein Vermögensschaden?

Dahinter stecken Ersatzansprüche aus entgangenem Gewinn (oder Umsatz), der Verletzung von Persönlichkeitsrechten, Wettbewerbsrechtsverletzung, aber auch Ersatzansprüche wegen finanzieller Verluste, beispielsweise aufgrund einer Falschberatung durch einen Rechtsanwalt oder einen Steuerberater.

Das sind die so genannten »echten« Vermögensschäden. Davon abzugrenzen sind die »unechten« Vermögensschäden, auch »Vermögensfolgeschäden«. Dies sind Ersatzansprüche, die als Folge eines Personen- oder Sachschadens entstehen. »Unechte« Vermögensschäden sind immer auch in einer normalen Betriebshaftpflicht enthalten, echte müssen über eine Berufshaftpflichtversicherung speziell abgesichert werden.

sagt: sie muss. In der Betriebshaftpflichtversicherung ist nämlich nur das konventionelle Produkthaftpflicht-Risiko, also Personen- oder Sachschäden, die durch ein Produkt verursacht werden, versichert. Sprich: Wenn Ihre Bürolampe auf den transparenten Plexiglas-Aktenkoffer des Kunden prallt und dort Kratzer verursacht, reicht die Betriebshaftpflicht. Wenn Sie aber als Zulieferer Bürolampen mit defekten Leuchtstäben ausstatten, die dafür sorgen, dass die Lampen beim Endverbraucher nur 1,33 Tage im Durchschnitt halten, so rettet Sie eine Produkthaftpflicht vor einer Schadensersatzforderung des Bürolampen-Herstellers in Millionenhöhe.

Denn: Vermögensschäden, die durch fehlerhafte Produkte beim Abnehmer entstehen, sind in der Betriebshaftpflichtversicherung nicht gedeckt. Die Abgrenzung zur Betriebshaftpflichtversicherung: Die Produkthaftpflichtversicherung greift ein bei Schäden, die nach Abschluss der Arbeiten und Auslieferung der Produkte entstehen. Dabei bieten die Versicherer verschiedene Bausteine an, die Sie passend für Ihren individuellen Fall einzeln abschließen können.

Diese Versicherungen können Sie für Ihre Firma abschließen:

Versicherungs-art	Betriebshaftpflicht (synonym: Bürohaftpflicht)	Berufshaftpflicht	Produkthaftpflicht
Zielgruppe	Für alle Betriebe und Büros	Für bestimmte Berufs-gruppen, primär Freibe-rufler	Für Herstellung, Handel und Vertrieb von Pro-dukten
Wer ist versichert?	Der Betrieb/ das Büro: Gesellschafter und Mitarbeiter, Einzel-unternehmen und Frei-berufler	Der einzelne Freiberufler und ggf. Mitgesellschaf-ter und Mitarbeiter	Produkte, die Sie trans-portieren, mieten etc.
Was ist versichert?	Sach- und Personen-schaden sowie »unech-ter« Vermögensschaden	Sach- und Personen-schaden, echte und unechte Vermögens-schäden	Schäden an Produkten, i. d. R. eines herstellen-den Betriebs, die Ihnen z. B. beim Transport die-ser Produkte entstehen
Übliche Deckungs-summen	Für Sachschäden: 1 bis 3 Millionen, für Personenschäden: 1 bis 3 Millionen, für Vermögensschäden: 100.000 Euro	Ab 100.000 Euro und je nach Berufsgruppe. Bei Rechtsanwälten sind z. B. 250.000 Euro üblich	2,5 Millionen Euro
Kosten	Ab ca. 120 Euro/Jahr netto (z. B. Darmstätter)	Ab ca. 400 Euro /Jahr netto bis deutlich in den dreistelligen Bereich. Sehr stark abhängig von der Deckungsgruppe und vom Beruf	Individuelle Angebote einholen
Selbst-beteiligung	nein	Üblich, meist dreistellig	Ja, z. B. 500 Euro
Achten auf	Deckungssummen, ob eine private Haftpflicht enthalten ist	Deckungssumme	Kombi aus Betriebs- und Produkthaft-pflicht wird branchen-spezifisch angeboten (z. B. Gerling)

2. Muss-Versicherung: Krankenversicherung

Als Unternehmer sind Sie nicht krankenversicherungspflichtig – es sei denn, Sie sind Künstler und in der Künstlersozialkasse. Dies bedeutet, dass Sie sich nicht versichern müssen, dies aber natürlich tun sollten. Diese freiwillige Ver-sicherung ist bei einer gesetzlichen Krankenkasse oder auch bei einer privaten Kasse möglich. Die Versicherung bei den Privaten ist dabei an keine Ein-kommenshöhe geknüpft, die bei den gesetzlichen Kassen schon. Dies heißt, dass Sie bei privaten Krankenversicherern den gleichen Satz bezahlen müssen, egal ob Sie monatlich 1.000 Euro Verlust oder 50.000 Euro Gewinn machen. Verdienen Sie wenig (unter 1.800 Euro Gewinn/Monat – damit ist nicht der Gewinn Ihrer Gesellschaft, sondern Ihr persönliches Einkommen gemeint), zahlen Sie je nach Krankenkasse und Beitragssatz bei den Gesetzlichen etwa 250 Euro Mindestsatz. Dabei gehen die Krankenkassen von einer monatlichen »Bezugsgröße« – dem Durchschnittseinkommen eines Angestellten – aus und nehmen davon 3/4. Auch wenn Sie Verluste machen, müssen Sie diesen Satz bezahlen.

Viele private Versicherungen sind in jedem Fall günstiger als der Höchstsatz. Bei den Privaten gilt: Je höher die Selbstbeteiligung und geringer die Leistungen, desto preiswerter der Monatsbeitrag. Diese Rechnung geht allerdings nicht auf, wenn Sie zu Hause eine Familie ernähren müssen. Arbeitet Ihr Ehepartner nicht oder verdient er/sie weniger, müssen Sie die Kinder mitversichern. Und das wird dann wirklich teuer.

Beispiel: Beiträge zur gesetzlichen Krankenversicherung für Selbstständige 2006

Krankenversicherung

Beitragssatz	14 %
Beitragsbessungsgrenze/Jahr	42.750 EUR
Beitragsbemessungsgrenze/Monat	3.562,50 EUR
Höchstbetrag (Monat)	498,75 EUR
Mindestbeitrag	257,25 EUR

Für die Pflegeversicherung kommen noch bis zu 69,47 Euro dazu.
Monatliche Bezugsgröße 2006: 2.450 Euro, 3/4 davon: 1.837,50 Euro / Monat

---

Tipp

Haben Sie Anfangsverluste – vollkommen üblich – und einen negativen oder gering positiven Gewinn (weniger als 330 EUR/Monat), besteht die Möglichkeit, sich über den Ehepartner mitzuversichern und Geld zu sparen. In diesem Fall bietet es sich an, erst einmal in der gesetzlichen Kasse zu bleiben.

	Private Krankenkasse	Gesetzliche Kasse
Wie teuer?	Ab ca. 150 EUR Monat pro Person, meist gibt es eine Selbstbeteiligung zwischen 300 und 5.000 Euro / Jahr	Ab ca. 250 EUR, wenn Sie weniger als 1.830 EUR verdienen
Familie	Familienmitglieder sind nicht mitversichert	Familienmitglieder sind im Rahmen der Familienversicherung derzeit mitversichert, sofern Ihr Partner nicht privat versichert ist und dauerhaft mehr verdient Dies soll sich aber ändern
Einkommensschwankungen?	Jeder bezahlt das Gleiche, egal wie viel er verdient	Tarife sind pauschal, es gibt »Einsteigertarife« für Neugründer
Rückerstattungen?	Es gibt ggf. Beitragsrückerstattungen	Keine Rückerstattungen
Eltern	Mütter bekommen nichts, müssen Beiträge weiter bezahlen	Zahlung von Mutterschaftsgeld, Freistellung von der Zahlung im Mutterschutz
Rückkehr	Keine Rückkehr in die gesetzliche Kasse möglich, es sei denn, Sie werden sozialversicherungspflichtig tätig und liegen unter der Beitragsbemessungsgrenze (z. B. Einstellung als Geschäftsführer der eigenen GmbH kann Rückkehr begründen	Jederzeit Übertritt in die private Kasse möglich

Pflegeversicherung

Das Pflegeversicherungsgesetz gilt auch für Selbstständige, unabhängig davon, ob sie gesetzlich oder privat krankenversichert sind. Das bedeutet: Sie müssen zahlen, ob Sie wollen oder nicht: 1,7 Prozent der beitragspflichtigen Einnahmen, also des Gewinns bis zur Beitragsbemessungsgrenze. Bei privat Pflegeversicherten richtet sich der Beitrag nach Alter und gesundheitlichen Risiken, die Beiträge variieren stark.

Wer in einer gesetzlichen Krankenversicherung freiwillig versichert ist, wird automatisch bei der an die Krankenkasse angegliederten Pflegekasse pflegeversichert. Privat Krankenversicherte müssen auch eine private Pflegeversicherung abschließen. Ehepartner und Kinder sind in der gesetzlichen Pflegeversicherung kostenfrei mitversichert. In der privaten Pflegeversicherung sind nur die Kinder kostenfrei mit dabei.

9.2 Andere Geschäftsversicherungen

Wie gesagt, es lässt sich nahezu alles absichern – aber alles ist nie sinnvoll. Schauen Sie genau hin, wenn Sie die Muss-Versicherungen erweitern. Haben Sie ein eigenes Büro, dann sollten Sie klären, für welche Risiken Sie Sorge tragen müssen. Welche Kosten sind etwa in den Nebenkosten enthalten: Glasbruch, Feuer, Leitungswasser? Falls nicht, sollten Sie diese Risiken anderweitig absichern.

Viele Versicherungsunternehmen bieten zudem Elektronikversicherungen oder regelrechte IT-Versicherungen an. Hier ist es immer sinnvoll, das Kleingedruckte genau durchzulesen, denn oft sind die Anforderungen derart hoch, dass Sie ohnehin schon extrem strenge Vorkehrungen treffen müssen – und sind damit auch ohne Versicherung wahrscheinlich in den meisten Fällen gut abgesichert.

Genau betrachtet werden müssen auch Forderungsausfallversicherungen. Die Frage ist, ob Sie nicht auf anderem Weg Forderungsausfälle minimieren können, so dass der Ausfall kalkulierbarer ist als die Kosten für die Versicherung. Allerdings kann es durchaus sein, dass eine solche Versicherung Sinn macht: Operieren Sie mit hohen Summen, ist das Risiko für Sie insgesamt größer. Beispiel: Sie verkaufen pro Jahr zwei Maschinen à 120.000 Euro. Zahlt ein Kunde nicht, kommt schnell ein hübscher Betrag zusammen.

9.3 Sozialversicherungen

Alle staatlich verordneten »Versorgungssysteme« zählen zur Sozialversicherung. Auch die zweite Muss-Versicherung – die Krankenversicherung – gehört dazu. Hier zahlen Sie bekanntlich freiwillig ein. Auch bei der Rentenversicherung haben Sie als Unternehmer (meist) die freie Wahl. Eine weitere Sozialversicherung ist die Arbeitslosenversicherung, die Sie nur interessieren muss, wenn Sie Mitarbeiter haben. Aus dieser Sicht werden auch die Sozialversicherungen, die Sie für sich selbst gerne ad acta legen würden (etwa die gesetzliche Rentenversicherung) wieder interessant.

Hier zahlen Sie nämlich die 5 Säulen der Sozialversicherung:

- ▶ Krankenversicherung: schwankender Beitragssatz zwischen 12 und 15 Prozent
- ▶ Pflegeversicherung: 1,7 Prozent (Sachsen: Arbeitnehmer 1,35 %, Arbeitgeber 0,35 %)

- ▶ Rentenversicherung: 19,5 Prozent
- ▶ Arbeitslosenversicherung: 6,5 Prozent
- ▶ Unfallversicherung bzw. Berufsgenossenschaft (je nach Branche)

Was kostet ein Mitarbeiter?

Leider kommt auf Sie nicht nur das Gehalt zu, wenn Sie Mitarbeiter einstellen. Auch der Staat hält die Hand auf. Wie sich das auswirkt, soll folgendes Beispiel illustrieren.

Ihre Sekretärin erhält beispielsweise ein Bruttoeinkommen von 2.200 Euro. Sie zahlt 14 Prozent in die Krankenkasse. So viel kosten Sie die Sozialbeiträge:

▶ Krankenversicherung (14 %):	154,00 EUR
▶ Pflegeversicherung (1,7 %):	18,70 EUR
▶ Rentenversicherung (19,5 %):	214,50 EUR
▶ Arbeitslosenversicherung (6,5 %):	71,50 EUR
▶ Ihre Kosten	458,70 EUR

Berufsgenossenschaft

Sie haben sich selbstständig gemacht, ein Gewerbe angemeldet und wundern sich über die Post von der Berufsgenossenschaft? Die Berufsgenossenschaft ist eine Sozialversicherung und holt sich ihre Beiträge bei Ihnen, dem Arbeitgeber. Ihre Aufgabe ist es, den Mitarbeitern einen Unfallschutz im Betrieb zu gewähren. Daraus ergibt sich, dass die Berufsgenossenschaften ein gewerbliches Phänomen sind: Bergbau, Papiermacher, Bau, Nahrung und Genuss – sie alle haben ihre eigenen Berufsgenossenschaften. Aber auch Handels- und Handwerksbetriebe sowie die herstellende Industrie zahlen Beiträge, in der Regel um die 1,4 Prozent des Bruttogehalts eines jeden Arbeiters und Angestellten. Für die meisten freien Berufe ist die Verwaltungsberufsgenossenschaft tätig. Diese Beiträge teilen die Mitarbeiter anders als die anderen Sozialversicherungsbeiträge nicht mit dem Arbeitgeber.

Aber was sind die Aufgaben einer Berufsgenossenschaft? Die lassen sich in drei Punkten zusammenfassen:

- ▶ Prävention: z. B. die Vorbeugung von Berufskrankheiten und von Unfällen am oder zum Arbeitsplatz
- ▶ Rehabilitation: die Wiederherstellung von Gesundheit und Leistungsfähigkeit
- ▶ Kompensation: die Zahlung von Renten bei Berufskrankheiten oder nach Arbeitsunfällen sowie die Entschädigung von Angehörigen

Allerdings: Die berufsgenossenschaftliche Unfallversicherung ersetzt keine Haftpflichtversicherung. Im Gegenteil, die Berufsgenossenschaft holt sich für Arbeitsunfälle von Betriebsangehörigen das Geld bei Ihnen wieder, wenn der Unfall von Ihnen durch fahrlässige Nichtbeachtung einer der Unfallverhütungsvorschriften verursacht wurde.

Arbeitslosenversicherung

Kurz vor Druckschluss kam die neue Arbeitslosenversicherung für Selbstständige auf den Markt. Schon für rund 40 Euro im Monat können Sie sich versichern – bis 31.12.2006 steht diese Möglichkeit jedem Unternehmer zur Verfügung, der vor seiner Gründung mindestens 24 Monate in die Sozialversicherung eingezahlt hat. Danach müssen Neugründer sich unmittelbar nach Ihrer Entscheidung festlegen, ob Sie in die Arbeitslosenversicherung einzahlen wollen oder nicht. Als Arbeitslosengeld gibt es je nach Berufsausbildung und Familienstand zwischen 600 und 1300 Euro.

9.4 Vorsorgen für später

Viele Unternehmer verzichten in der Anlaufphase darauf, sich um ihre Altersvorsorge zu kümmern. Dies ist in einem überschaubaren Zeitrahmen legitim – am Anfang sollte das Geld besser in den Aufbau fließen, sofern es knapp ist. Spätestens nach ein, zwei Jahren sollten Sie jedoch über Ihre Versorgung in späteren Jahren nachdenken und geeignete Maßnahmen treffen.

Sicher haben Sie schon von den drei Säulen der Rentenversorgung gehört. Gemeint ist damit, dass Sie Ihre Altersvorsorge auf ein breites Fundament bauen sollten. Da ist zum einen die gesetzliche Rentenversicherung, in die Sie als Unternehmer höchstwahrscheinlich nicht mehr einzahlen. Eine Säule fällt für Sie also weg, die Sie durch eine andere ersetzen müssen. Die zweite Säule ist die betriebliche Altersvorsorge. Für Unternehmer bricht auch diese Säule weg. Ausnahme: Sie gründen eine GmbH oder AG und stellen sich als Geschäftsführer an, der selbstverständlich auch in eine betriebliche Rentenkasse einzahlen kann. Die dritte Säule ist die private Vorsorge bzw. vor allem die Riester-Rente, von der Sie als Unternehmer jedoch nicht profitieren können. Dafür kommt für Sie seit kurzem die äußerst umstrittene Rürup-Rente in Frage.

Von drei Säulen bleibt für Sie also nur eine übrig: die private Vorsorge. Sie muss sehr breit angelegt sein und das Risiko streuen. Ihre monatlichen Rücklagen müssen zudem die eines Angestellten bei weitem übertreffen. Wie viel Sie einplanen müssen, sollten Sie sich von einem kompetenten Fachmann ausrechnen lassen. Sicher berät er auch gern die anderen Teammitglieder ...

Gesetzliche Rentenversicherung

Die gute Nachricht: Ihre Ansprüche an die gesetzliche Rentenversicherung (GRV), die Sie sich bis zur Gründung erworben haben, können nicht verfallen. Sofern mindestens 60 Monate Versicherungszeit nachgewiesen werden können, erhalten Sie ab 65 Jahren eine Rente ... Die schlechte: Das System der GRV ist kompliziert, vor allem was die Berechnung von Anspruchshöhen betrifft. Und das für die Rente Gesagte trifft für die ebenfalls über die GRV abgesicherte Berufsunfähigkeitsversicherung leider nicht zu.

Zunächst einmal ist die gesetzliche Rentenversicherung eigentlich keine Versicherung. Denn: Hier sparen Sie nicht etwa Geld an, das Sie auf jeden Fall erhalten. Die staatliche Rentenversicherung beruht vielmehr auf dem so genannten Generationenvertrag: Sie bezahlen mit Ihrem Geld die heutigen Rentner. Morgen finanzieren Ihre Kinder dann Ihnen die Rente. Es kann sein und ist sogar wahrscheinlich, dass dann weit weniger Geld in der Kasse ist und Sie nicht annähernd das herausbekommen, was Sie einbezahlt haben. Dass dieses System viele verärgert, liegt auf der Hand. Sie fragen sich: Warum soll ich für meinen Nachbarn zahlen, der nicht mal Kinder in die Welt gesetzt hat?

Bis Sie aus der gesetzlichen Kasse eine Rente – z. B. für teilweise Erwerbsminderung – beziehen können, müssen Sie mindestens fünf Jahre eingezahlt haben. Bei der Altersrente zählt sogar das Erreichen des Renteneintrittsalters (hier gilt derzeit: das 60. Lebensjahr muss erreicht sein). Eine so genannte Regelaltersrente ohne Abschläge wird bei Renteneintritt erst ab dem 65. bzw. demnächst 67. Lebensjahr gewährt. Der Anspruch kann auch auf einen Ehepartner übergehen, so dass bei Ihrem Tod der oder die Hinterbliebene eine Rente bezieht.

Die Rentenhöhe setzt sich aus einer komplizierten normierten Formel zusammen, die im Sozialgesetzbuch definiert ist. Eine wichtige Basis für diese Berechnung sind so genannte Entgeltpunkte. Jeder Versicherungsnehmer führt aus seinem laufenden Gehalt einen bestimmten Prozentsatz als Beitrag an die Deutsche Rentenversicherung Bund (ehemals BfA und LVA) ab. Für diese Einzahlungen verteilt die Deutsche Rentenversicherung Bund einmal jährlich besagte Punkte.

Wer genauso viel wie der Durchschnitt aller Einzahler (getrennt nach West- und Ost-Durchschnitt) überwiesen hat, bekommt jährlich einen Punkt. Wer nur die Hälfte des Durchschnitts einzahlt, bekommt dementsprechend nur 0,5 Punkte. Wenn Sie bis zur Beitragsbemessungsgrenze – diese liegt 2005 bei Angestellten bei 76.800 Euro im Jahr! – einbezahlen, erhalten Sie 1,8 Punkte. Weitere Punkte werden für Ausbildungszeiten und Kindererziehungszeiten angerechnet. Die jährlich erteilten Punkte werden bei Rentenbeginn (im Regelfall also mit Vollendung des 65. Lebensjahrs) addiert. Die Gesamtpunktzahl ist maßgeblich für die Höhe der Rente.

Sie möchten freiwilliges Mitglied werden? Das kann in Einzelfällen sinnvoll sein, um den Anspruch auf Erwerbsminderung bestehen zu lassen. Anders als der Anspruch auf Rente, der bestehen bleibt, sofern Sie mehr als 5 Jahre eingezahlt haben, verfällt dieser nämlich. Um ihn aufrechtzuerhalten reicht die Zahlung des Mindestbeitrags von derzeit 79 Euro. Ob sich das Einzahlen dieser Summe wirklich lohnt, ist jedoch die Frage: Die Rente erhöht sich durch die Zahlung aber nur wenig, und die ausgezahlte Summe wäre häufig so gering, dass Sie unter dem Sozialhilfeniveau lägen und ohnehin auf die Hilfe des Staates angewiesen wären. Und 12 x 79 Euro gespart sind 948 Euro, in zehn Jahren fast 10.000 Euro, ohne Zinsen.

Übrigens gibt es hier doch eine Ausnahme: Der Anspruch auf Erwerbsminderungsrente besteht auch ohne weitere Zahlungen unter der Voraussetzung, dass bis zum 31.12.1983 bereits 60 Monate Beiträge entrichtet und seit dem 1.1.1984 lückenlos Pflicht- oder freiwillige Beiträge gezahlt wurden ... Doch diese Bedingung dürften die wenigsten Gründer erfüllen.

Pflichtmitgliedschaft

Keine Regel ohne Ausnahme: So sind die meisten Unternehmer von der Rentenversicherungspflicht befreit, aber eben nicht alle. Handwerker etwa sind rentenversicherungspflichtig, auch wenn Sie eine GbR betreiben. Auch Freiberufler kann die Rentenversicherungspflicht rufen: Journalisten als Künstler sind Mitglied der Künstlersozialkasse und damit zur Zahlung »verdammt«. Auch hier spielt es keine Rolle, ob Sie allein arbeiten oder in einer GbR. Auch als geschäftsführender Gesellschafter einer GmbH besitzen Sie Angestelltenstatus und kommen so um die Rentenversicherungspflicht nicht herum.

Weitere Berufsgruppen, von denen die Deutsche Versicherungsanstalt Bund Beiträge einbehalten möchte, sind:

▶ Lehrer und Dozenten/Trainer
▶ Pflegepersonen, die in der Kranken-, Wochen-, Säuglings-, Kinderpflege tätig sind
▶ Hebammen

Dies gilt auch, wenn Sie als Team tätig sind, jedoch nicht, wenn Sie sozialversicherungspflichtige Angestellte haben. Ein Minijobber reicht also nicht. Sie müssen mindestens 401 Euro im Monat auszahlen, damit Sie um die – in dem Fall lästige – Pflicht herumkommen.

Tipp

Wenn Sie z. B. als Gesellschafter einer Handwerker-Personengesellschaft oder einer Trainer-GbR rentenversicherungspflichtig sind, gründen Sie doch eine GmbH und stellen Sie z. B. Ihre Ehefrau als Geschäftsführerin ein. Auf diese Weise werden Sie von der Rentenversicherungspflicht befreit, denn Gesellschafter von Kapitalgesellschaften zahlen nicht in die GKV ein.

Für bestimmte Freiberufler – etwa Ärzte oder Rechtsanwälte – besteht eine Vorsorgepflicht in den so genannten berufsständischen Versorgungswerken, die die jeweiligen Kammern steuern.

Private Altersvorsorge

Mit einer Kapitallebensversicherung erwerben Sie Ansprüche auf eine vereinbarte Versicherungssumme, wobei diese nur eine Mindestleistung darstellt. Neben dem Garantiezins (z. Zt. 4 Prozent) kann sich dieser Betrag durch die vom Versicherungsunternehmen erwirtschafteten Überschüsse erhöhen. Da die Höhe des Beitrags vom Eintrittsalter abhängig ist und jedes einzelne Jahr den Zinseffekt erhöht, ist es sinnvoll, die Versicherung so früh wie möglich abzuschließen. Die Auszahlung kann am Ende der Laufzeit in einem Betrag oder in Form einer monatlichen Rente erfolgen. Der Todesfallschutz zur Absicherung Ihrer Hinterbliebenen kann je nach Bedarf gewählt werden.

Private Rentenversicherung

Die private Rentenversicherung ist eine Kapitallebensversicherung ohne Todesfallschutz, d. h., Sie zahlen einmalig oder regelmäßig Beiträge ein und erhalten dafür ab einem festgelegten Zeitpunkt eine lebenslange monatliche Leibrente oder alternativ eine einmalige Kapitalausschüttung.

Die Rendite liegt aufgrund des nicht mitversicherten Todesfallrisikos höher als bei der kapitalbildenden Lebensversicherung. Versicherungen bieten oft jedoch die Möglichkeit, eine Garantiezeit zu vereinbaren (z. B. für fünf oder zehn Jahre). Im Todesfall erhalten die Hinterbliebenen für diese Zeit die Monatsrente.

9.5 Berufsunfähigkeit absichern?

Es gibt kaum eine Versicherung, die es nicht gibt. Und gäbe es eine nicht, so würde sie morgen erfunden sein. Aus diesem Grund kann die Autorin an dieser Stelle nur einen groben Überblick geben. Die meisten (nicht genannten) Versicherungen sind überflüssig wie ein Kropf. Andere sind umstritten und müssen auf den Einzelfall bezogen betrachtet werden.

Umstritten ist etwa die Berufsunfähigkeitsversicherung. Die Versicherungen schüren Ängste, indem Sie sagen, jeder vierte Erwerbstätige würde vor Erreichen des Rentenalters berufsunfähig. Dabei ist es gleich, ob Sie angestellt sind oder selbstständig. Sie wird nicht etwa von Ihrem Team, sondern von Ihnen als Person abgeschlossen. Ihr Versicherer bezahlt Ihnen eine Rente, sollten Sie einmal nicht mehr in Ihrem Beruf arbeiten können. Dies ergänzt die Rente, die Sie aus der gesetzlichen Rentenversicherung – sofern Sie lange genug eingezahlt haben – ohnehin beziehen. Um monatlich jedoch auf eine angemessene Summe zu kommen, müssen Sie mehrere hundert Euro einzahlen. Wenig bringt nichts: Was haben Sie etwa von 1.000 Euro? Als ALG-II-Empfänger würden Sie ohne Versicherung etwa genauso viel bekommen (rechnet man die Miete mit). Und als Ex-Unternehmer hätten Sie Anspruch auf ALG II.

Zudem prüfen die Versicherungen akribisch, ob Sie wirklich unfähig sind, den Beruf auszuüben. Sie müssen immer wieder zum Arzt. In bestimmten Berufen ist Berufsunfähigkeit zudem unwahrscheinlich. Als Kaufmann können Sie auch mit Behinderungen oder Allergien arbeiten – einmal realistisch betrachtet. Kurzum: Oft lohnt es sich mehr, das Geld zu sparen oder clever anzulegen.

Riester-Rente – für Pflichtversicherte wie Künstler

Die Riesterrente ist eine staatlich geförderte private Altersvorsorge in Form verschiedener Versicherungsarten wie Direktversicherung oder Pensionsfonds. Das System: Sie zahlen einen Teil ein, der Staat den Rest. Im Rentenalter erhalten Sie dann monatliche Bezüge, können sich aber auch 30 Prozent des eingezahlten Guthabens auf einmal auszahlen lassen.

Wie sich das berechnet, ist kompliziert und im Einzelfall am besten mit einem im Internet – z. B. unter Biallo (*www.biallo.de*) erhältlichen Riester-Rechner – zu ermitteln. Familien mit Kindern erhalten höhere Zulagen. Ausgezahlt wird die Zulage maximal auf 4 Prozent des jährlichen Einkommens. Insgesamt kann die Zulage bis zur Hälfte des durch Sie eingezahlten Geldes betragen – etwa wenn Sie als Alleinverdiener 30.000 Euro im Jahr bekommen, verheiratet sind und ein Kind haben.

Die Förderhöhe ist begrenzt auf

2006 und 2007	bis zu 1.575 Euro
ab 2008 jährlich	bis zu 2.100 Euro

	Der Staat zahlt pro rentenversiche-rungspflichtiger Person / Ehepartner (so genannte Grundzulage)	Für Kinder erhält der Zulageberech-tigte, der Kindergeld erhält
in den Jahren 2006 und 2007	114 Euro	138 Euro
ab dem Jahr 2008 jährlich	154 Euro	185 Euro

Beispiel

Sie ernähren als Gesellschafter einer Journalisten-GbR und selbstständiger Journalist Ihre Familie mit zwei Kindern; Ihre Frau arbeitet nicht. Sie verdienen 30.000 Euro (Gewinn, bei Angestellten Brutto-Einkommen) und zahlen 4 Prozent davon in Riester ein, also 1.200 Euro. Davon gibt Ihnen der Staat 678 Euro, also mehr als die Hälfte.

Selbstständige erhalten die Riester-Förderung allerdings nur, wenn sie pflichtversichert sind. Das trifft auf Freiberufler zu, die in der Künstlersozialkasse sind, oder aber auf Dozenten sowie einige andere vom Gesetz definierte selbstständige Berufsgruppen. Auch Freiberufler, die über ein berufsständisches Versorgungswerk abgesichert sind, gehen bei Riester leer aus.

Doch auch wenn Sie verheiratet sind und Ihr Partner zwangsversichert in der Gesetzlichen Rentenversicherung ist, kann Riester für Sie interessant sein. Dann nämlich können Sie auch als Unternehmer von Riester mitprofitieren.

Die Riester-Rente für Sie als Arbeitgeber

Kennen sollten Sie die Riester-Rente in jedem Fall aus Sicht des Arbeitgebers: In dieser Position sind Sie nämlich verpflichtet, einen Teil des Einkommens Ihrer Angestellten für die Riester-Rente zur Verfügung zu stellen. Dieser Teil ist sozialabgabenfrei – woraus Ihnen durch die Absetzbarkeit der Beträge ein finanzieller Vorteil entsteht.

Rürup-Rente

Höchst umstritten ist die nach ihrem »Erfinder« Rürup benannte Rente, von notwendigen Nachbesserungen – wie sie auch bei Riester erfolgten – ist die Rede. Die Knackpunkte: Diese Rente lässt sich nur als monatliche Rente und nicht als einmalige Kapitalauszahlung beziehen. Außerdem ist der einmal gewählte Anbieter kaum wechselbar, das eingezahlte Kapital nicht auf einen anderen Anbieter übertragbar – womit Sie dem erstgewählten Versicherungsanbieter mehr oder weniger ausgeliefert sind.

In einer Übergangsfrist bis 2025 sind die Beiträge zur Rürup-Rente zudem nur begrenzt steuerlich absetzbar – im Jahr 2005 sind es 60 Prozent oder maximal 12.000 Euro für einen Single. Das hört sich erst einmal verlockend nach einem Steuersparmodell für Selbstständige an, weil bisher Renten nur bis zu einer geringen Höchstgrenze überhaupt abzugsfähig waren, als Sonderausgaben. Jedoch ist zu beachten, dass bei jüngeren Rürup-Sparern teilweise eine Doppelbesteuerung auftreten kann, beispielsweise, wenn man im Jahr 2005 nur 60 Prozent seiner Beiträge absetzen kann, aber bei Rentenbeginn im Jahr 2040 die Auszahlungen komplett versteuern muss.

Doch das musste der Gesetzgeber verändern, denn der Staat will Steuern: Ab dem Jahr 2040 werden 100 Prozent der ausgezahlten Rente steuerpflichtig sein. Die begrenzte Abzugsfähigkeit ergibt Nachteile für junge Steuerzahler – die unter 30-jährigen –, die jetzt nur 60 Prozent abschreiben können, später aber alles versteuern müssen. Besonders ärgerlich, wenn der Steuersatz hoch ist. Der Abzug lohnt sich dagegen für ältere Selbstständige mit hohem Steuersatz, vor allem wenn sie nach der Rente ein geringeres Einkommen haben werden und folglich dann auch weniger Steuern zahlen müssen …

Die Künstlersozialkasse

Die KSK übernimmt die Hälfte der Beiträge zu Ihrer Kranken- und Rentenversicherung. Als Teamgründer und sogar als GmbH-Geschäftsführer können Sie Mitglied in der KSK sein, wenn Sie nicht mehr als einen Mitarbeiter haben.

Die Künstlersozialkasse ist eigentlich gar keine Versicherung. Sie ist vielmehr eine öffentliche Einrichtung, die den »armen« Künstlern und Publizisten ein wenig von der Last der Sozialabgaben abnimmt. Arm ist dabei eine Tatsache: Wer auf die Durchschnittseinkommen der Künstler schaut – gleich ob aus den Bereichen bildende oder darstellende Kunst oder Wort –, erstarrt: Kaum 10.000 bis 12.000 Euro Gewinn im Jahr werden da erwirtschaftet. Allerdings gibt die Autorin zu bedenken, dass dies die gemeldeten Jahreseinkommen sind. Und Überprüfungen von Seiten der KSK selten …

Die KSK, und nun kommen wir zum Nützlichen, springt bei Selbstständigen in Sachen Sozialabgaben für den nicht vorhandenen Arbeitgeber ein und übernimmt dessen Anteile an den relevanten Abgaben. Sie zahlt also 50 Prozent zu den Krankenkassen- und 50 Prozent zu den gesetzlichen Rentenversicherungsbeiträgen. Deren Höhe wiederum bemisst sich am gemeldeten Einkommen.

Beim Zahlen gibt es kein Wenn und Aber, und die unternehmerische Entscheidungsfreiheit ist dahin: Wer vom Staat als Künstler identifiziert ist, muss in die Rentenkasse zahlen, ob er will oder nicht. Es sei denn, er übt eine nicht-künstlerische Tätigkeit in mehr als geringfügigem Umfang aus. Damit verliert er allerdings auch den Anspruch auf Zuschuss zur Krankenversicherung, kann jedoch – solange er nicht mehr als 50 Prozent über nicht-künstlerische Arbeit erwirtschaftet – via Künstlersozialkasse freiwillig in die Rentenversicherung einzahlen und erhält dabei auch den Zuschuss der KSK.

Die KSK ist zunächst auf Einzelkämpfer ausgerichtet, aber auch für Teams interessant. Jedenfalls dann, wenn der Geschäftszweck der Teamgesellschaft klar ein künstlerischer ist und alle Gesellschafter diesbezüglich am gleichen Strang ziehen. Dies ist typischerweise in Bürogemeinschaften der Fall, die – siehe das Kapitel »Gesellschaftsformen« – ja auch eine Art GbR darstellen. Hier sind wilde künstlerische Kombinationen sinnvoll und fruchtbar: Warum sollten nicht der Journalist und der Webdesigner, der Maler und der Texter sich Kosten teilen und ein wenig Gemeinschaftsgeist genießen. Dies ist aber nicht der Fall, wenn die GbR einen gewerblichen Charakter bekommt. Beispiel: Ein Künstler tut sich mit einem Galeristen und einem Kaufmann zusammen. Auf der einen Seite ein Erfolgskonzept – auf der anderen leider das Ende der KSK-Pflicht. Dies ist auch dann gegeben, wenn mehr als ein Mitarbeiter eingestellt werden, die mehr als geringfügig beschäftigt sind, also mindestens 401 Euro verdienen. Beteiligen Sie sich an einer GmbH oder einer anderen Körperschaft, verlieren Sie auch dadurch Ihren Anspruch. Indes gibt es Ausnahmen: Sollten Sie sich bei der GmbH selbst als Gesellschafter anstellen und mehr als 50 Prozent Gesellschafteranteile haben, werden Sie de facto wie ein Selbstständiger behandelt. Arbeiten Sie dann auch noch überwiegend im künstlerischen Bereich, sind Sie fein raus (oder vielmehr drin) und können Mitglied bleiben. Dies gilt selbst dann, wenn Sie auch kaufmännische Tätigkeiten ausüben und Ihre künstlerische Tätigkeit lediglich in der Überwachung künstlerischer Arbeit von freien Mitarbeitern, Azubis oder Minijobbern besteht. Denn auch hier gilt selbstverständlich die Regel: Eine Vollzeitarbeitskraft ist erlaubt, alle anderen müssen entweder in Ausbildung, Minijob oder als freier Mitarbeiter beschäftigt sein. Damit kommen Sie übrigens auch in eine Doppelsituation: Sie sind einerseits selbst Mitglied und müssen andererseits Beiträge als Unternehmen zahlen (siehe nächsten Abschnitt).

Übrigens: Lassen Sie sich von dem hehren Begriff »Kunst« nicht abschrecken. Auch Webdesigner sind für die KSK – wie Mitglieder ihre soziale Kasse liebevoll nennen – neuerdings Künstler, sofern sie mehr gestalten als programmieren. Dasselbe gilt für Lektoren, künstlerische Fotografen und Übersetzer, die Bücher in andere Sprachen übertragen.

In die Künstlersozialkasse einzahlen

Auch wenn Sie selbst kein Künstler sind, müssen Sie für künstlerische Arbeit eine Abgabe zahlen. Dieser Abschnitt ist deshalb Pflichtlektüre für alle Unternehmen.

Schön, wenn Sie über die KSK Unterstützung erhalten. Es kann aber auch sein, dass Sie zugleich selbst einzahlen müssen. Oder, noch wahrscheinlicher: nur einzahlen müssen. Denn die Künstlersozialkasse finanziert sich auch aus den Beiträgen der Unternehmen, die Künstler beschäftigen. Und die müssen dafür ganz schön tief in die Tasche greifen. Auf jede einzelne künstlerische Leistung wird 2005 eine Abgabe von 5,4 Prozent fällig. Die Beweispflicht liegt dabei auf Ihrer Seite, das heißt, Sie müssen anhand von Rechnungen nachweisen, wie viel Geld an einen Künstler geflossen ist. Von dieser Pflicht ausgenommen sind Sie nur, wenn Sie mit einer GmbH oder einer anderen Körperschaft zusammenarbeiten, die künstlerische Leistungen erbringt. Dies erklärt auch die Neigung von Firmen, mit juristischen Gesellschaften Geschäfte zu machen und nicht mit Personengesellschaften oder Freelancern. Sie sparen sich dadurch (auch) eine Abgabe und den Aufwand, den eine Betriebsprüfung durch die Künstlersozialkasse – mit der Unternehmen eher rechnen müssen als Mitglieder – verursacht.

Sehr wahrscheinlich abgabenpflichtig sind folgende Unternehmensarten, unabhängig von ihrer Größe und Unternehmensform – und auch völlig gleich, ob es sich um Freiberufler-Firmen oder Gewerbebetriebe handelt:

- ▶ Verlage (Buchverlage, Presseverlage etc.)
- ▶ Presseagenturen und Bilderdienste
- ▶ Theater, Orchester, Chöre
- ▶ Veranstalter jeder Art, Konzert- und Gastspieldirektionen, Tourneeveranstalter, Künstleragenturen, Künstlermanager
- ▶ Rundfunk- und Fernsehanbieter
- ▶ Hersteller von Bild- und Tonträgern (Film, TV, Musik-Produktion, Tonstudio etc.)
- ▶ Galerien, Kunsthändler
- ▶ Werbeagenturen, PR-Agenturen, Agenturen für Öffentlichkeitsarbeit
- ▶ Unternehmen, die das eigene Unternehmen oder eigene Produkte/Verpackungen etc. bewerben

- ▶ Design-Unternehmen
- ▶ Museen und Ausstellungsräume
- ▶ Zirkus- und Varietéunternehmen
- ▶ Ausbildungseinrichtungen für künstlerische und publizistische Tätigkeiten (z. B. auch für Kinder oder Laien).

(Liste entspricht der Aufzählung der KSK auf *www.kuenstlersozialkasse.de*).

Zusätzlich sind alle Unternehmen abgabepflichtig, die regelmäßig von Künstlern oder Publizisten erbrachte Werke oder Leistungen für das eigene Unternehmen nutzen, um im Zusammenhang mit dieser Nutzung – mittelbar oder unmittelbar – Einnahmen zu erzielen. Wer also Illustrationen für die eigene Unternehmensbroschüre einsetzt oder einen Kunstkalender für die Kunden produziert, ist damit abgabenpflichtig.

Interview

Jens O. Brelle (*www.art-lawyer.de*) hat sich als Rechtsanwalt in Hamburg auf Künstler spezialisiert und beantwortet hier Fragen zum Thema Künstler im Team – Recht und Versicherung:

Wie können sich Künstler als Team aufstellen?
Künstler können jede Gesellschaftsform gründen. Oft wählen Sie aber die GbR.

Verliere ich meine KSK-Mitgliedschaft, wenn ich als Künstler oder Publizist in eine (freiberufliche) GbR eintrete? Können GbRs überhaupt Mitglied in der KSK werden?
Nein. Gesellschaften bürgerlichen Rechts (GbRs) werden nicht Mitglied der Künstlersozialkasse (KSK). Denn die GbR besitzt im Gegensatz zu z. B. einer GmbH grundsätzlich keine eigene Rechtspersönlichkeit. Die GbR besteht als so genannte Personengesellschaft aus natürlichen und/oder juristischen Personen, die jeweils eine eigene Rechtspersönlichkeit besitzen. Diese Personen können auch als Mitglied einer GbR – oder auch Partnergesellschaft – Mitglied der KSK sein. Zum Kreis der Versicherten der KSK gehören die selbstständig künstlerisch oder publizistisch Tätigen. Sie dürfen nicht mehr als einen sozialversicherungspflichtigen Arbeitnehmer beschäftigen, aber so viele Minijobber einstellen, wie sie möchten. Problematisch könnte es jedoch werden, soweit die Tätigkeit für die GbR keine künstlerische oder publizistische ist und diese andere Tätigkeit überwiegt. Hier gelten aber die Kriterien, die für jedes einzelne Mitglied gelten.

Wann muss ich selbst als Unternehmer in die KSK einzahlen?
Grundsätzlich ist die Künstlersozialabgabe von solchen Unternehmen zu leisten, die künstlerische und publizistische Leistungen verwerten. Darunter fallen z. B. die typischen Verwertungen durch Verlage, PR-Agenturen, Veranstalter, Theater, Film- und Musikproduktionsfirmen, Galerien, Museen etc. Entscheidend ist die Verwertungsart, d. h., auch öffentliche Körperschaften oder Vereine, die solche Werke nutzen, können abgabepflichtig sein.

Gibt es Künstler, die Gesellschafter einer GmbH werden? Wann bietet sich das an?
Praktisch relevant sind eher die Fälle mehrere Künstlerinnen in einer GbR. Steuerrechtlich sind dabei die Einkünfte aus selbstständiger Tätigkeit anteilsmäßig auf die einzelnen Gesellschafter zu verteilen und dort zu versteuern. Abzugrenzen sind diese Einkünfte insbesondere von den Einkünften aus Gewerbebetrieb. Eine GmbH ist z. B. immer gewerbesteuerpflichtig. Eine GmbH bietet sich dann an, wenn ein Künstler die Haftung im Außenverhältnis auf das eingebrachte Stammkapital beschränken will. Für bildende Künstler ist diese Gesellschaftsform nicht interessant, bei Musik-, Film- und Fernsehproduktionen dagegen üblich. So wird oftmals für größere Filmprojekte eine eigene Produktionsgesellschaft als GmbH gegründet, um die Haftung für dieses Filmprojekt auf das Stammkapital der GmbH zu beschränken.

Es geht um eine Idee: Jemand hat diese in eine Gesellschaft eingebracht, es kommt zum Streit, und der Urheber möchte mit der Idee allein weitermachen. Was tun?
Ideen und Konzepte sind nicht über das Urheberrecht geschützt. Urheberrechtlicher Schutz erfordert eine gewisse so genannte »Gestaltungshöhe«, d. h. Originalität, Individualität, Besonderheit und die Umsetzung in ein konkretes Werk, z. B. ein Kunstwerk, Text, Musikstück oder Film. Handelt es sich um ein urheberrechtlich geschütztes Werk, das der Urheber in die GbR eingebracht hat, bleiben grundsätzlich ihm selbst die ausschließlichen Rechte. Etwas anderes gilt nur, wenn der Gesellschaftsvertrag dies ausdrücklich vorsieht (Nutzungsrechtsübertragung) oder sich aus dem Zweck des Handelns bzw. des Gesellschaftsvertrages ergibt, dass der Urheber bestimmte Nutzungsrechte an seinem Werk zur Vertragserfüllung an die anderen Gesellschafter übertragen hat, die »Zweckübertragungstheorie«.

Webadressen

Infos

- Biallo (*www.biallo.de*): Top-Finanz- und Versicherungsinfos

- Gewerbliche Versicherung (*www.gewerbliche-versicherung.de*): Unabhängige Versicherungsmakler, mit Online-Versicherungsvergleich

- Maklerinfo (*www.maklerinfo.biz*): Jede Menge Versicherungsvergleiche, eigentlich für Makler, aber mindestens genauso informativ für Sie

- Bundeswirtschaftsministerium (*http://www.bmwi-softwarepaket.de/gruender/pdf/broschueren/kunst.pdf*): Broschüre für Künstler

- Bund versicherter Unternehmer (*www.bvuev.de*)

- Bund der Fairsicherungsläden (*www.fairsicherung.de*)

Versicherungen

- Allianz (*www.allianz.de*)

- Barmenia (*www.barmenia.de*)

- Gerling (*www.gerling.de*)

- Gothaer (*www.gothaer.de*)

- Euler Hermes (*www.hermes-kredit.de*)

- Viktoria (*www.viktoria.de*)

Makler

- Versicherungsmakler (*www.versicherungsmakler.de*)

- Andrea Kalt & Ulrich Horzel (*www.finanzstrategie.de*)

Für Minijobs

- Minijob Zentrale (*www.minijobzentrale.de*)

Sonstiges

- Hauptverband der gewerblichen Berufsgenossenschaften (*www.hvbg.de*)

- Künstlersozialkasse (*www.kuenstlersozialkasse.de*)

10 Mitarbeiter im Team

Die Arbeit wird mehr? Die meisten Gründerteams denken dann erst einmal an einen Minijobber, der oder die etwas von der Last abnimmt. Dabei geht es meist um standardisierte Tätigkeiten, etwa Sekretariat und Büroorganisation. Doch was ist bei der Einstellung eigentlich zu beachten? Als Gründer sollten Sie auch hier ganz genau hinschauen! Denn es geht hier nicht nur um rechtliche und menschliche Fragen, sondern um das Unternehmen und seine Zukunft.

Fehler bei der Einstellung lassen sich nur schwer wieder geraderücken. Und oft kommt das Finanzamt oder die Deutsche Rentenversicherung Bund erst Jahre später – um dann rückwirkend Geld zu fordern. Und manch ein schnell gewachsenes Unternehmen ist erst sehr viel später böse aufgewacht. So wie die Musikfirma, die jahrelang »freie Mitarbeiter« beschäftigt hat und nach einer Betriebsprüfung feststellen muss, dass diese wie Angestellte zu behandeln sind und infolgedessen Sozialversicherungsbeiträge nachgezahlt werden müssen. Oder die Pizzeria, die ihre Aushilfen mehr als acht Wochen am Stück beschäftigte und für fünf Jahre Beiträge in Höhe von fast 60.000 Euro nachzahlen musste ... Ziemlich blöd da stand auch der kleine Verlag, der seinen Volontär einfach so ohne Geld beschäftigt hatte ... bis dieser im Nachhinein 4.000 Euro für die Tätigkeit der letzten vier Monate forderte.

Machen Sie es lieber von Anfang an richtig. Ein Gründer aus dem Team sollte sich intensiver mit dem Thema Personal beschäftigen. Dazu gehört zunächst die Klärung der Frage, welche Möglichkeiten der Beschäftigung überhaupt bestehen – und welche für Sie in Frage kommen. Aus Kostengründen, aber auch vor dem Hintergrund Ihrer Unternehmenssituation und im Hinblick auf Ihre Zukunftspläne.

In diesem Kapitel lesen Sie:

▶ Welche Arten von Jobs Sie vergeben und worauf Sie achten müssen
▶ Wie Sie Zuschüsse von Staat und Arbeitsagentur nutzen
▶ Wie Sie ein Suchprofil erstellen und den passenden Bewerber auswählen
▶ Wie Sie wirksame Arbeitsverträge erstellen
▶ Wie Sie kündigen
▶ Wie Sie als Bürogemeinschaft einstellen
▶ Wie Sie Business-Center und Bürodienste als »Personalersatz« verwenden

10.1 Mini- oder lieber Maxijob?

Die meisten Unternehmen wachsen in einem überschaubaren Tempo. Irgendwann ist dann der Punkt erreicht, an dem so viel Geld übrig ist, dass ein Job finanziert werden kann oder wo weiteres Wachstum ohne neue Arbeitskräfte nicht möglich ist. Oder aber wo so wenig Zeit für das Kerngeschäft bleibt, dass es gar keine andere Möglichkeit gibt, als sich Entlastung zu schaffen.

In dem Moment stellt sich die Frage: Was tun? Schließlich wollen Sie mit möglichst wenig Risiko expandieren und auch keine Unsummen an Sozialbeiträgen zahlen. Sie suchen also zunächst im Umfeld der preiswerten Alternativen:

▶ bei den Praktikanten, die kann jeder brauchen

▶ bei Azubis und Azubinen, die leider immer mal wieder in die Berufsschule müssen

▶ bei Aushilfen, die nicht am Stück arbeiten dürfen

▶ bei Minijobbern, die Ihnen die Abwicklung der Pauschalversteuerung einfach machen

Doch verschaffen Sie sich zunächst einmal einen Überblick, welche Art von Beschäftigung für die von Ihnen zu vergebende Arbeit in Frage kommt.

Art der Beschäftigung	Ideal	Für welche Tätigkeiten	Sozialversicherung und Steuer	Kosten für Arbeitgeber	Achten auf
Minijob	Wenn Sie jemanden dauerhaft für eine Tätigkeit anstellen möchten, in der dieser weniger als 400 Euro verdient	Vom Sekretariat bis zur Buchhaltung	Pauschalierte Beiträge von 23 % für die Kranken- und Rentenversicherung sowie 2 % für die Lohnsteuer	500 Euro	Meldung bei der Bundesknappschaft ist Pflicht
Aushilfe	Wenn Sie jemanden nur bis zu 2 Monate oder 50 Tage im Jahr beschäftigen wollen	Saisonale Arbeiten, Spitzen abbauen	Keine Sozialabgaben	Lohn = Kosten, sofern die Beschäftigung 18 zusammenhängende Tage nicht übersteigt	Die Aushilfe darf nur bis zu 2 Monate arbeiten. Vorsicht bei Arbeitslosen und Schulabgängern. Bei mehr als 18 Tagen am Stück: Lohnsteuerkarte vorlegen lassen
Azubi	Wenn Sie jemanden langfristig in Ihr Unternehmen einbinden und mit Ihnen wachsen lassen möchten	Lehrberufe	Wie bei Vollzeitangestellten	Tarifgebunden	Der Azubi sollte mit Ihrem Betrieb wachsen, idealerweise auch nach der Lehre bei Ihnen bleiben.
Freier Mitarbeiter	Wenn Sie qualifizierte Aufträge zu vergeben haben, z. B. im Bereich Text oder Gestaltung oder Programmierung	Kreative Tätigkeiten sowie Tätigkeiten, die eine bestimmte fachliche Kompetenz erfordern	Der freie Mitarbeiter ist ein Unternehmer und muss sich selbst versichern	Üblicherweise werden Stundenhonorare ab 20 Euro oder Tagessätze ab 200 Euro bezahlt, zzgl. Umsatzsteuer	Der freie Mitarbeiter muss mehrere Auftraggeber haben und darf nicht auf Anweisung arbeiten

Art der Beschäftigung	Ideal	Für welche Tätigkeiten	Sozialver-sicherung und Steuer	Kosten für Arbeitgeber	Achten auf
Praktikant	Wenn Sie Projekte abgeben können oder Arbeitskräfte benötigen, um Spitzen abzubauen (Aussicht auf Festanstellung)	Vorwiegend für Tätigkeiten, die einen häufigen Wechsel (z. B. von Ansprechpartnern) verkraften, also Tätigkeiten im Bereich Produktion und Administration	Abhängig vom Status des Praktikanten und seiner Bezahlung: Studenten, die das Praktikum benötigen, sind versicherungsfrei für Sie, sofern sie nicht mehr als 400 Euro/Monat verdienen. Andernfalls: Auch wenn Sie nichts bezahlen, werden ca. 24 Euro/Monat für einen pauschalierten Beitrag zur Rentenkasse fällig. Arbeitslose Praktikanten, die bei Ihnen im Rahmen einer Weiterbildung beschäftigt werden, sind sozialabgabenfrei.	—	Sozialversicherungspflicht möglich
Volontär	Wenn Sie jemanden bis zu zwei Jahre in einer Tätigkeit ausbilden wollen, für die es keinen Lehrberuf gibt	Im Verlagswesen, in Agenturen, im PR-Bereich	Bis 400 Euro wie Minijob, sonst wie bei Azubi und Vollbeschäftigten	Gehalt plus Sozialabgaben, teilweise tarifgebunden (Verlagswesen)	Wenn Sie kein Gehalt bezahlen, muss das vertraglich vereinbart sein
Teilzeitkraft	Im Übergang zur qualifizierten Tätigkeit, kann zum Vollzeitjob ausgebaut werden	Überall	Voll sozialversicherungspflichtig	Gehalt plus Sozialabgaben	Urlaubsanspruch beachten!
Vollzeitkraft	Für qualifizierte Tätigkeiten, eigenen Verantwortungsbereich	Überall	Voll sozialversicherungspflichtig	Gehalt plus Sozialabgaben	—

Gründerporträt: Shoe Service – »Unsere Idee braucht gute Mitarbeiter«

Unternehmen	Shoe Service GbR
Gründung	2004
Branche	Dienstleistung
Webadresse	*www.shoe-service.de*

Gero Wendeborn ist 20 Jahre alt – und schon ein erfolgreicher Unternehmer. Dabei ist er eher zufällig in die Rolle des Chefs von Deutschlands erster überregionaler Schuh-putzfirma hineingestolpert.

Und das ist die Geschichte: Kurz nach dem Abitur, im Sommer 2003, saßen Wende-born und sein Kumpel Alexander Philipp Annecke (21 Jahre), beide aus Munster in Nie-dersachsen, beim Grillen zusammen.

Die Würstchen waren vertilgt und die ersten Flaschen geleert, als das Gespräch auf das Studium kam. »Wir überlegten gemeinsam, wie wir Geld aufbringen könnten. Da kam uns der Gedanke, es doch selbst einmal als Unternehmer zu probieren.«

Gesagt, getan: Die Geschäftsidee war schnell gefunden – ein Schuhputzservice. Gero wusste aus seiner Praktikumszeit in London, dass Schuhputzer dort – ganz anders als in der Dienstleistungswüste Deutschland – Tradition haben.

Schuhputzer besuchen in Großbritannien regelmäßig große Unternehmen: Diens-tagvormittag die Bank, Dienstagnachmittag den Energieversorger, Mittwochmorgen die Versicherung ... und so weiter. In Spanien ist das ähnlich. Warum das Schuheputzen bei uns lediglich Hausfrauentradition hat? Wendeborn zuckt mit den Schultern. Unlo-gisch ist es schon: Schließlich helfen geputzte Schuhe hierzulande nicht nur bei Bewer-bungen, sondern sind auch bei Verhandlungen und Kundengespräch so wichtig wie ein knitterfreies Jackett und freundliches Auftreten.

Mit dem Versuch, Hamburger Unternehmen als Partner zu gewinnen, scheiterten Wendeborn und Annecke jedoch. »Die Deutschen sind einfach noch nicht so weit«, glaubt Wendeborn, der Volkswirtschaftslehre studiert. Doch wo andere Gründer sich nach ersten Misserfolgen zurückziehen, blieben Wendeborn und Annecke unterneh-merisch-hartnäckig.

Für sie war die Idee vom Schuhputzservice noch lange nicht gestorben: Als Nächs-tes zogen sie mit ihrer Shoe Service GbR zum Hamburger Flughafen. Eigentlich wollten die Jungunternehmer den Flughafen bloß als Werbepartner für ihren Service gewin-nen. Erst nach und nach kristallisierte sich heraus, dass der Abflugbereich ein idealer Standort fürs Schuhputzen ist: Schließlich befinden sich Flughafengäste tagsüber oft auf dem Weg zu einem Termin ...

Ein halbes Jahr dauerten die Verhandlungen – schließlich möchte der Flughafen an Provisionen mitverdienen. Dann war alles klar und festgezurrt. Wendeborn stellte sich mit seinem sonderangefertigen Stuhl drei Monate hinter den Duty-free-Bereich, um sich mit Bürste und Schuhcreme vor den Passagieren niederzuknien. Erniedrigend? Von wegen: »Ich wundere mich immer, warum Deutsche damit ein Problem haben. Es ist doch klasse, Menschen zu bedienen.« Ein bisschen plaudern, ein bisschen putzen – und schon sind 3 Euro verdient. Dafür muss sich weder der Bediente noch der Bedienende schämen.

Inzwischen steht in Hamburg ein Mitarbeiter von Wendeborn und Annecke bereit: ein gebürtiger Afghane, der fließend deutsch spricht und sich über seinen stattlichen monatlichen Nettoverdienst von 1.500 Euro netto im Monat (plus Trinkgeld) richtig freut. »So viel habe ich vorher nicht verdient«, sagt er.

Seit Wendeborn nicht mehr selbst putzt, verhandelt er mit dem Flughafen München über eine weitere »Schuhputzlizenz«. Diese ist zum Greifen nah gerückt. Schon sucht der Shoe Service per Anzeige im Stellenmarkt der Arbeitsagentur einen Mitarbeiter in München. In Hamburg möchte Wendeborn das gut laufende Geschäft ausweiten und einen Mitarbeiter für die Frühschicht einstellen. Erst einmal auf Minijobbasis.

Was nicht heißt, dass Wendeborn nur arbeiten lässt und dabei Geld scheffelt. »Als Unternehmer hat man mit Buchhaltung, Gehaltsabrechnung und Marketing den ganzen Tag zu tun.« Da Kollege Annecke derzeit seinen Wehrdienst ableistet, bleibt das Meiste an ihm hängen.

Der Gewinn wird direkt wieder ins Wachstum der Firma investiert. Nur so kann das Unternehmen groß werden und weiter wachsen. Gerade muss ein neuer Schuhputzsitz für München her, der kostet locker 2.500 Euro. Außerdem ist ein eigener Messeservice geplant – das alles fordert Investitionen und nun auch einen Kredit. Um den zu bekommen, schreibt Wendeborn jetzt einen richtigen Business-Plan. Vorher ging alles ohne – gerechnet hat Wendeborn aber trotzdem scharf.

Und in 10 Jahren? Da möchte Wendeborn mit seiner Firma groß geworden sein – und das Diplom für Volkswirtschaftslehre in der Tasche haben.

Voll- und Teilzeitkräfte

Sie haben von Anfang an viel Arbeit, wollen expandieren oder Ihr Geschäft sofort »groß« aufziehen? Dann kommen Sie mit Minijobbern und Praktikanten nicht aus. Für jeden Voll- und Teilzeitjob zahlen Sie 50 Prozent der fälligen Sozialbeiträge. Sie sind auch dazu verpflichtet, die Lohnsteuer aus dem Bruttogehalt zu ermitteln und an das Finanzamt abzuführen.

Und die Pflichten gehen weiter: Auch den Arbeitsvertrag dürfen Sie nicht gestalten, wie Sie wollen. So müssen Sie Ihren Mitarbeitern bei einer 5-Tage-Woche mindestens 20 und bei einer 6-Tage-Woche mindestens 24 Tage Urlaub im Jahr gewähren.

Die Berechnung für Teilzeitkräfte ist kompliziert. Passen Sie hier bei der Arbeitsvertragsgestaltung ganz genau auf: Ihre Sekretärin soll drei Tage in der Woche beschäftigt sein? Ist sie die einzige Kraft in Ihrem Betrieb? Dann gehen Sie vom gesetzlichen Mindestanspruch von 24 Urlaubstagen aus, den Sie auf die drei Tage umrechnen: 24 : 5 x 3 = 14,4 Tage. Da ein viertel Tag schlecht zu nehmen ist, runden Sie großzügig auf 15 Tage. Haben Sie eine Vollzeitkraft angestellt, so muss sich der Urlaubsanspruch der Teilzeitkraft an dem Urlaub der »Vergleichsfrau« oder des »Vergleichsmannes« orientieren. Bekommt dieser 30 Tage, hat Ihre 3-Tages-Sekretärin also Anspruch auf 30 : 5 x 3 = 18 Tage. Bezahlte Tage, versteht sich.

Sind feste Stundenzahlen, aber keine festen Arbeitstage vereinbart? Wenn Ihre Teilzeitkraft fünf Tage die Woche jeweils 2 Stunden arbeitet, hat sie auch Anspruch auf 24 Tage Mindesturlaub. Für Sie ist diese Lösung in der Regel also ungünstiger, weil sie dazu führt, dass die Teilzeitkraft insgesamt länger wegbleibt.

Urlaubsgeld müssen Sie nicht tragen, und auch das Weihnachtsgeld ist freiwillig. Zahlen Sie diese »Goodies« allerdings drei Mal hintereinander aus, so sind Sie verpflichtet, diese Leistungen den Mitarbeitern auch zukünftig zu gewähren. Vorsichtige Zurückhaltung ist mit Blick auf Krisenzeiten also angebracht ...

Darüber hinaus sind Sie verpflichtet, Ihre Mitarbeiter bei der Krankenkasse und der gesetzlichen Rentenversicherung – der Deutschen Rentenversicherungsanstalt Bund – anzumelden und dort monatlich die Beiträge zu entrichten. Hierbei teilen Sie sich mit Ihrem Mitarbeiter die Kosten, behalten aber seinen Anteil automatisch mit ein und führen ihn zusammen mit dem Ihren ab. Beiträge für die Berufsgenossenschaft, auch dies eine Pflicht, zahlen Sie zu 100 Prozent. Sie sind zudem verpflichtet, die Lohnsteuer einzubehalten und an das Finanzamt zu überweisen.

Tipp: Zeitvertrag für 4 Jahre
Für Existenzgründer gibt es eine Sonderregelung bei der Befristung von Arbeitsverträgen: Bis zu vier Mal hintereinander dürfen Sie einen Arbeitsvertrag befristen, also maximal vier Jahre (sonst zwei Jahre).

Tipp: Ältere Mitarbeiter einstellen

Die so genannten Hartz-Gesetze erlauben es Ihnen, ältere Mitarbeiter über 52 Jahre ohne Kündigungsschutz einzustellen, selbst wenn dieser für Ihren Betrieb gelten würde.

Ein Überblick:

Arbeitslosenversicherung	gesamt:	13,5 %	Ihr Anteil:	6,75 %
Krankenversicherung	gesamt: z. B.	14 %	Ihr Anteil: z. B.	7 %
Pflegeversicherung	gesamt:	1,7 %	Ihr Anteil:	0,75 %
Rentenversicherung	gesamt:	19,5 %	Ihr Anteil:	9,75 %

Dabei gelten Beitragsbemessungsgrenzen. Das bedeutet, dass sich die Beiträge über diese Grenzen hinaus nicht mehr erhöhen:

Krankenversicherung	Alte und neue Bundesländer: 3.562 Euro pro Jahr
Rentenversicherung und Arbeitslosenversicherung	Alte Bundesländer: 5.250 Euro monatlich / 63.000 Euro pro Jahr; Neue Bundesländer: 4.400 Euro monatlich / 52.800 Euro pro Jahr

Praktikanten

Manche Firmen haben weit mehr Praktikanten als Mitarbeiter. Manche leben am Anfang sogar nur von Praktikanten. Fitte Praktikanten sind für manche Unternehmen somit überlebenswichtig. Aber sie sind auch nur flüchtige Wegbegleiter, bleiben sechs Wochen, vielleicht sechs Monate – und sind dann wieder weg. Praktikanten sind von daher ideal für alle, die abgeschlossene Projekte zu vergeben haben. Sie sind nichts für Sie, wenn Ihre Kunden gleichbleibende Ansprechpartner und Kompetenz erwarten. Dieses Bedürfnis sollten Sie nicht unterschätzen.

Achten Sie darauf, dass Ihre Praktikanten sozialversicherungstechnisch »unter Dach und Fach« sind, sonst könnten Sie selbst zur Begleichung der Beiträge herangezogen werden. Ideal sind Praktikanten, die noch studieren und für die das Praktikum Bestandteil des Studiums ist. Die Sozialversicherungsträger gehen davon aus, dass diese das Praktikum zum Lernen und nicht zum Arbeiten absolvieren und verzichten von daher auf Sozialversicherungsbeiträge. Die Nachweispflicht liegt aber bei Ihnen: Kopieren Sie also unbedingt den Studentenausweis!

Vorsicht auch bei Abiturienten, die noch kein Studium aufgenommen haben. Das Entgelt aus dem Praktikum ist für Sie als Arbeitgeber sozialversicherungspflichtig. Selbst für Praktikanten, die gar kein Geld erhalten, müssen Sie Rentenversicherung bezahlen – das macht 1 Prozent der monatlichen Bezugsgröße (= Durchschnittsgehalt eines Angestellten), also derzeit insgesamt 24,25 Euro aus.

Ist das Praktikum Bestandteil des Studiums, haben Sie, wie gesagt, die wenigsten Probleme, denn damit bleibt der Student versicherungsfrei ... Ist dies nicht gegeben, sollten Sie Ihrem Praktikanten nicht mehr als 400 Euro im Monat und dies (seit 2004) nicht mehr als zwei Monate lang zahlen, damit bleibt auch er rentenversicherungsfrei. Ist der Praktikant länger bei Ihnen, gelten die gleichen Regeln wie für Minijobs – es wird also eine Pauschalversteuerung von 25 Prozent fällig. 2 Prozent davon können Sie sparen, indem Sie sich die Lohnsteuerkarte vorlegen lassen.

Vorsicht, wenn der Student sein Studium bereits beendet hat: Sofern er eine Vergütung erhält, ist er mit dieser auch normal versicherungspflichtig. Arbeitet er ohne Geld – was ja auch oft genug vorkommt – sind 54,52 Euro in die Krankenversicherung fällig, die allerdings der Praktikant selbst zahlen muss. Lassen Sie sich die entsprechenden Bescheinigungen vorlegen und kopieren Sie diese für die Personalakten. Auch die Rentenversicherung will ihren Obolus: auch in diesem Fall 1 Prozent der Bezugsgröße, also 24,15 Euro.

Auch in Ordnung: Praktikanten aus Weiterbildungsmaßnahmen der Arbeitsagentur. Diese sind in der Regel über die Agentur renten- und krankenversichert und Sie haben damit gar keinen Stress.

Volontäre

Das Praktikum ist zu kurz? Sie wünschen sich einen Mitarbeiter, der länger bleibt und damit auch weitergehend in die Tätigkeit eingearbeitet werden kann? Dann könnte ein Volontariat die Lösung für Sie sein. Volontäre werden meist für ein Jahr eingestellt, können aber bis zu zwei Jahre für Sie tätig sein. Sie dürfen Sie nicht ohne Weiteres vergütungsfrei arbeiten lassen, denn laut Berufsbildungsgesetz haben Volontäre Anspruch auf eine angemessene Vergütung. Greift in Ihrem Betrieb ein Tarifvertrag, so sind die Vergütungen vorgeschrieben. Dies ist etwa bei Tageszeitungsverlagen der Fall. Sie dürfen nur dann »nichts« zahlen, wenn der Volontär dem Null-Euro-Vertrag explizit zustimmt (nach Paragraf 18 BBIG).

Über die Vergütung müssen Sie sprechen und diese in einem Vertrag niederschreiben. Tun Sie das nicht, gilt eine Vergütung oder ein Entgelt als stillschweigend vereinbart, wenn die Arbeitsleistung den Umständen nach nur gegen eine Vergütung zu erwarten ist. Ihr Volontär kann dann die Vergütung verlangen, die branchenüblich ist – übrigens auch im Nachhinein. Also erlauben Sie sich hier besser keine Fehler, die Sie später teuer bezahlen müssen. Volontäre müssen nach den üblichen Sätzen in die Sozialversicherung einzahlen, sofern sie mehr als 400 Euro im Monat erhalten.

Werkstudenten

Wollen Sie einen Physikstudenten in Ihrem Taxiunternehmen beschäftigen, eine Germanistin Blumen verkaufen lassen? Alles kein Problem, solange dies nicht mehr als 26 Wochen im Jahr oder 20 Stunden pro Woche in 52 Wochen geschieht. Eine kurzfristige Beschäftigung bis zu zwei Monaten oder 50 Tagen ist für Sie und den Studenten sozialversicherungsfrei. Frei für den Studenten sind auch die Minijobs mit maximal 400 Euro im Monat. Diese kosten Sie allerdings plus 25 Prozent pauschalierte Sozialabgaben – im Zweifel mehr, als Sie mit 401 Euro (bis 800 Euro) zahlen müssten. Da sind es nämlich nur 50 Prozent zur Rentenversicherung (also 9,75 Prozent). Insgesamt ist also eine Beschäftigung im Niedriglohnbereich für Sie günstiger, denn sofern der Student weiter hauptberuflich verdient, muss er nicht in die Kranken-, Pflege- und Arbeitslosenversicherung einzahlen. Das heißt nicht, dass er nicht krankenversichert ist. Bis 25 Jahre ist eine Versicherung über die Eltern möglich, danach kostet das Selbstversichern einen Studenten 54,20 Euro im Monat. Dazu müssen Sie als Arbeitgeber nichts beisteuern.

Azubis

Azubis sind, wie der Name sagt, Auszubildende und nicht etwa Auszubeutende (dann wären es Azubeus). Es sind keine billigen Arbeitskräfte, oder zumindest doch: nicht nur. Zu Recht erwarten sie auch etwas von Ihnen: Neben dem Arbeitszeugnis liegt ihnen auch an Wissensvermittlung. Mit der Ausbildung wollen sie schließlich den Grundstein für ihren weiteren Lebensweg legen. Leider gibt es viel zu viele Betriebe, die das nicht beachten und ihre Azubis tatsächlich nur ausnehmen, also wie Azubeus behandeln. »Gelernt habe ich eigentlich nichts«, solche Aussagen begegnen mir leider zu häufig. Sie sind auch kein gutes Zeugnis für Sie als Betrieb. Azubis einstellen heißt investieren. Auch in die zukünftige Entwicklung Ihres Betriebs.

Azubis eignen sich deshalb vor allem für Unternehmen, die Nachwuchs »züchten« möchten und denen an langfristiger Bindung gelegen ist. Alle anderen sollten fairerweise erst einmal mit Praktikanten auskommen.

Dem reinen Ausbeuten steht schon die Berufsschule entgegen. Hierin liegt auch der große Nachteil von Auszubildenden aus Arbeitgebersicht: in seiner langen Abwesenheit vom Betrieb. Die Berufsschule zwingt ihn zu längeren Abwesenheiten, auch dann, wenn Sie ihn dringend brauchen. Zudem werden Sie als Kleinbetrieb selten die Crème de la Crème eines Ausbildungs-Jahrgangs anziehen – die zieht es nämlich zu den Großunternehmen. Unter uns gesagt: zu Recht, denn dort ist die Ausbildung zwangläufig breiter und strukturierter, kann der Azubi mehrere Abteilungen durchlaufen. Was natürlich nicht heißt, dass nicht auch unter der »zweiten Wahl« ein Glückstreffer sein kann …

Etwas günstiger für Sie als Kleinbetrieb sieht es aus bei neuen Berufen oder Ausbildungen, die tendenziell eher im Mittelstand stattfinden: Das betrifft den Werbe- oder Verlagskaufmann, den Mediengestalter oder den Kaufmann für audiovisuelle Medien. Auch ein Außenhandelskaufmann dürfte sich für einen Mittelstandsbetrieb begeistern lassen – vor allem, wenn Sie als Arbeitgeber auch Realschulabsolventen mit Durchschnittsnoten eine Chance geben.

Wählen Sie Ihren Azubi gut aus! Ob ein Einstellungstest notwendig ist, entscheiden Sie. Zumindest aber sollten Sie Ihren potenziellen Lehrling im Gespräch gut durchleuchten. Wie zuverlässig ist er? Wird er oder sie am Ball bleiben? Wie ist die Einstellung zur Arbeit? Ziehen Sie am besten einen kompetenten Personalberater hinzu, der Sie bei der Auswahl unterstützt.

Aushilfen

Sie sind die idealen Arbeitskräfte für den Sommer und den Winter, wenn es im Laden »brummt«: Eine Aushilfe ist kurzfristig und vorübergehend bei Ihnen beschäftigt. Sie ist auch ein Minijobber, arbeitet aber nicht länger als acht Wochen am Stück oder an 50 Arbeitstagen im Jahr für Sie. Dahingehend sollten Sie sich gut absichern, um sich keinen Ärger ins Haus zu holen. Erkundigen Sie sich unbedingt, was die Aushilfe sonst noch so macht. Denn: Beschäftigungen von Schulentlassenen vor Eintritt ins Berufsleben oder von Arbeitslosen gelten als berufsmäßig und sind nicht sozialabgabefrei. Auch darf ein Azubi nicht sechsmal im Jahr für je zwei Monate als Aushilfe eingesetzt werden und somit am Finanzamt und den Sozialversicherungsträgern vorbei arbeiten …

Und daraus ergibt sich nun schon die Art der Tätigkeit: Eine Aushilfe ist die ideale Arbeitskraft, wenn es darum geht, Spitzen abzuarbeiten, die saisonbedingt auftreten. Kein Wunder also, dass die meisten Aushilfen im Sommer beschäftigt werden oder aber um Weihnachten herum.

Bei der Einstellung von Aushilfen lauern noch weitere Fallstricke. Schließen Sie unbedingt einen Arbeitsvertrag ab, aus dem die Befristung eindeutig hervorgeht. Mündliche Vereinbarungen gelten nicht. Möglich, dass eine Aushilfe sich nach ein paar Monaten in einer Festanstellung wähnt. Noch kritischer wird die Situation, wenn die Aushilfe vorher bei Ihnen fest angestellt beschäftigt war. Diese Situation tritt häufig auf, etwa wenn Sie als Betrieb Personal abbauen müssen und vorübergehend die Arbeitskraft und das Knowhow eines erfahrenen Mitarbeiters benötigen, der Ihre betrieblichen Zusammenhänge kennt.

In diesem Fall benötigen Sie einen »Sachgrund« für die Beschäftigung, die andernfalls nicht nötig wäre. Ein Sachgrund liegt beispielsweise in der zeitbegrenzten Spargelernte oder dem Verschicken von Weihnachtspost.

Weitere Gründe:

▶ Ihnen fehlt im Vertrieb, im Lohnbüro oder im Versand vorübergehend Arbeitskraft.
▶ Sie benötigen eine Vertretung, weil Mitarbeiter im Urlaub sind
▶ Die Arbeit ist von sich aus befristet. Dies ist etwa dann der Fall, wenn Sie Weihnachtsmänner für eine Kundenaktion engagieren oder eine Promotion im Kaufhaus starten.

In einem befristeten Arbeitsvertrag müssen Sie das Ende der Tätigkeit definieren. Das kann schwierig sein, wenn Sie nicht wissen, wie lange es dauert, eine Kundenbefragung durchzuführen oder Päckchen für die Kunden zu packen und zu versenden. Vereinbaren Sie dann eine so genannte Zweckbefristung. Damit endet das Arbeitsverhältnis, wenn das Ziel erreicht bzw. das Projekt beendet ist.

Tipp: Aushilfen

Sie können Aushilfen auch unbefristet einstellen und ihnen einfach vor Ablauf von 6 Monaten kündigen. Bei einer Beschäftigung von weniger als sechs Monaten greift das Kündigungsschutzgesetz nicht. Das ist der Zeitraum, der üblicherweise auch als »Probezeit« vereinbart wird.

Bauen Sie sicherheitshalber einen Paragrafen in den Arbeitsvertrag ein, der aussagt, dass Sie jederzeit – innerhalb dieser 6 Monate – kündigen können, und zwar in einer möglichst kurzen Frist. Andernfalls würde auch bei unbefristeten Aushilfsarbeitsverträgen die gesetzliche Frist von derzeit vier Wochen zum Monatsende gelten.

Beispiel

§ (...) Kündigung
Das Aushilfsarbeitsverhältnis kann jederzeit von beiden Vertragsparteien mit einer Frist von einer Woche gekündigt werden. Das Recht zur außerordentlichen Kündigung aus wichtigem Grund wird hiervon nicht berührt.

Minijobber

Der erste eigene Angestellte ist oft ein Minijobber, also jemand der mit bis zu 400 Euro im Monat minimales Geld bekommt und maximale Arbeit leisten sollte. Warum die kleinen Minijobs bei Arbeitgebern so beliebt sind? Sie sind unkompliziert: Sie zahlen auf jeden Minijob lediglich pauschale Abgaben in Höhe von 25 Prozent des Gehalts, bei 400 Euro also 100 Euro – 12 Prozent für die Rentenversicherung, 11 Prozent für die Krankenversicherung. Des Weiteren müssen diese Jobs pauschal mit 2 Prozent Lohnsteuer oder entsprechend der individuellen Lohnsteuerklasse des Arbeitnehmers versteuert werden. Lassen Sie sich die Lohnsteuerkarte vorlegen, so können Sie die 2 Prozent sparen. Ob Ihnen der Aufwand allerdings diese acht Euro wert ist …?

An den Ausgaben beteiligt sich der Mitarbeiter nicht. Für einen 400-Euro-Job zahlen Sie damit 500 Euro – und dürfen nicht etwa die Hälfte an den Mitarbeiter weitergeben. Ein 450-Euro-Job wäre für Sie mit 24,25 Prozent Gesamtabgaben bei einer Krankenversicherung mit Satz 14 Prozent im Einzelfall günstiger (siehe Rechenbeispiel bei Vollzeitkräften), allerdings komplizierter abzurechnen. So müssen Minijobs lediglich bei der Bundesknappschaft gemeldet werden. Auch mit dem Finanzamt haben Sie nichts zu tun.

Ein Minijobber muss übrigens kein gleichbleibendes Einkommen bekommen. Er kann auch in dem einen Monat mehr und im anderen weniger arbeiten und verdienen – z. B. in einem Monat 200 und im nächsten 600 Euro. Hauptsache, aufs Jahr gesehen bleibt es im Mittel bei 400 Euro. Die Auszahlung sollte allerdings immer nur 400 Euro betragen oder aber stets darunter liegen.

Ganz wichtig: Eine Nebentätigkeit bis 400 Euro wird nicht mit einer versicherungspflichtigen (Haupt-)Beschäftigung zusammengerechnet. Bis auf die Pauschalabgabe von 25 Prozent bleibt die Nebentätigkeit neben einer Haupttätigkeit also versicherungsfrei. Es lohnt sich also für einen Angestellten mehr, einen Minijob anzunehmen, als die Gehaltserhöhung in der Hauptbeschäftigung anzustreben. Übrigens gilt das auch für Selbstständige: Wenn diese einen Minijob nebenbei annehmen, erhöht das ihren Gewinn nicht.

Die Ungerechtigkeit: Mehrere Minijobs werden hingegen zusammengerechnet. Übersteigt der Verdienst danach die 400-Euro-Grenze, entsteht Versicherungspflicht für beide Mini-Jobs.

Sie können auch Rentner in einem Minijob beschäftigen. Allerdings sollten Sie die Hinzuverdienstgrenze beachten, bis zu der Rentner eine Beschäftigung ausüben dürfen: das sind diesmal nicht 400, sondern nur 345 Euro.

Tipp: Steuern sparen durch Minijobs

Sie können Steuern sparen, wenn Sie Ihren Ehegatten anstellen. Der Arbeitslohn ist auf Ihrer Seite eine Betriebsausgabe, der das zu versteuernde Einkommen vermindert. Ihre Ehefrau (oder der Ehemann) auf der anderen Seite muss das Geld – sofern er nur diese 400 Euro verdient – nicht versteuern. Das Geld bleibt folglich in der Familie. Dies lohnt sich, wenn Ihr Steuersatz über 25 % im Durchschnitt beträgt.

Tipp: Steuern sparen durch betriebliche Altersversorgung

Ihr Mitarbeiter kann auf eine Lohnerhöhung verzichten und stattdessen in die betriebliche Altersvorsorge einzahlen. Dies ist dann steuer- und sozialversicherungsfrei! Die Steuerfreiheit der Beiträge zu Direktversicherungen, Pensionskassen und Pensionsfonds beträgt bis zu 4 Prozent der Beitragsbemessungsgrenze in der gesetzlichen Rentenversicherung (2005: 2.496 Euro jährlich). Sie setzt voraus, dass es sich bei dem 400-Euro-Job um das einzige Dienstverhältnis handelt.

Gleitzonen-Jobber

Die Gleitzone zwischen 400 und 800 Euro ist für Arbeitgeber kompliziert und eine Art »Schreckensgebiet«. Wollen Sie es leicht haben, stellen Sie also besser zwei Minijobber ein …

Gesetzlich ist es geregelt, dass bei Arbeitnehmern, die bis 800 Euro verdienen, nicht die vollen Sozialversicherungsbeiträge anfallen. Zwar sind die Arbeitgeberanteile voll abzuführen, die Arbeitnehmeranteile aber nicht. Diese steigen ab 400,01 Euro mit zunehmendem Einkommen sukzessive an.

Das bedeutet für Sie als Arbeitgeber: Ab einem Einkommen von 400,01 Euro zahlen Sie als Arbeitgeber Sozialabgaben wie für jedes andere Arbeitsverhältnis auch – der Prozentsatz kann aber je nach Krankenkassenbeitrag variieren.

Den Anteil des Arbeitnehmers müssen Sie errechnen. Das geht mit einer mehr oder weniger komplizierten Formel:

$$F \times 400 + (2 - F) \times (AE - 400)$$

AE ist dabei das Brutto-Arbeitsentgelt, F ist ein Faktor, der sich folgendermaßen bestimmt: 0,25 geteilt durch den durchschnittlichen Gesamtsozialversicherungsbeitragssatz des Kalenderjahres, in dem der Anspruch auf das Arbeitsentgelt entstanden ist. Dieser wird in jedem Jahr bis zum 31.12. für das Folgejahr im Bundesanzeiger bekannt gegeben. 2005 beträgt er 0,5952.

Wir rechnen also:

$$238,08 \text{ Euro} + 1,4048 \times 200 \text{ Euro} = 519,04 \text{ Euro}$$

Freie Mitarbeiter

»Dann stellen wir doch mal freie Mitarbeiter ein«, denken sich viele junge und auch sehr viele ältere Unternehmen. Der Widerspruch liegt schon im Wort: einstellen. Freie Mitarbeiter sind Selbstständige, aber keine Arbeitnehmer. Und darin liegt auch schon das Problem. Arbeiten sie auf eigene Rechnung bei Ihnen, müssen Sie unbedingt sicherstellen, dass diese Tätigkeit auch tatsächlich im Interesse Ihres Unternehmens ist.

Ein freier Mitarbeiter, der an seinem eigenen Arbeitsplatz sitzt und von Ihnen Weisungen entgegennimmt, ist kein freier Mitarbeiter, sondern de facto Angestellter. Dieses Status kann er – auch lange im Nachhinein, nach bis zu vier Jahren – einfordern und zur Not auch einklagen. Doch das ist nicht das einzige Risiko: Selbst wenn Sie sich mit dem Mitarbeiter über den »Freien-Status« einig sind, die Deutsche Rentnerversicherung Bund ist es sehr wahrscheinlich nicht. Die könnte im Nachhinein – ebenso wie das Finanzamt – eine Betriebsprüfung veranlassen und die Sozialversicherungspflicht Ihres oder Ihrer freien Mitarbeiter feststellen. Die Folge: Sie dürfen Beiträge nachzahlen, für mehrere Jahre. Dies betrifft nicht nur die Rentenversicherung, sondern auch Kranken- und Pflegeversicherung sowie Arbeitslosenversicherung. Das Finanzamt kann den von Ihnen vorgenommenen Vorsteuerabzug rückwirkend für ungültig erklären, mit der Folge, dass auch hier Nachforderungen anstehen.

Selbst wenn der Mitarbeiter nicht weisungsgebunden ist, besteht die Gefahr, dass sich der freie Mitarbeiter als Angestellter ohne Vertrag entpuppt: wenn er etwa nur einen Auftraggeber (Sie) hat oder zumindest überwiegend für Sie arbeitet. Sie sollten den Mitarbeiter auch nicht zeitlich einbauen, etwa in einem Dienstplan. Auch im Organigramm sollte er nicht auftauchen. Kurzum: Vermeiden Sie alles, was die Arbeitnehmereigenschaft Ihres Mitarbeiters deutlich macht. Das betrifft auch den Urlaub: Ihr freier Mitarbeiter kann auch nach freiem Belieben Urlaub nehmen.

»Das wird alles nicht so heiß gegessen wie gekocht!«, sagen viele Arbeitgeber, denn auch die großen Unternehmen lieben es, freie Mitarbeiter statt Angestellte zu halten. Mir sind nicht wenige Unternehmen bekannt, die Angestellten kündigen, um sie dann auf freier Basis wieder anzustellen – eine Tatsache, die bei einer Prüfung als ganz klares Indiz gewertet werden wird, dass in Wahrheit ein Angestelltenverhältnis vorliegt.

»Ich bin mir mit meinem Mitarbeiter ja einig!«, sagen Sie. Schön und gut, aber wie lange? Verliert der Mitarbeiter seinen Job oder hat er vielleicht keine Lust mehr und plant eine Auszeit, kann er schnell auf den Gedanken kommen, dass ein Arbeitnehmerverhältnis jetzt von Vorteil wäre. Geht er zum Anwalt, so können Sie sicher sein, dass dieser ihm den Rat gibt, sich möglichst Arbeitnehmer-like darzustellen. Das bietet dem Mandanten nämlich Aussicht auf Arbeitslosengeld, das er als freier Mitarbeiter nicht bekommt. Er genießt auch Kündigungsschutz und kann auf Wiedereinstellung wirken – oder auf eine saftige Abfindung. Sie zahlen dann die gesamten Versicherungsbeiträge nach und haben noch weiteren Ärger. Lohnt sich das? Sicher nicht. Und bitte bedenken: Betriebsprüfungen kommen plötzlich und unerwartet. Hinweise von Mitarbeitern, Kunden und sogar von eifersüchtigen Wettbewerbern können diese auslösen …

Muster: Bausteine für einen Vertrag über freie Mitarbeit

Orientieren Sie sich bei den vorderen Paragrafen am Standard-Angestelltenvertrag (siehe Seite 233/234). Schreiben Sie also hinein, zwischen welchen Parteien der Vertrag abgeschlossen wird, welche Vergütungen gezahlt werden sollen (z. B. Pauschalhonorar und/oder Stundenbasis) und zu welchem Termin der Vertrag kündbar ist.

§ Weisungsfreiheit

Der freie Mitarbeiter unterliegt bei der Durchführung der übertragenen Tätigkeiten keinen Weisungen des Auftraggebers. Gegenüber den anderen Angestellten der Firma hat der freie Mitarbeiter keine Weisungsbefugnis.

§ Arbeitszeit/Konkurrenz/Verschwiegenheit

Der freie Mitarbeiter unterliegt in der Ausgestaltung seiner Arbeitszeit keinen Einschränkungen.

Er darf auch für andere Auftraggeber tätig sein, mit der Ausnahme unmittelbarer Wettbewerber.

Der freie Mitarbeiter verpflichtet sich, über ihm im Rahmen seiner Tätigkeit bekannt gewordene betriebliche Interna, insbesondere Geschäftsgeheimnisse, Stillschweigen zu bewahren.

§ Sonstige Ansprüche/Versteuerung

Mit der Zahlung der in § 5 vereinbarten Vergütung sind alle Ansprüche des freien Mitarbeiters gegen den Auftraggeber aus diesem Vertrag erfüllt. Für die Versteuerung der Vergütung hat der freie Mitarbeiter selbst zu sorgen.

§ Sonstiges

Von der Möglichkeit des Abschlusses eines Anstellungsvertrages ist in Anwendung des Grundsatzes der Vertragsfreiheit bewusst kein Gebrauch gemacht worden. Eine Umgehung arbeitsrechtlicher oder arbeitsgesetzlicher Schutzvorschriften ist nicht beabsichtigt. Dem freien Mitarbeiter soll vielmehr die volle Entscheidungsfreiheit bei der Verwertung seiner Arbeitskraft belassen werden. Eine über den Umfang dieser Vereinbarung hinausgehende persönliche, wirtschaftliche oder soziale Abhängigkeit wird nicht begründet.

Quelle: Die Bausteine beruhen auf der Vorlage von *www.gruenderleitfaden.de*

Familienmitglieder anstellen

Wenn Sie Familienmitglieder einstellen, bleibt das Geld in der Familie. Das rentiert sich vor allem bei den Minijobs, die auf Seiten des Arbeitnehmers steuerfrei sind. Während Sie also auf der einen Seite Kosten von insgesamt 6.000 Euro (12 x 500 Euro als Kosten für den Minijob) geltend machen können, nehmen Sie auf der anderen – privaten – Seite 4.800 Euro steuerfrei ein. Selbst bei getrennten Konten ist das überlegenswert ... Als Team ergibt sich da sogar ein doppelter oder dreifacher Vorteil, wenn alle Ehefrauen oder Ehemänner auch für das Unternehmen tätig sind. Allerdings können hieraus auch Probleme erwachsen ... etwa darüber, wie die Arbeit zu verteilen ist. Auch Graben- und Machtkämpfe könnten sich abspielen ...

Und auch bei vollem Gehalt gilt: Selbstverständlich ist es ein Vorteil, wenn die Kosten, die Sie auf der einen Seite haben, auf der anderen Seite für Sie Einnahmen sind. Selbstverständlich muss aber Geld fließen, und auch normale Abrechnungen müssen erstellt werden – da besteht kein Unterschied gegenüber Nicht-Familienmitgliedern.

Durch die Arbeitsagentur geförderte Einstellung

Der Staat unterstützt das Schaffen von Arbeitsplätzen: Als Gründer können Sie Einstellungszuschüsse von der Arbeitsagentur erhalten, wenn Sie Arbeitslose einstellen, die zuvor mindestens drei Monate ohne Beschäftigung waren. Dies ist im Sozialgesetzbuch III festgeschrieben. Der Zuschuss beträgt dabei 50 Prozent des Bruttoentgelts und kann für bis zu 12 Monate und maximal zwei Arbeitnehmer gewährt werden. Voraussetzung ist, dass Sie insgesamt nicht mehr als fünf Arbeitnehmer beschäftigen, wobei Teilzeitkräfte mit 20 Stunden mit 0,5 und Teilzeitkräfte mit bis zu 10 Stunden mit 0,25 angerechnet werden.

Als etablierter Gründer, der länger als zwei Jahre selbstständig ist, können Sie den so genannten Eingliederungszuschuss in Anspruch nehmen. Dieser soll die Einarbeitungszeit versüßen und die Hemmschwelle, ältere und auch behinderte Menschen anzustellen, senken. Dabei trägt die Arbeitsagentur zwischen 30 und 70 Prozent des Bruttoentgelts, je nach Schwere des Falls. Auch die Dauer hängt vom Fall ab: Schwerbehinderte können bis zu 96 Monate gefördert werden, über 50-jährige Arbeitnehmer bis zu 24 Monaten. Den Zuschuss müssen Sie unter Umständen teilweise zurückzahlen, wenn Sie dem Arbeitnehmer früher als 12 Monate nach Ablauf der Förderung kündigen. Sie müssen das Geld jedoch nicht zurückzahlen, wenn die Kündigung berechtigt war, Sie etwa durch betriebliche Gründe – eingebrochener Umsatz – dazu gezwungen worden sind.

Und es gibt auch vom Bund Geld: Wenn Ihr Jahresumsatz 500 Millionen Euro nicht übersteigt – wovon jetzt erst einmal auszugehen ist – können Sie am Finanzierungsprogramm der Mittelstandsbank des Bundes »Kapital für Arbeit« teilnehmen. Die Mittelstandsbank des Bundes finanziert dann die Ausstattung neuer Arbeitsplätze und Schulungskosten für die neuen Mitarbeiter, auf Wunsch auch andere Investitionen. Das Darlehen läuft über 10 Jahre und wird in Höhe von 100 Prozent der förderfähigen Kosten gewährt, maximal jedoch 100.000 Euro für jede neue Vollbeschäftigung und 50.000 Euro bei Teilzeitbeschäftigten.

Der Zinssatz wird zu Beginn für die gesamten 10 Jahre festgelegt. Dieser orientiert sich zum einen am aktuellen Zinsmarkt – mit aktuell eher niedrigen Zinsen – und zum anderen an der Bonität des Unternehmens. Schlechte Bonität schließt die Förderung nicht aus, allerdings erhöht sie die Zinsen.

Steuersparmöglichkeiten für Arbeitgeber

Einige Tipps haben wir schon angesprochen – etwa im Zusammenhang mit den Minijobs. Sie können jedoch noch mehr Geld sparen, wenn Sie Arbeitnehmer beschäftigen:

▸ Überlassen Sie ein betriebliches Handy oder einen PC. Vorteile aus der privaten Nutzung von betrieblichen Handys oder PCs sind abgabefrei, für den Mitarbeiter aber geldwert.

▸ Zahlen Sie einen Zuschuss für einen privaten Internetanschluss. Maximal 44 Euro dürfen Sie abgabefrei zahlen, die der Arbeitgeber allerdings mit 25 Prozent pauschal versteuern muss.

▸ Zahlen Sie Heirats- und Geburtsbeihilfen: Der Arbeitgeber kann in zeitlichem Zusammenhang mit der Heirat/Geburt 315 Euro auszahlen.

▸ Gewähren Sie eine Erholungsbeihilfe: Die Höchstgrenzen für Beihilfen für einen Urlaub oder eine Kur liegen bei 156 Euro für den Arbeitnehmer, 104 Euro für seinen Ehepartner und 52 Euro für jedes Kind.

▸ Kindergartenzuschüsse: Zuschüsse zur Unterbringung, Verpflegung und Betreuung der nicht schulpflichtigen Kinder – übrigens auch bei Tagesmüttern – können in voller Höhe abgabefrei gezahlt werden.

10.2 Arbeitsverträge

Ohne Arbeitsvertrag sollten Sie keinen Mitarbeiter einstellen, auch wenn theoretisch eine mündliche Absprache für den Vertragsabschluss reicht. Für beide Parteien ist es jedoch von Vorteil, sich auf schriftliche Aussagen berufen zu können. Bei den Arbeitsverträgen ist es so wie mit den Allgemeinen Geschäftsbedingungen (AGB): Sie können nicht festlegen, was Sie wollen, sondern müssen sich an gesetzliche Vorgaben halten. So ist es beispielsweise nicht möglich, im Vertrag die Bezahlung von Sozialabgaben auf die Schultern des Angestellten abzuwälzen, was hin und wieder vorkommt.

Folgende Punkte müssen angesprochen sein:

▶ Zwischen welchen Parteien wird der Vertrag geschlossen?
▶ Welche Funktion oder Aufgabe soll der Arbeitnehmer ausfüllen? Bringen Sie zum Ausdruck, dass er neben dieser Tätigkeit auch zur Ausübung anderer Tätigkeiten herangezogen werden kann.
▶ Ist der Vertrag unbefristet oder befristet? Die Befristung eines Arbeitsvertrages ohne Vorliegen eines sachlichen Grundes ist bis zur Dauer von zwei Jahren zulässig. Auch wenn Sie mehrmals verlängern (z. B. nach einem halben Jahr) gilt die Gesamtdauer von zwei Jahren.
▶ Wie lange dauert die Probezeit? Wann darf in der Probezeit gekündigt werden?
▶ Welches Gehalt wird bezahlt und zu welchem Zeitpunkt? Sagen Sie, dass Weihnachtsgeld etc. kein Gehaltsbestandteil ist!
▶ Äußern Sie sich zu den Überstunden. Möchten Sie diese nicht bezahlen, so sagen Sie das.
▶ Was ist der Urlaubsanspruch? Minimum: 20 Tage bei einer 5-Tage-Woche.
▶ Welche Kündigungsfristen gelten? Üblich: Die gesetzliche Kündigungsfrist mit 4 Wochen zum Monatsende oder zum 15. eines Monats.

Muster Arbeitsvertrag (unbefristet und *befristet)

Zwischen _____
(im nachstehenden »Arbeitgeber« genannt)

und

Frau/Herrn _____
(im nachstehenden »Arbeitnehmer« genannt)

wird folgender befristeter Arbeitsvertrag vereinbart:

§ 1 Beginn des Anstellungsverhältnisses/der Tätigkeit

Der Arbeitnehmer wird zum _____ [Datum] als _____ [Funktion] eingestellt. Er ist verpflichtet, auch andere zumutbare Arbeiten zu verrichten.

Die ersten sechs Monate des Anstellungsverhältnisses gelten als Probezeit.

§ 2 Befristung/Beendigung des Arbeitsverhältnisses (danach weiter mit § 3)

Das Arbeitsverhältnis endet mit Ablauf des _____ [Datum] ohne dass es einer ausdrücklichen Kündigung bedarf.

Die Befristung erfolgt aus folgenden Gründen: _____
[Bitte z. B. eintragen Elternvertretung, Urlaubvertretung etc.]

§ 2 Vergütung

Die monatliche Bruttovergütung beträgt _____ Euro [Betrag] Die Vergütung wird jeweils am Ende eines Monats gezahlt.

Die Zahlung von etwaigen Sondervergütungen wie Gratifikationen, Urlaubsgeld, Prämien etc. erfolgt in jedem Einzelfall freiwillig und ohne Begründung eines Rechtsanspruchs für die Zukunft.

§ 3 Arbeitszeit/Überstunden

Die regelmäßige Arbeitszeit beträgt wöchentlich (20/37,5/40) Stunden.

Der Arbeitgeber ist berechtigt, aus dringendem betrieblichem Anlass Überstunden anzuordnen. Eine Überstundenvergütung wird nicht bezahlt (oder: Überstunden werden nicht bezahlt. Sie können jedoch bis zum 1.3. des Folgejahres in Urlaub umgewandelt werden. Andernfalls verfallen sie ersatzlos).

§ 4 Urlaub

Der Arbeitnehmer hat Anspruch auf bezahlten Erholungsurlaub von _____ [bei 5 Wochentagen Arbeitszeit mindestens 20] Arbeitstagen im Kalenderjahr.

Die Festlegung des Urlaubs ist mit dem Arbeitgeber abzustimmen.

§ 5 Arbeitsverhinderung

Der Arbeitnehmer ist verpflichtet, dem Arbeitgeber die Arbeitsverhinderung durch Krankheit etc. und deren voraussichtliche Dauer unverzüglich mitzuteilen. Bei Arbeitsunfähigkeit infolge Erkrankung hat der Arbeitnehmer dem Arbeitgeber spätestens am dritten Krankheitstag – wenn dies kein Arbeitstag ist, spätestens am darauf folgenden Arbeitstag – eine ärztliche Bescheinigung über die Arbeitsunfähigkeit, sowie deren voraussichtliche Dauer vorzulegen.

§ 6 Verschwiegenheitspflicht

Der Arbeitnehmer verpflichtet sich, über alle betrieblichen Angelegenheiten, die ihm im Rahmen oder aus Anlass seiner Tätigkeit bei dem Arbeitgeber zur Kenntnis gelangen, auch nach seinem Ausscheiden Stillschweigen zu bewahren. Bei Beendigung des Arbeitsverhältnisses sind alle betrieblichen Unterlagen sowie etwa angefertigte Abschriften oder Kopien an den Arbeitgeber herauszugeben.

§ 7 Kündigungsfristen

Während der Probezeit können beide Parteien den Arbeitsvertrag mit einer Frist von einer Woche zum Monatsende kündigen.

Nach Ablauf der Probezeit ist eine Kündigung unter Einhaltung einer Frist von vier Wochen zum Monatsende zulässig.

Das Arbeitsverhältnis endet mit Ablauf des Monats, in dem der Arbeitnehmer das 65. Lebensjahr vollendet, ohne dass es einer Kündigung bedarf.

Jede Kündigung bedarf der Schriftform.

§ 8 Nebenbeschäftigung

Während der Dauer der Beschäftigung ist jede entgeltliche oder unentgeltliche Tätigkeit, die die Arbeitsleistung des Arbeitnehmers beeinträchtigen könnte, untersagt. Eventuelle Nebentätigkeiten bedürfen der expliziten Zustimmung des Arbeitgebers.

§ 9 Schlussbestimmungen

Nebenabreden und Änderungen des Vertrages bedürfen der Schriftform.

Sollte infolge Änderung der Gesetzgebung oder durch höchstrichterliche Rechtsprechung eine Bestimmung dieses Vertrages ungültig werden, wird die Gültigkeit der übrigen Bestimmungen hierdurch nicht berührt.

Ebenso berührt eine etwaige Unwirksamkeit einzelner Vertragsbestimmungen die Wirksamkeit der übrigen Bestimmungen nicht.

Ort, Datum

Unterschriften vom Arbeitgeber und Arbeitnehmer

Die Sache mit der Personalbuchhaltung

Ob Mini- oder Maxijob: Mitarbeiter bedeuten zusätzliche Arbeit für Sie. Wenn Sie dafür nicht gleich wiederum einen Mitarbeiter einstellen möchten, sollten Sie die Aufgaben im Bereich der Personalabrechnung an einen Steuerberater oder einen Lohnbuchhalter abgeben.

Diese übernehmen die Meldungen an die Versicherungsträger und erstellen Gehaltsabrechnungen mit Sozialversicherungsnachweisen. Das kostet Sie in der Regel nur wenige Euro pro Mitarbeiter, wobei Ihr externer Dienstleister mehr Mitarbeiter entsprechend günstiger abrechnen wird als nur einen einzigen.

10.3 Den richtigen Bewerber einstellen

»Wir haben zuerst unsere Freunde eingestellt. Das war natürlich ein großer Fehler«, resümiert ein Unternehmer, der inzwischen zehn Jahre Erfahrung hat. Er beschreibt damit den typischen Einstellungsfehler junger Teams. Wächst das Team und braucht es Mitarbeiter, wird erst einmal der Bekanntenkreis nach potenziellem Nachwuchs gescannt. Dabei steht die Freundschaft und weniger das Können im Vordergrund – oder anders ausgedrückt: das Können wird verklärt, man traut dem Freund oder Bekannten alles zu, auch wenn er noch wenig geleistet hat. Noch viel gefährlicher ist die Beziehungsebene, auf der sich die nun erweiterte Gemeinschaft von Anfang an bewegt. Einem Freund Anweisungen erteilen? Ihn zurechtweisen? Vielleicht sogar abmahnen und kündigen? Der unangenehme Teil der Personalaufgaben fällt schon bei Fremden schwer, bei Freunden scheint er kaum realisierbar – und wenn, dann sind alle

Beteiligten am Ende keine Freunde mehr. Das heißt aber nicht, dass Freunde als Mitarbeiter tabu sind. Im Gegenteil: Unter richtigen Voraussetzungen und wenn sich alle über das Verhältnis untereinander klar sind, kann ein freundschaftliches Team wunderbar funktionieren.

Stellen Sie deshalb nicht »wie gekannt« ein, sondern hinterfragen Sie Bewerbungsmotivation, Persönlichkeit, Ziele und Fähigkeiten. Klären Sie auch die Beziehung, die Sie mit dem Freund oder Bekannten verbindet. Machen Sie deutlich, dass Job Job und Freundschaft Freundschaft ist, und sprechen Sie ehrlich über Bedenken. Hinterfragen Sie, wie Ihr Bekannter mit Kritik aus dem Mund des Freundes umgeht. Ziehen Sie von vornherein klare Grenzen.

Und: Wenn einer im Team keine so engen Berührungspunkte zu Ihrem Freund hat, sollte dieser mit Ihnen gemeinsam ein »offizielles« Vorstellungsgespräch führen.

Anforderungsprofil erstellen

Bevor Sie auf die Suche nach einem neuen Mitarbeiter gehen, sollten Sie sich überlegen, was dieser tun soll. Erstellen Sie ein Tätigkeitsprofil, das möglichst detailliert ist. Das ist die Basis für ein Inserat. Die meisten deutschen Stelleninserate sind leider sehr allgemein gehalten – machen Sie es besser. Je konkreter Sie sich ausdrücken, desto größer ist die Chance, dass sich auch jemand bewirbt, der passt. Welche Berufsgruppe kann die entsprechende Tätigkeit am besten ausfüllen? Ein Bürokaufmann, eine Verkaufsberaterin oder ein Wirtschaftsingenieur? Schreiben Sie die Ausgangsvoraussetzung auf ein Blatt Papier. Welche Tätigkeiten muss Ihr neuer Mitarbeiter ausüben und welche Qualifikationen, Erfahrungen oder Kenntnisse sind dafür nötig? Welche »weichen« Fähigkeiten sind nötig, um im neuen Job zu bestehen? Trennen Sie zwischen Anforderungen, die der Bewerber haben muss, und solchen, die der Bewerber im Idealfall haben könnte.

Beispiel: Sie suchen einen Vertriebler, der erklärungsbedürftige Produkte – Ihre Dienstleistung – vertreibt. Mögliche Anforderungen sind:

- ▶ Kaufmännische Ausbildung und/oder Studium
- ▶ Erfahrung im Vertrieb erklärungsbedürftiger Produkte
- ▶ Englisch verhandlungssicher
- ▶ Kundenorientierung
- ▶ Freundliches Auftreten
- ▶ Idealerweise Branchenkenntnisse im Bereich Aus- und Weiterbildung
- ▶ Idealerweise Kontakte zu Entscheidern in der Aus- und Weiterbildungsbranche

Informieren Sie sich darüber, was ein solcher Bewerber an Gehalt erwarten kann. Fordern Sie zugleich »Bewerbungen unbedingt unter Angabe des Gehaltswunsches« an, denn das ermöglicht Ihnen einen Einblick in die wahrscheinlich breit gefächerten Vorstellungen der Bewerber – und eine Auswahl auch unter Kostenaspekten.

Ihr Angebot an den Bewerber

Trotzdem können Sie nicht nur fordern. Gerade kleine Unternehmen sind bei Bewerbern wenig beliebt. Wer kann, versucht in einem großen Unternehmen unterzukommen oder doch zumindest in einem Betrieb, in dem der Kündigungsschutz gilt (also mehr als 10 Mitarbeiter angestellt sind). Sie müssen also in besonderem Maße für sich werben. Der Mitarbeiter muss sich für das, was Sie tun, begeistern können. Er muss Vertrauen gewinnen, dass Ihr Unternehmen erfolgreich ist, und eine Perspektive in der Beschäftigung sehen. Nur dann werden Sie Menschen finden, die – auch bei vielleicht nicht ganz so üppigem Gehalt – bereit sind, mehr als »Dienst nach Vorschrift« für ihre Firma zu leisten. Gerade unter den Minijobbern und Teilzeitangestellten sind sehr wenige, die sich überdurchschnittlich engagieren. Die meisten arbeiten nach dem Moto »Hauptsache Job« und sind wenig an der Fortentwicklung der Firma interessiert. Davon wissen fast alle Gründer ein Lied zu singen. Und zwar auch in Zeiten eines krassen Bewerberüberschusses.

Selbst wenn dreihundert Bewerbungen bei Ihnen eingehen, kann es sehr gut möglich sein, dass kein Einziger darunter ist, der wirklich zu hundert Prozent zu Ihnen passt. Einige werden Ihnen vielleicht schon im Bewerbungsverfahren abspringen. Ihnen ist der Weg zu weit, die Firma zu klein oder sie haben doch noch etwas anderes (besseres) gefunden.
  Überlegen Sie also, was Sie einem Bewerber bieten können. Denken Sie dabei daran, dass den meisten Menschen eine angenehme Arbeitsatmosphäre schon sehr viel wert ist. Einige Beispiele für Ihr Angebot:

- ▶ Gutes, junges, kreatives Team
- ▶ Prima Atmosphäre
- ▶ Entwicklungsmöglichkeiten ohne Ende
- ▶ Die Chance, verschiedene Aufgaben verantwortlich auszuüben
- ▶ Die Chance, mitwachsen zu dürfen
- ▶ Persönlicher Freiraum
- ▶ Zeitliche Flexibilität
- ▶ Direkt mitmachen können

Vielleicht müssen Sie dem zukünftigen Mitarbeiter auch darüber hinaus noch etwas bieten. Dies kann ein Dienstwagen für den Vertriebler sein, Entscheidungsfreiheit oder Entwicklungsmöglichkeiten. Es kann aber auch ganz einfach beim angenehmen Arbeitsklima bleiben, denn dies ist sehr vielen Bewerbern wichtig.

Bewerber suchen

300 Bewerbungen auf einen »ganz normalen« Job – und da sollen sich keine Mitarbeiter finden lassen? Sie werden es mir vielleicht nicht glauben, aber als kleines Unternehmen ist es besonders schwer, passende Mitarbeiter zu finden. Mitarbeiter wollen Sicherheit, und sie wollen sich entfalten. Die meisten streben deshalb zu den großen Unternehmen. Und ein großer Teil möchte nur übergangsweise bei einem Unternehmen »zweiter Klasse« arbeiten. Und als junges Unternehmen werden Sie vielfach so wahrgenommen.

Gerade kleine Firmen haben so extreme Schwierigkeiten, passende Mitarbeiter zu finden. Für eine große Firma spricht: mehr Geld, Arbeitsplatzsicherheit durch Kündigungsschutz, Weiterbildungsmöglichkeiten, berufliches Fortkommen, Ansehen. Sie werden höchstwahrscheinlich keine Top-Bewerber bekommen, sondern müssen Abstriche machen: Vielleicht ans Alter, vielleicht an die Voraussetzungen. Das heißt nicht, dass Sie nicht einen guten Mitarbeiter finden können. Ich will Ihnen nur von vornerein die Illusion nehmen, dies sei leicht, weil es ja so viele Bewerber gäbe. Je geringer die Bezahlung, desto schwerer wird es auch sein, jemanden mit überdurchschnittlichem Engagement zu finden. Ein 400-Euro-Mitarbeiter wird sich mit hoher Wahrscheinlichkeit nicht über die Arbeitszeit hinaus einsetzen. Es ist auch gut möglich, dass ihm Ihre Firma weitgehend egal ist, solange er regelmäßig Geld auf dem Konto hat.

Stellen Sie deshalb jemanden ein, der auch eine hohe Identifikation zu Ihnen und Ihrem Unternehmen entwickelt. Er muss sich für das Produkt oder Ihre Dienstleistung begeistern können. Wie bei der Firma Adidas Mitarbeiter selbstverständlich diese Marke an den Füßen tragen und nicht die Konkurrenz von Puma, sollte auch Ihr Mitarbeiter bereit sein, sich mit dem zu identifizieren, was Sie produzieren, auch wenn dies eine Dienstleistung ist.

Hinterfragen Sie die Motivation, sich bei Ihnen zu bewerben. Eine schlechte Wahl sind meist die Kandidaten, die sich auf jede Anzeige vorstellen, ohne weiter darüber nachzudenken, wer diese aufgegeben hat. Glauben Sie allerdings auch nicht das andere Extrem: Es mag sein, dass ein Bewerber schon immer davon geträumt hat, bei Porsche zu arbeiten, Sie als kleinere Firma sind ganz sicher kein »Bei-Ihnen-zu-arbeiten-habe-ich-mir-immer-gewünscht«-Kandidat.

Die sichere Personalauswahl

Zwei Augenpaare sehen mehr als nur eines: Deshalb sollte spätestens beim zweiten Gespräch Ihr Mitgründer auch mit dabei sein. Noch besser wäre es, einen externen Personalberater dazuzuholen, der den neutralen Blick für Mitarbeiter mitbringt. Die Gefahr, wenn Teamgründer selbst einstellen: Sie suchen sich ähnliche Menschen, die Ihnen selbst nahe und sympathisch sind – obwohl sie vielleicht ganz andere »Typen« brauchen.

Hinzu kommt, dass die Fragen an den Bewerber selten systematisch genug sind, um dem Menschen, seinem Können und seiner Motivation wirklich auf den Zahn zu fühlen. Folgender Fragenkatalog soll Ihnen einen Anhaltspunkt geben, in welche Richtungen Sie gerade als kleine Firma schauen und fragen sollten:

- ▶ Warum haben Sie sich bei uns beworben?
- ▶ Kennen Sie die Branche?
- ▶ Was sind Sie bereit für den Job zu tun? (Umziehen? Geldeinbußen?)
- ▶ Wie stellen Sie sich Ihren Job in fünf Jahren vor?
- ▶ Was möchten Sie langfristig erreichen?
- ▶ Was ist für Sie »Erfolg«?
- ▶ Was bedeutet es für Sie, in einem kleineren Unternehmen zu arbeiten?
- ▶ Was erwarten Sie von uns als Arbeitgeber?
- ▶ Stellen Sie sich Ihren ersten Arbeitstag vor: Was würden Sie tun?
- ▶ Wie arbeiten Sie? Beschreiben Sie, wie Sie vorgehen würden, wenn Sie folgende Aufgabe hätten (Beispiel aus Ihrem Betrieb)!
- ▶ Was sagen Ihre Freunde über Sie?
- ▶ Was hat Ihr letzter Arbeitgeber besonders an Ihnen geschätzt?

Vergessen Sie auch die fachliche Seite nicht. Wenn Sie selbst nicht überprüfen können, wie der Kenntnisstand ist, ziehen Sie einen fachkundigen Berater hinzu. In vielen Bereichen empfiehlt sich auch ein Test – etwa wenn es um Aufgaben im Bereich Text oder Design oder Programmierung geht. Völlig legitim ist auch ein Probearbeitstag. So können sich beide Seiten besser kennen lernen.

Neue Mitarbeiter für die Bürogemeinschaft

Endlich ist jemand da, der die Anrufe annimmt, Termine macht, freundlich am Empfang sitzt, sich um Buchhaltung kümmert … kurzum: jemand, der der Firma ein Gesicht und/oder eine Stimme gibt, auch nach außen. Für eine Bürogemeinschaft kann es sehr hilfreich sein, eine solche gemeinsame Sekretärin (oder natürlich auch einen Sekretär) einzustellen. Da alle aber für sich allein verantwortlich sind, stellt sich erst einmal die Frage, wer das Gehalt zahlt. Es ist organisatorisch nicht möglich, beispielsweise 400 Euro offiziell auf vier Köpfe zu verteilen, wobei jeder anteilig die Lohnnebenkosten trägt. Sind Sie keine GbR, muss einer also die Verantwortung übernehmen – und das sollte derjenige sein, der auch den Mietvertrag unterschrieben hat. Die anderen bezahlen einen entsprechend höheren Mietanteil, der sich inklusive Sekretariatsnutzung versteht. Klären Sie genau den Rahmen dieser »Nutzung« und was die »Nutzungsgebühr« enthält.

Für einen Mitarbeiter ist es ebenfalls hilfreich, einen Ansprechpartner zu haben und nicht ständig von einem zum anderen zu laufen, etwa mit der Frage nach einem Extra-Urlaubstag oder dem Krankenschein. Für diese »Dienstleistung« kann der Gründer von den anderen etwas mehr nehmen – schließlich hat er nicht nur die rechtliche, sondern auch die menschliche Verantwortung, verbunden mit entsprechendem Mehraufwand.

10.4 Kündigen

Der Mitarbeiter baut Mist und Sie weisen ihm die Tür? Wenn das so einfach wäre! Greift in Ihrem Betrieb der Kündigungsschutz, müssen Sie sich ganz genau an das Gesetz halten, denn im Falle eines eventuellen Arbeitsgerichtsprozesses sind Sie in der Beweispflicht.

Die magische Grenze liegt derzeit bei mehr als 10 Mitarbeitern, also auch schon bei 10,5. Das heißt, dass Sie nicht mehr ohne Weiteres schalten und walten können, wie Sie möchten oder wie es Ihr Betrieb erfordert. Sie können dann nur noch aus bestimmten Gründen kündigen und müssen sich auch an bestimmte Verfahren halten.

Liegen Sie haarscharf an der Grenze zum Kündigungsschutz, entscheiden oft Details, wie diejenigen, wann Ihr Mitarbeiter eingestellt worden ist. Bestand der Arbeitsvertrag schon am 31.12.2003, gilt die damals aktuelle Zahl von 5 Mitarbeitern in Bezug auf den betreffenden Angestellten. Haben Sie also sechs Angestellte und Ihr erster Angestellter war schon an diesem Tag für Sie tätig, gilt für ihn der Kündigungsschutz, für die anderen Mitarbeiter nicht.

Doch auch wenn Ihre Mitarbeiter noch neu sind, entscheiden oft wenige Stunden, ob der Kündigungsschutz gilt oder nicht. So werden in die Berechnung der Mitarbeiterzahl auch Teilzeitbeschäftigte einbezogen, selbst wenn diese nur 2 Stunden in der Woche für Sie tätig sind.

So wird gerechnet:

- ▶ bis einschließlich 20 Stunden/Woche: 0,50
- ▶ bis einschließlich 30 Stunden/Woche: 0,75
- ▶ Auszubildende werden nicht berücksichtigt, ebensowenig freie Mitarbeiter und Praktikanten

Gilt für Sie der Kündigungsschutz nicht, können Sie Ihren Mitarbeiter jeden Tag mit der gesetzlich gültigen Frist »vor die Tür« setzen – wobei es trotzdem empfehlenswert ist, sich an bestimmte Vorgehensweisen zu halten. Schließlich ist Kündigung nicht nur eine Frage des Gesetzes, sondern auch Ihres Images. Das Verhalten eines Betriebs, der Mitarbeitern ständig kündigt und sich dabei auch nicht fair verhält, spricht sich schnell innerhalb einer Branche herum. Auch auf Kunden wirkt es wenig vertrauenswürdig, wenn Mitarbeiter ständig wechseln oder gar schlecht über den Betrieb reden.

Gilt der Kündigungsschutz, müssen Sie zwischen verschiedenen Kündigungsgründen und Wegen unterscheiden.

- ▶ Personenbedingte Kündigung: Hier liegt der Kündigungsgrund im Mitarbeiter selbst, wobei dieser keinen Einfluss darauf hat. Typischer Fall ist die lang anhaltende Krankheit. Hierbei muss ein Attest vorliegen, das diese Krankheit bescheinigt.
- ▶ Verhaltensbedingte Kündigung: Der Mitarbeiter will nicht arbeiten oder widersetzt sich Ihren Anweisungen. Wenn sein Fehlverhalten gravierend ist (Diebstahl oder Prügelei am Arbeitsplatz), kann er auch fristlos gekündigt werden. Andernfalls müssen Sie das Verhalten mindestens einmal anmahnen. Erst bei einer Wiederholung darf die Kündigung folgen. Alkoholiker gelten übrigens als krank. Ihre Kündigung ist damit personenbedingt.
- ▶ Betriebsbedingt: Müssen Sie Ihr Unternehmen umstrukturieren oder haben Sie Umsatzeinbußen, so greift die betriebliche Kündigung. Arbeitsgerichte untersuchen solche Entscheidungen auf offensichtliche Willkür hin, ansonsten gilt die unternehmerische Freiheit. Allerdings ist bei der betriebsbedingten Kündigung die Sozialauswahl zu beachten. Heißt: Mitarbeiter mit »schlechten« Sozialdaten (jung, keine Familie, neu im Unternehmen) müssen vor denen mit »guten« Sozialdaten (langer Betriebszugehörigkeit und Familie sowie ältere Mitarbeiter) gefeuert werden. Um dem zu entgehen, zahlen Unternehmen häufig hohe Abfindungen an Mitarbeiter, die sie nicht mehr weiterbeschäftigen wollen.

Wann kündigen?	Personenbedingt	Verhaltensbedingt	Betrieblich
Diebstahl, Blaumachen		x	
Krankheit	x		
Arbeits- unfähig	x		
Umstruk- turierung			x
Umsatz- einbußen			x
Beachten Sie	Attest einholen. Wenn Arzt Arbeitsfähigkeit bestätigt, Arbeitnehmer zu einem anderen Arzt bestellen	Vorher zeitnah wegen des gleichen Verhaltens abmahnen, Kündigung spätesten 14 Tage nach Auftreten des Verhaltens aussprechen	Sozialplan erstellen, Soziale Auswahl
Fristen	Sofort möglich	Im Arbeitsvertrag vereinbarte Frist gilt	Im Arbeitsvertrag vereinbarte Frist gilt

Änderungskündigung

Sie haben plötzlich viel weniger zu tun? Der erwartete Auftrag bleibt aus? Sie müssen in einer solchen Situation schnell handeln – und oft bleibt Ihnen nichts anderes übrig, als dem Mitarbeiter eine Änderungskündigung zuzustellen. So können Sie aus einem Vollzeitarbeitsvertrag in Teilzeit umwandeln. Sie können auch eine Gehaltskürzung vereinbaren.

Ihr Mitarbeiter kann das Angebot annehmen. Dann wird das Arbeitsverhältnis zu den geänderten Arbeitsbedingungen fortgesetzt. Er kann das Angebot aber natürlich auch ablehnen – dann können Sie sich überlegen, ob Sie das Arbeitsverhältnis ganz kündigen wollen oder sich zu einer Fortsetzung »zwingen« lassen möchten.

Kündigen menschlich

Niemandem fällt eine Kündigung leicht. Und nicht wenige Unternehmer drücken sich regelrecht davor. Lieber schleppen gerade idealistische junge Teamgründer einen mittelklassigen Mitarbeiter mit, als einmal Tacheles zu reden. Vor allem, wenn dieser Mitarbeiter gleichzeitig auch Bekannter oder gar Freund ist.

Gehen Sie offen mit dem Thema Kündigung um. Die Beendigung eines Arbeitsverhältnisses ist für Ihren Mitarbeiter nicht das Ende. So wie Sie für Ihr Unternehmen verantwortlich sind, ist es Ihr Mitarbeiter für sich selbst. Schieben Sie deshalb nötige Kündigungen nicht auf die lange Bank. Sobald klar ist, dass der Mitarbeiter die Aufgabe nicht erfüllen kann oder will und Sie auch keine Entwicklungsmöglichkeit sehen, ist der Zeitpunkt gekommen. Am besten in der Probezeit. Bedenken Sie dabei aber auch, dass es z. B. sehr lange dauert, einen Vertrieb aufzubauen. Prüfen Sie also auch Ihre eigenen Erwartungen. Sind diese realistisch? Liegt es tatsächlich am Mitarbeiter, dass etwas nicht so funktioniert, wie es funktionieren soll?

Gehen Sie klar und eindeutig in das Kündigungsgespräch. Kündigen Sie die Kündigung also nicht mit vielen Worten und weichem Small Talk an. Was sich für ein Verkaufsgespräch empfiehlt, ist für ein Trennungsgespräch völlig falsch. Wenn Sie um den heißen Brei reden, signalisieren Sie dem Mitarbeiter damit Verhandlungsbereitschaft. Der beste Weg, dies zu verhindern, ist immer noch, die Kündigung im ersten Satz auszusprechen. Danach können Sie den Mitarbeiter weicher betten. Sprechen Sie auch unbedingt über eine gemeinsame Sprachregelung gegenüber den anderen Mitarbeitern. So verhindern Sie, dass der Mitarbeiter hinter Ihrem Rücken Unruhe stiftet. Besteht die Gefahr trotzdem, weil der Mitarbeiter sich aus lauter Enttäuschung rächen will, empfiehlt sich eine sofortige Freistellung. Stellen Sie dem Mitarbeiter einen Berater zur Seite, der ihn nach der Kündigung auffängt und vielleicht auch bei der Jobsuche unterstützt.

Die Kündigung Schritt für Schritt:

1. Welchen Grund haben Sie? Formulieren Sie diesen. Informieren Sie sich über rechtliche Konsequenzen.
2. Sprechen Sie sich mit den anderen Teammitgliedern ab. Es wäre fatal, wenn nicht jeder die Kündigung tragen würde und sich der Mitarbeiter Verbündete unter den Teammitgliedern sucht.
3. Entscheiden Sie, wer das Kündigungsgespräch führt. Es ist nicht angebracht, den Mitarbeiter vor ein Tribunal aus drei Gründern zu führen. Es reicht ein Eins-zu-eins-Gespräch.
4. Schreiben Sie einen ersten Satz auf, den Sie sagen möchten, z. B. »Peter, ich habe dich hierher bestellt, weil ich dir kündigen muss.«
5. Notieren Sie sich Stichpunkte für die Begründung. Diese sollte klar sein und darf keine Widersprüche im Mitarbeiter auslösen. Sagen Sie also besser: »Deine Leistungen entsprechen nicht den Vorgaben, die wir in der Zielvereinbarung definiert haben.« Sagen Sie nichts, was zur Diskussion aufruft wie: »Ich finde es falsch, dass du XY einen Rabatt gewährt hast.«

6. Bauen Sie den Mitarbeiter auf, indem Sie positive Eigenschaften herausstreichen. Diese Aufgabe kann auch ein Berater übernehmen.
7. Vereinbaren Sie eine Sprachregelung gegenüber den anderen Mitarbeitern, die sowohl Sie auch als Ihr Mitarbeiter tragen kann.

10.5 Bürodienste und Business-Center

Sie arbeiten in Hinterposemuckel und Ihr Partner in Berlin? An wen wenden sich die Kunden, wenn Sie mit Ihnen Termine ausmachen wollen oder etwas bestellen? Was machen Sie, wenn Sie einmal nicht erreichbar sind? Ein externer Bürodienst kann eine Lösung für Gründer sein, die nicht ständig erreichbar sind, gleichzeitig aber auch nicht die räumlichen Voraussetzungen für eigenes Personal haben. Diesen externen Bürodienst können Sie bei einigen Anbietern gemeinsam mit einer Geschäftsadresse mieten. Das hat z. B. den Vorteil, dass Sie eine Postadresse in der Großstadt haben oder einfach und kostengünstig ein Netz in verschiedenen Städten oder sogar unterschiedlichen Ländern aufbauen können – und dafür nur einen einzigen Dienstleister brauchen. Gehen Sie noch einen Schritt weiter, mieten Sie einfach ein Büro dazu. Dies ist immer voll ausgestattet und auf dem neuesten Stand der Bürotechnik. Auch eine Sekretärin ist »mietbar« – ganz unabhängig davon, ob Sie einen Raum dazumieten oder nicht. Bezahlt wird dabei meist eine monatliche Grundgebühr sowie ein Minutenpreis für die tatsächlich in Anspruch genommenen Dienstleistungen. Sie bezahlen also nicht mehr für die Kaffeepausen Ihrer Sekretärin.

Wer im Monat etwa 80 Anrufe hat, zahlt bei einem Anbieter wie Ebuero.de um die 250 Euro. Dafür hat er aber auch einen Rundum-Service von 8 bis 19 und zur Not sogar 24 Uhr. So günstig können Sie niemanden einstellen.

Nachteile gibt es aber auch: Ihre Kunden haben ständig wechselnde Ansprechpartner auf der anderen Seite, hören morgen von »Tanja« und übermorgen von »Sabine«. Hinzu kommt, dass die Weiterleitung hörbar ist – was dem einen oder anderen Kunden komisch vorkommen wird. Und: Es kann sein, dass die Daten nicht ordentlich notiert werden. Sie können die Anrufe aufgrund der Weiterleitung anhand der eingegangenen Telefonnummern (die im Telefon gespeichert werden, sofern der Anrufer diese Einstellung hat) dann nicht mehr nachvollziehen – diese wäre bei einem direkten Empfang des Anrufs über Ihr eigenes Telefon möglich.

Trotzdem: Für virtuelle Teams und Teamgründer, die über eine weite Entfernung hinweg zusammenarbeiten, sind Büroservices und noch mehr Büro-

center unschlagbar, zumal wenn Sie Kunden in repräsentativen Räumen emp-
fangen müssen – und das vielleicht nicht nur in Frankfurt, sondern auch in
London.

Bürodienste im Überblick

Bürodienst	Angebot	Preise	Webdadresse
Ebuero	Telefon- und Postservice	Grundgebühr im Monat ab 39 Euro sowie Gebühr für verbrauchte Telefonminuten.	www.ebuero.de
Ecos Office	Viele Module einzeln buchbar, vom Büroservice bis zum Postservice. Auch fertig ausgestattete Büros in der City	Individuell	www.ecos-office.de
Excellent Business Center	Voll ausgestattete Büros in allen großen Städten im Zentrum, Virtual Office, Telefon- und E-Mail-Service. Plus: Call Center, auch für Reklamationen, Bestellannahmen, Help Desk ec.	Individuell	WWW.EXCELLENT-BC.DE
Instant Offices	Sucht voll ausgestatte Büros und Virtual Offices	Service der Suche ist kostenlos	www.instant-offices.de
Pedus Office	In 12 Großstädten, zentrumsnah. Voll ausgestattete Büros, Virtual Office, stundenweise Vermietung	Büros ab 950 Euro im Monat. Virtual Office ab ca. 100 Euro	www.pedus-office.de
Regus	In allen Großstädten im Zentrum. Außerdem in allen Ländern der Welt vertreten. Bietet Büroräume zum Festpreis und mit kurzen Kündigungsfristen. Büros und Konferenzräume lassen sich auch stundenweise mieten. Zudem kann das Center als Büroadresse dienen und Anrufe entgegennehmen (Virtual Office)	Pro Stunde und Person ab 7 Euro. Büros für 1 bis 10 Personen ab 900 Euro im Monat. Virtual Office ab ca. 100 Euro	www.regus.de
Topbuero	Telefonservice	Ab 79 Euro im Monat plus Kosten pro Minute (1,29 Euro) sowie die Übermittlung der Gesprächsnotizen	www.topbuero.de

Gründerporträt: Raumvolumen – »Think bigger«

Unternehmen	Raumvolumen GbR
Branche	Interieur/Design
Webadresse	*www.raumvolumen.de*

Erst wollten sie ein bisschen hoch hinaus. Dann ein bisschen höher. »Think big« war der erste Gedanke, als es daranging, das Konzept von »Raumvolumen« zu entwickeln und die Eckdaten im Business-Plan zu fixieren. Im Laufe der Wochen wurde daraus ein »Think bigger«. Das geschah schrittweise und ganz vorsichtig.

»Wir haben die für unser Vorhaben benötigte Geldsumme unseren Visionen angepasst«, sagt Jan Eisner, der gemeinsam mit seinem Partner Carsten Röhr die Firma »Raumvolumen« bildet. Ziel war es, nicht irgendein Massenmöbel zu vertreiben. Nichts, was in irgendwelchen Wohneinkaufsmeilen untergeht. Raumvolumen, inzwischen auch mit der Trademark geschützt, will eine eigene Marke werden. Eine Marke, die einmal so bekannt werden soll wie der Edel-Möbeldesigner »Rolf Benz« – oder auch gerne noch ein bisschen bekannter. Das schafft man nicht ohne Kredit und schon gar nicht mit null Einsatz.

Das erste Produkt aus dem Haus Raumvolumen ist ein frei im Raum (schwebender) hängender Bilderrahmen. Er besteht aus transparenten gläsernen Ebenen, die von edlen Hölzern eingefasst sind. An dünnen Stahlseilen hängend wird der FreeFrame mitten im Raum positioniert. Auf beiden Seiten lässt sich dieser mit Bildern, Motiven oder Kunstdrucken bestücken – so wird das Möbel zum idealen Raumteiler und zugleich zur Neuheit auf dem Markt.

Der Rahmen, den es in verschiedenen Größen, Materialien und damit auch Preisklassen gibt, schafft mehr Raum im Raum – der Firmenname lag deshalb nahe. Hinzu kommt, dass sich unter dem Namen Raumvolumen auch leicht weitere Produkte aus dem Bereich Möbel & Accessoires platzieren lassen. »Das soll keine Eintagsfliege werden«, so Eisner. Womit wir wieder beim »Think big« angelangt wären. Das Groß-Denken bezieht sich nicht nur auf Kapital- und Personaleinsatz, sondern auch auf die Produktpalette.

Think big – eine Denkart, die gemeinhin Kaufleuten eigen ist. Doch Eisner ist wie sein Kollege Carsten Röhr eigentlich ein Handwerker: Beide sind Tischler von Beruf. Nach der Lehre trafen sie sich beim Studium des Bauwesens. Und stellten beide fest, dass sie nicht die geringste Neigung verspürten, als Bauingenieur zu arbeiten. Sie brachen das Studium gemeinschaftlich ab. »Nach Rücksprache mit der Familie«, wie Eisner einschiebt.

Das Risiko scheint begrenzt: Schließlich fragt einen Unternehmer niemand mehr nach seinem Diplom. Und dass Raumvolumen wirklich etwas kann, wussten die beiden auch ohne »Hochschul-Attest«. Gerade sind sie dabei, es zu beweisen.

Zielgruppe von Raumvolumen sind keine Endkunden, sondern exklusive Möbelhäuser wie das Stilwerk. Diese kaufen die Möbel ein und verkaufen sie an eigene Kunden weiter. »Am Anfang waren wir gar nicht sicher, ob wir den Möbelhäusern wirklich direkt unsere Produkte verkaufen könnten oder ob diese nicht nur an Kommissionsware interessiert sind«, so Eisner. Aber nein, die Einkäufer langten gleich richtig zu und zogen die Tischler nicht etwa über den Tisch. Carsten Röhr: »Das hat mit dem überzeugenden Produkt zu tun – aber auch damit, dass wir einfach sehr gut vorbereitet waren.«

Statt einfach nur mit dem Vertrag ins Haus zu platzen, nehmen sich Röhr und Eisner für die Verhandlungen Zeit, viel Zeit. Verhandeln hat, das wissen sie jetzt auch aus Erfahrung, eine ausgeprägt emotionale Komponente. Gerade wenn es um teure Produkte geht, steht nicht nur der Euro im Vordergrund.

Think big – das beinhaltet auch die Aussicht auf Wachstum. Klein bleiben wollen die beiden nicht: Eine Sekretärin und weitere Mitarbeiter sind fest im Visier, die Umwandlung von der GbR in die GmbH ist für demnächst geplant. Schon jetzt arbeiten Röhr und Eisner mit Freiberuflern zusammen, die zum Beispiel Designs erstellen. Bei der Realisierung legen aber beide ihre geübten Hände an. Alle Stücke sind »handmade in Germany«, das ist den Gründern wichtig. So, wie die Tatsache, dass Design bei ihnen mit Zweckmäßigkeit fusioniert. »Wir verbinden Top-Design mit Funktionalität, das macht uns so schnell keiner nach«, so Eisner stolz.

Tipp: Bürodienst und Center selbst machen

Jedes ISDN-Telefon lässt sich heute umleiten. Sie können also Ihre Rufnummer auch auf ein anderes Teefon umstellen, wenn Sie unterwegs sind. Dies muss kein Büroservice sein, sondern kann auch Ihre Freundin oder Mutter sein. Natürlich sollte sich der »Bürodienst« professionell melden. Ein lautes »Jaaaaa... äh... arghhh« ist kontraproduktiv, ebenso wie Lärm im Hintergrund. Vereinbaren Sie die Art der Meldung und auch, wie Gesprächsnotizen aufgenommen werden sollen. Und vergessen Sie nicht, diese Dienstleistung abzurechnen. Stellen Sie z. B. Ihre Mutter auf 400-Euro-Basis im Telefondienst ein und setzen Sie diese Kosten voll steuerlich ab (siehe Minijob, Seite 226 ff.).

Auch Business-Center können Sie sich selbst aufbauen, indem Sie sich in anderen Städten untermieten und Ihren Namen gegen eine geringe monatliche Gebühr auf das Schild eines Kooperationspartners schreiben. Wenn dessen

Sekretärin dann auch noch Ihre Anrufe bearbeitet, können Sie damit gegenüber einem herkömmlichen Business-Center den einen oder anderen Euro sparen. Hinzu kommt die gewonnene Individualität. Business-Center sind anonym und wenig fantasievoll – eher zweckmäßig – eingerichtet. Das ist ideal für viele Branchen und Zielgruppen – aber eben nicht für alle. Manche Kunden bevorzugen individuellen Charme.

Internetadressen

Personal & Organisation

– Arbeitsrecht (*www.arbeitsrecht.de*): Portal mit Know-how zum Thema

– Lohndirekt (*www.lohndirekt.de*): Lohnbuchhaltung vom Profi

– Gründerleitfaden (*www.gruenderleitfaden.de*): Muster für Arbeitsverträge vom Vertrag für Projektarbeit bis zum Vollzeitvertrag

– Janolaw (*www.janolaw.de*): Arbeitsverträge zum Kaufen

– Arbeitsrechtler Michael Felser (*www.felser.de*): Kanzlei und Links zu weiteren Angeboten

– Beamte 4U (*www.beamte4u.de*): Viele Tipps und kostengünstige E-Books z. B. zu den Eingliederungszuschüssen für Arbeitgeber

11 Konflikte und Krisen

Oft schließen sich die besten Freunde zu einem Team zusammen – und gehen auch schnell wieder auseinander. So, wie die Einzelhändlerin mit dem Second-Hand-Shop, die Ihnen schon im zweiten Kapitel begegnet ist. Über alles hatte sie mit Ihrer Freundin, der Mitgründerin, gesprochen, als sie noch nur Freunde waren, nur nicht über die Abgrenzung der eigenen Bereiche und ihre Erwartungen an die Gründung, ihre Visionen und Ziele.

Genau das ist aber das Geheimnis erfolgreicher Teamgründer: das offene Gespräch. In diesem Kapitel lesen Sie, was Sie tun können, wenn es zu spät dazu kommt.

11.1 Konflikte im Team lösen

Probleme im Team haben ihre Wurzeln fast immer in fehlender Kommunikation über die wesentlichen Dinge. Nach dem Motto: »Wir haben uns immer so gut verstanden« grenzen Freunde ihre Bereiche und Verantwortlichkeiten ebenso wenig ab, wie sie ihre Erwartungen kundtun. Die Lösung für das Problem liegt also nahe ... und Tipps für Neugründer sind in Kapitel 2 nachzulesen. Doch was tun, wenn das Kind bereits in den Brunnen gefallen ist? Wenn in einem schon länger bestehenden Team der Konflikt keimt, gärt oder gar schon offen tobt?

Ursache finden

Zunächst sollten Sie am besten mit einem neutralen Supervisor der Ursache auf den Grund gehen. Warum streiten Sie sich, vertreten Sie unterschiedliche Meinungen? Liegt es daran, dass Ihre Erwartungen nicht zueinander passen? Möchten Sie Mitarbeiter einstellen, während Ihr Kollege lieber klein bleiben will? Präferieren Sie 16-Stunden-Tage und ärgern sich über den Kollegen, der nur acht Stunden im Büro bleibt? Oder nervt Sie Alltägliches, wie die Tatsache, dass Kollege X nach dem Toilettenbesuch nie den Klodeckel schließt? Dann sollten Sie sich zunächst fragen, was Sie zur Konfliktlösung beigetragen haben. Um beim Beispiel Klodeckel zu bleiben: Haben Sie deutlich gemacht, dass Sie das stört? Haben Sie, als der Hinweis nichts half, einen Zettel in die Toilette gehängt?

Oder ist es gar nicht die Kleinigkeit an sich? Sehr häufig – das Phänomen ist auch aus Ehen bekannt – steckt hinter der Kleinigkeit etwas viel Bedeutenderes. Mit einer neutralen Person können Sie auch den Problemen hinter den Fassaden besser auf den Grund gehen.

Einstellungen prüfen

Wir mögen das, was uns ähnlich ist. Das hat zur Folge, dass wir auch Freundschaften mit »ähnlichen« Menschen schließen und auch gerne Angestellte haben, die auf einer Wellenlinie mit uns liegen. Dies hat leider oft zur Folge, dass sich in einem Team lauter Menschen mit ähnlichen Kompetenzen oder auch identischen Mangelfaktoren – Schwächen – finden. Beispiel: Zwei Chaoten gründen, jeder erhöht das Chaos des anderen, anstatt ihm etwas Ausgleichendes entgegenzusetzen.

Struktur und Ordnung, letztendlich also Kompetenzen der linken Gehirnhälfte – Fehlanzeige. Kreative reagieren »rechts«, mit Emotionen und Siebenmeilenstiefeln. Stellen Sie sich vor: Zwei kreative Köpfe übertrumpfen sich gegenseitig mit ihren Ideen, aber niemand kümmert sich um das Kaufmännische. In einem solchen Team sind die Voraussetzungen für wirklich dauerhaften Erfolg schlecht: Kompetenzen wie auch Persönlichkeiten sollten sich ergänzen. Ein Kreativer und ein strukturierter, organisierter Kaufmann sind ein schlagkräftiges Team, ein Vertriebsmensch und ein Planer harmonieren gut miteinander. Viele Gründer beweisen allerdings, dass auch ein und derselbe berufliche Hintergrund durchaus harmonieren können. Dabei denke ich etwa an einen seit 1989 erfolgreichen Verlag, dem zwei Journalisten als Geschäftsführer vorstehen, also zwei Personen mit starkem kreativen und geringem kaufmännischen Antrieb.

Wenn Sie einen ähnlichen beruflichen Hintergrund haben, ist das also nicht unbedingt ein Hinderungsgrund, denn trotzdem kann die Persönlichkeit sehr verschieden sein. Unter zwei Designern kann durchaus einer sein, der Detailarbeit mag und gerne an »Kleinigkeiten« arbeitet.

Oft liegt es aber auch an der Wertschätzung dem anderen gegenüber. Vielleicht haben Sie während Ihrer Unternehmung entdeckt, dass Ihr Kollege der Typ Sachbearbeiter ist, den Sie nie besonders geschätzt haben ... Vielleicht halten Sie im Innern Ihre eigene Arbeit und Leistung für besser als die des Teammitglieds. Dann geschieht im Extremfall das, was in vielen Pop-Bands passiert ist. Etwa bei Pink Floyd: Jedes Bandmitglied hielt sich selbst für den Star, und darüber kam das Team derart in Streit, dass es sich mit viel Tohuwabohu trennte. In einem Unternehmen muss jeder die Arbeit des anderen wertschätzen können – sofern jeder in seinem Bereich gute Arbeit leistet. Es gibt keine gute und schlechte Arbeit, wertvolle und weniger wertvolle Leistungen. Administration und Verwaltung sind genauso wichtig für Entwicklung und Fortbestand wie Akquisition und Verkauf von Dienstleistungen oder Produkten.

Überprüfen Sie also, wenn Sie Missstimmigkeiten spüren, Ihre eigenen Gedanken den anderen gegenüber. Ist da eine Spur von Arroganz oder das Gefühl, wichtiger zu sein? Missachten Sie heimlich die Arbeit von Kreativen oder Verwaltern? Stößt Ihnen ein bestimmter Typ Mensch auf – der eben nicht ist wie Sie? Verabschieden Sie sich vom Gleichheitsprinzip, denn das ist nicht Kern des Teamgedankens. Nehmen Sie Menschen mit Ihren individuellen Vorteilen an, akzeptieren Sie Verschiedenartigkeit.

Sind zu viele »Alphatiere« im Team?

Gründer sind oft recht dominante Persönlichkeiten. Sie wollen gern vorne stehen, an der »Front«, etwas zu sagen haben, entscheiden. Im Team haben sie bevorzugt die Rolle des Leitenden oder auch des Alphatiers inne. Wer Alphatier ist, das merken Sie schnell, wenn Sie die Menschen in einer Diskussionsrunde beobachten. Häufig preschen zwei Redner nach vorn und kämpfen um die Vorherrschaft. Es kann sein, dass sich dann formelle und informelle Führer herauskristallisieren. Formelle Führer sind die Chefs, informelle die Meinungsführer. Beides sind aber Alphatiere, die einen eigenen Macht- und Führungsanspruch erheben.

Das Alphatier übernimmt allzu gerne die Rednerrolle. Es beschließt und entscheidet, auch wenn es noch einmal höflich nachfragt. Es steht sehr gerne im Mittelpunkt und sonnt sich in der Gefolgschaft der anderen ... Besteht eine Gründungsmannschaft nur aus Alphatieren, liegt die Gefahr eines Machtkampfes nahe. Es kann nur ein einziges formelles Alphatier zur gleichen Zeit geben und jeder Konkurrent wird in das Gefolge-Rudel verwiesen. Hier wird sich das zweite Alphatier vielleicht nicht wohl fühlen und wieder nach vorne streben. Möglich, dass es dann einen Machtwechsel an der Spitze gibt ... Das Ganze vollzieht sich nicht offensichtlich und ist den Gründern oftmals nicht bewusst. Wer will auch schon animalische Zustände bei sich selbst zugeben?

Der Machtkampf kann nützlich, aber auch schädlich sein. Je größer der Grad der Bewusstheit über solche Vorgänge, desto einfacher der Umgang damit. Auch hier liegt die Lösung wieder in der Aufteilung der Kompetenzen. Auch Alphatiere sind unterschiedlich, sind nicht nur Führer, sondern z. B. auch Berater, Kooperatoren oder auch Kreative. Diese Kompetenzen muss der jeweils andere als Ressource anerkennen und als Gewinn für das Team. Außerdem gilt auch hier: Kommunikation ist alles. Und der selbstkritische Blick auf sich: Wer über sein eigenes Alphatierverhalten lachen kann, kommt auch in der Gruppe besser zurecht.

Gibt es unterschiedliche Arbeitsauffassungen?

Unterschiedliche Arbeitsauffassungen haben Ihre Ursache immer in unterschiedlichen Gründungszielen und Werten. Ob Sie damit langfristig auskommen können, hängt von der Ausprägung ab und von Ihrer Bereitschaft, sich nachträglich auf Ziele zu einigen und über die eigenen Werte zu unterhalten (was besser vor der Gründung hätte passieren sollen).

Ihr Partner legt viel Wert auf Work-Life-Balance, und Sie ackern wie »blöde«? An sich kein Problem, denn Sie können den anderen akzeptieren und von der Ruhe auf der einen Seite und der Ruhelosigkeit auf der anderen Seite profitieren. Natürlich ist es frustrierend, wenn Sie 12 Stunden arbeiten und der Kollege macht sich nach zwei Stunden am Arbeitsplatz einen faulen Lenz. Aber auch das fällt in die Kategorie »Austausch ist wichtig«. Warum haben Sie das nicht vorher gewusst? (Ja, Sie hatten eben dieses Buch noch nicht.) Diese Frage steht gerade auch im Raum, wenn Sie unterschiedliche Erwartungen als Ursache des Konflikts vermuten und feststellen, dass der Kollege nur seinen

Lebensunterhalt decken möchte, während sie gleich Millionär werden wollen. Hier sind schon die Ziele nicht deckungsgleich, eine Realisierung ist unter diesen schwierigen Voraussetzungen kaum noch möglich – und Trennung sehr wahrscheinlich die beste Lösung. Aber bitte erst nach einer Klärung der Situation unter fachmännischer Leitung.

Reden wir genug?

»Ich glaube, der A hat B vor.« Oder: »Wie der sich verhält, da ist doch irgendetwas im Busch.« Es ist unsinnig, Vermutungen mit sich herumzutragen, hinter vorgehaltener Hand zu lästern oder mit Fragen aus Unsicherheit oder blindem Verdacht hinter dem Berg zu halten. Wenn Sie sich schlecht informiert fühlen, sprechen Sie das lieber gleich an. Wenn Sie ein Verhalten, Äußerungen oder Nicht-Äußerungen nicht verstehen, so hinterfragen Sie diese.

Reden Sie miteinander – das ist das Wichtigste bei einer Gründung und auch während des gemeinsamen Unternehmertums. Sprechen Sie über das, was sich in Ihrem Bereich entwickelt, informieren Sie, fragen Sie … und vereinbaren Sie fixe Termine für den Austausch.

Die Trennung von Kompetenzbereichen bedeutet nicht, dass von da an jeder sein eigenes Süppchen kocht. Es ist Aufgabe eines jeden Teammitglieds, den eigenen Bereich ebenso wie eigene Entscheidungen transparent zu machen.

Einen Konflikt lösen

Der zentrale Lösungsansatz liegt in der Erkenntnis des Problems. Erst darauf aufbauend lassen sich Wege erarbeiten, in Zukunft anders und besser miteinander umzugehen oder aber die Lösung in einer Trennung zu suchen. Die Frage ist, ob Sie wirklich allein sehen können, wo die Ursache oder die Ursachen liegen. Es empfiehlt sich, hier eine fachkompetente Person hinzuzuziehen, wenn Sie sich nicht schon vorher haben begleiten lassen. Die Neutralität und Systematik eines solchen Beraters hilft sehr dabei, Klarheit für die nächsten Schritte zu gewinnen und den Konflikt zu versachlichen.

Supervision

Jede Gemeinschaft braucht Supervision – am besten von Anfang an: einen neutralen Menschen, der auf die Beziehungen, die Struktur und die Entwicklungen schaut. Mit dem sich gemeinsame Fragen lösen lassen, der den Blick von außen nach innen bringt. Idealerweise ist dies jemand, der mit dem Unternehmen wächst und es über einen längeren Zeitraum begleitet.

Beispiel

Wir haben schon vor 5 Jahren eine GmbH gegründet. Wir, das sind fünf Menschen aus dem Medienbereich. Wir haben damals nicht darüber nachgedacht, was es bedeutet, ein Team zu sein. Jeder von uns hat natürlich in seiner Arbeit sehr gerne eine Teamumgebung gehabt, doch ist ein Angestellten-Team Meilenschritte von einem Unternehmer-Team entfernt. Einer der Gesellschafter kannte eine Coacherin und hat vorgeschlagen, dass wir uns einmal im Monat mit ihr zusammensetzen. Schon bei den ersten Sitzungen kam heraus, dass wir alle sehr unterschiedliche Vorstellungen haben, ganz andere Lebensziele und Werte. Darüber hätten wir uns vor der Gründung Gedanken machen müssen, ja. Trotzdem: Nur durch die permanente Begleitung sind wir zusammengeblieben. Die Coacherin hat jeden Konflikt auf den Tisch gebracht und sofort Lösungen erarbeitet. Ich bin mir sicher, dass wir uns ohne sie recht bald zerfleischt hätten. Ganz bestimmt jedoch wären wir nicht mehr zu fünf.
Thomas, geschäftsführender Gesellschafter einer Plattenfirma

Wenn Konflikte eskalieren

Jeder Konflikt hat einen Anfang. Am Anfang ist dieser Konflikt-Startpunkt noch gegenwärtig. Da war vielleicht der Frust darüber, dass der Teampartner einen nicht in eine Verhandlung involviert hat, dass er selbst entscheidet, selbstherrlich, ach, schlimmer: herrisch. Dann kommt etwas anderes dazu, und so das eine zum anderen. Je mehr passiert, desto mehr verliert auch der Anfang an Bedeutung – so lange, bis er schließlich nicht mehr gesehen wird. Das ist so in einer Ehe, in Kriegen und natürlich auch bei unserem Thema, der Unternehmensgründung.

Wenn Konflikte eskalieren, ist der Konflikt-Startpunkt schon völlig bedeutungslos und wird nicht mehr erinnert. Statt Kommunikation ist entweder Schweigen oder ein Hauen und Stechen angesagt. Dabei nehmen ungelöste Konflikte oft einen klassischen Verlauf: In der ersten Stufe herrscht eine Spannung oder auch »Anspannung«, die sich etwa im gelegentlichen Aufeinanderprallen unterschiedlicher Meinungen äußert. Daraus muss kein Konflikt resultieren – es kann aber einer daraus werden, wenn für diese unterschiedlichen Meinungen nicht schon hier gemeinsame Lösungen gefunden werden.

In der zweiten Phase kommt es zu offenen Meinungsverschiedenheiten. Der andere soll unter Druck gesetzt werden. Nun kann es passieren, dass einer den Kürzeren zieht und beispielsweise aus der Firma aussteigt oder sich einen anderen Büroraum sucht. Lösungen lassen sich in dieser Phase (noch) finden. So kann die Nichtraucherin, die sich ständig mit der Raucherin in die Haare bekommt, mit einem anderen Mitglied der Bürogemeinschaft den Raum tauschen. Oder aber es kann die Vereinbarung getroffen werden, dass nur auf dem Balkon gequalmt wird. In »richtigen« Firmen können die Streithähne eine Vereinbarung treffen, in der jeder ein Stück auf den anderen zugeht.

In der dritten Phase ist ein offener Konflikt da, eine Art Rosenkrieg, der sich auch kaum mehr reparieren und auch nicht mehr kontrollieren lässt. Kann sein, dass sich die Partner gegenseitig drohen oder vor Gericht ziehen. Möglich, dass Intrigen gesponnen und böse Fallen installiert werden. Diese Phase kann in ihrer extremen Ausprägung bis hin zum Rachefeldzug führen. Erinnern Sie sich an das politische Duell zwischen Schröder und Lafontaine? Rache muss nicht körperlich sein, sondern kann sich auch auf anderen Ebenen abspielen.

Zur Lösung: Mediation

Sie schreien sich bereits an oder reden kein Wort mehr miteinander, die Trennung ist bereits ein Drohwort geworden oder gar beschlossene Sache, mindestens von einer Seite? Doch was geschieht mit der guten Idee, wer übernimmt die Firma? Positionen sind in solchen Situationen bereits festgefahren. Längst geht es nicht mehr um die Sache, die Beziehung steht im Vordergrund.

Ist der Konflikt so weit gediehen, empfiehlt sich Mediation als Lösung. In bis zu acht Stunden klärt der Mediator Standpunkte und managt eine Kommunikation »über Bande«. In die Mediation fließen Ansätze aus den Bereichen Recht, Psychologie und Wirtschaft ein. Ein Mediator sollte eine entsprechende Vorbildung besitzen und in Mediation ausgebildet sein. Hobby-Mediatoren können leider oft mehr Schaden anrichten, als dass sie nutzen.

Ausgebildete Mediatoren nutzen die ALPHA-Struktur der Mediation, um in fünf Schritten vom Konflikt zur Lösung zu gelangen:

A   Auftragsklärung
L   Liste der Themen
P   Positionen und Interessen
H   Heureka, das bedeutet, kreative Lösungen entwickeln und die beste Lösung aussuchen
A   Abschlussvereinbarung

Eine Stunde Mediation kostet 80 bis 150 Euro, wobei sich Streithähne die Summe üblicherweise teilen.

11.2 Sich trennen

Nicht immer lassen sich auf weichem Weg Lösungen herbeiführen. Und manchmal liegt die harte Lösung auch im endgültigen Schnitt.

Nicht selten resultieren Trennungsgründe auch aus der privaten, familiären Entwicklung eines Unternehmers. So kann es sein, dass ein Mitglied einer Studentenfirma dann irgendwann doch lieber als Festangestellter sein Glück versuchen möchte.

Lässt sich keine andere Lösung finden, bleibt nur die Trennung. Ideal, wenn alle damit einverstanden sind. Falls nicht, sollten Sie sich die Beschluss-Regelung im Gesellschaftervertrag bewusst machen. Steht dort, dass alle Entscheidungen einstimmig zu treffen sind? Dann bedeutet dies, dass ein Gesellschafter nur »herausgemobbt« werden kann, wenn er damit auch selbst einverstanden ist. Gilt die Mehrheitsmeinung, so können zwei Gesellschafter dafür Sorge tragen, dass der Dritte ausgeschlossen wird. Dies gilt unabhängig von der Gesellschaftsform – sofern es sich nicht um angestellte Geschäftsführer oder Vorstände handelt, die keine Gesellschafter sind. Diese genießen Arbeitnehmerrechte, unter Umständen also auch den Kündigungsschutz.

Einer steigt aus

Verabschiedet sich bei der GbR nur einer aus dem Team, so hört die GbR normalerweise trotzdem automatisch auf zu bestehen – es sei denn, im Gesellschaftervertrag ist dies anders formuliert (empfehlenswert!). Möchten die anderen Gründer aber im selben Geschäftsfeld weitermachen, sollten sie vorher anwaltlichen Rat einholen. In jedem Fall ist eine Auseinandersetzungsbilanz zu erstellen, die die Gewinne und Verluste der GbR zum Zeitpunkt des Ausstiegs des einen Gesellschafters aufführt. Möglicherweise geht es auch um eine Abfindung. Schließlich ist nach einem längeren Geschäftsweg nicht nur ein finanzieller, sondern auch ein ideeller Wert entstanden, ein geldwertes Image.

Wie bei der Trennung vorgegangen wird, sollte bereits im Gesellschaftervertrag stehen. Die vertragsmäßige Formulierung: »Bei der Feststellung des Auseinandersetzungsguthabens sind Aktiva und Passiva mit ihrem wahren Wert einzusetzen. Der Geschäftswert ist nicht zu berücksichtigen« schließt etwa aus, dass eine Abfindung für den ideellen Wert in Frage kommt.

Ist der ausgestiegene Gesellschafter einverstanden, dürften sich in der Praxis keine weiteren Probleme ergeben. Einem Fortbestand der GbR steht dann nichts mehr entgegen. Der ausgestiegene Gesellschafter sollte sich indes bewusst machen, dass er auch fünf Jahre nach seinem Ausstieg noch für die Gesellschafterschulden haftet.

Steigt ein Gesellschafter aus der GmbH aus, so ist dies nur nach einem Beschluss mit Zweidrittelmehrheit nötig, sofern der Gesellschaftervertrag nicht etwas anderes bestimmt. Danach muss im Handelsregister der Antrag auf Löschung des Gesellschafters eingehen.

Die GbR ganz auflösen

So leicht, wie sich GbRs gründen, lösen Sie sich oft auch auf. Doch so einfach ist das nicht. Haben Sie keinen Gesellschaftsvertrag geschlossen, so löst sich die Gesellschaft mit dem Austritt eines Gesellschafters auf – die GbR existiert also nicht mehr. Das Problem ist, dass vielen GbR-Unternehmern das nicht bekannt ist. Folge: Sie lassen die formlos geschlossene GbR weiter bestehen, obwohl sie strenggenommen nicht mehr besteht. Nun kann ein Rechtsanwalt das reine Weiterbestehen als eindeutige Willenserklärung der verbleibenden Gründer auffassen – muss es aber nicht. Bekanntlich gibt es im Rechtsbereich Grauzonen. Ohne diese bräuchten wir keine Anwälte.

Sie sollten also spätestens beim Ausstieg eines Partners die GbR auf ein sicheres Fundament stellen und einen neuen Gesellschaftervertrag schließen, in dem z. B. auch die Vorgehensweise für den Fall des Ausstiegs geregelt ist.

Haben Sie einen Gesellschaftervertrag, so sollte der Fall des Ausstiegs eines Gesellschafters dort auch geregelt sein. Sie sind dazu verpflichtet – mit und ohne Vertrag –, zum Abschluss eine Trennungsbilanz zu erstellen. Dies ist eine abschließende Gewinn-und-Verlust-Rechnung, aus der der verbleibende Gewinn und die eventuellen Schulden ersichtlich sind. Der Gewinn muss ausgezahlt werden. Außerdem ist eine Regelung für die Schuldenzahlung zu treffen.

Der ausgeschiedene Gesellschafter selbst bleibt fünf Jahre in der Haftung für die von ihm mit initiierten Projekte. Sollte der GbR also finanzielles Ungemach geschehen, ist er auch dann noch »dran«, wenn er sich längst »frei« wähnt. Machen Sie sich dies bewusst, bevor Sie vorschnell aufgeben. Eine Trennung ist alles andere als einfach. Und miteinander lassen sich oft doch noch zwischenmenschliche Lösungen finden, die den harten Schlussstrich vermeiden.

Für die OHG und KG gelten ähnliche Bestimmungen und Haftungs-Grundsätze. Das Wettbewerbsverbot allerdings, das Gesellschaftern untersagt, der eigenen Firma Konkurrenz zu machen, ist mit dem Ausstieg eines Gesellschafters nicht mehr gültig.

GmbH auflösen

Schnelle Auflösungen – für GmbHs sind sie undenkbar. Mehr als ein Jahr dauert die Auflösung bis zur Löschung nach dem Gesellschafterbeschluss oder der Einleitung eines Insolvenzverfahrens.

Erst wenn der Eintrag aus dem Handelsregister gelöscht ist, gilt sie als endgültig aufgelöst. Zuvor müssen drei Stufen durchlaufen sein:

1. Auflösung
2. Liquidation
3. Löschung

Mit der Auflösung bleibt die GmbH handelsfähig, muss aber im Geschäftsverkehr darauf hinweisen, dass Sie sich »i. L.«, also in Löschung befindet. Die Auflösung beschließen die Gesellschafter formlos mit Zweidrittelmehrheit, sofern im Gesellschaftervertrag nicht etwa die Einstimmigkeit verlangt ist.

Die Auflösung muss notariell beglaubigt an das Handelsregister eingereicht werden. Reichen Sie den Gesellschafterbeschluss gleich mit ein. Nun ist es an der Zeit, einen Liquidator einzusetzen, was auch der ehemalige Geschäftsführer sein kann. Dreimal hintereinander muss die Auflösung der Gesellschaft nun öffentlich bekannt gegeben werden, damit sich eventuelle Gläubiger melden können. Veröffentlicht werden können die Anzeigen im Bundesanzeiger (*www.bundesanzeiger.de*) oder der örtlichen Tageszeitung. Nun folgt ein Sperrjahr. In dieser Zeit können sich Gläubiger melden und die verbleibenden Geschäfte werden abgewickelt. Erst danach kann die Liquidation beendet und die Löschung der Gesellschaft im Handelsregister vollzogen werden.

11.3 Finanzielle Krisen

Unternehmerische Krisen sind selten wie Naturkatastrophen, die einfach so über die Gesellschafter hereinbrechen. Sie kündigen sich in der Regel langsam an. Doch viele Menschen haben ein ausgeprägtes Verdrängungstalent, wenn es darum geht, eine große Krise »klein zu denken«. Je näher einem das Unternehmen steht, je mehr es zur Familie und zur eigenen Identität gehört, desto weniger wollen Unternehmer oft wahrhaben, wie es wirklich darum steht. »Es wird schon wieder« – so oder ähnlich denken viele und schieben alles auf den nächsten Auftrag oder den einen Auftraggeber, der wieder mal nicht pünktlich zahlt. Deshalb werden Krisen oft viel zu spät wahrgenommen. So wird der richtige Zeitpunkt zum Handeln selten früh genug erkannt.

Zum Glück sind bei einer Teamgründung die Chancen recht gering, die Vogel-Strauß-Methode (»Kopf in den Sand und nichts sehen«) auf Dauer anzuwenden. Wenn sich die Krise andeutet, gibt es in Gesellschaften mit mehreren Beteiligten meist irgendjemanden, der dies auch sieht. Die ersten Konflikte machen sich bemerkbar.

Das führt dann nicht selten dazu, dass einer das Handtuch wirft, während die anderen wie zuvor weitermachen. Für den, der geht, birgt der spontane Absprung eine Riesengefahr: Handelt es sich um eine GbR, so bleibt er für die Gläubiger weiterhin Ansprechpartner für eventuelle Forderungen: Schließlich haftet die GbR gesamtschuldnerisch. Für die, die bleiben, sollte das Abspringen Warnsignal sein – leider wird es oft nur als Querschießen einer Einzelperson begriffen.

Machen Sie es besser: Reflektieren Sie Ihre geschäftliche Entwicklung regelmäßig und gemeinsam. Horchen Sie auf, wenn einer der Gründer unzufrieden wird, sich über die Entwicklung beklagt, warnt … Und halten Sie sich und die anderen immer auf dem aktuellen Stand, auch wenn die Aufgaben – so wie es sein sollte – verteilt sind. Jeder Gesellschafter hat das Recht, zu jedem Zeitpunkt Einblick in die Bücher zu verlangen, auch wenn er nur eine zehnprozentige Beteiligung am Unternehmen besitzt (der Gläubiger holt dennoch 100 Prozent bei ihm, wenn bei den anderen Gesellschaftern nichts zu holen ist).

Denn es bringt ganz und gar nichts, die Augen zu verschließen, auch wenn dies zunächst einmal Auseinandersetzungen vermeiden hilft: Gibt es Unstimmigkeiten über die weitere Vorgehensweise bei Krisen, so sollten Sie lieber einen unabhängigen Berater einschalten, der den neutralen Blick von außen einbringt.

Und: Prüfen Sie Ihr Miteinander. Hierzu einige Leitfragen:

- ▶ Sind sich alle Gesellschafter über die unternehmerischen Ziele einig? Passen Sie Ihren Business-Plan regelmäßig an und definieren Sie Jahresziele, die auch allen Gesellschaftern kommuniziert werden?
- ▶ Ist die Rollenverteilung im Team optimal? Kommt eventuell das Controlling zu kurz – oder die Neuakquisition von Aufträgen?
- ▶ Haben Sie einen Liquiditätsplan? Falls nein: Stellen Sie dringend eine Übersicht über Ihre verfügbaren Mittel auf, die besagt, wie lange das Geld noch ausreicht, um den Verpflichtungen nachzukommen – so vermeiden Sie böse Überraschungen.

Gibt es Unstimmigkeiten im Team? Ärgert sich einer über andere? Haben sich Gruppen gebildet, die bestimmte Interessen verfolgen, die anderen widerstreben?

Sofortmaßnahmen gegen Finanz-Krisen

Wenn Sie finanzielle Engpässe spüren – oder besser noch davor –, sollten Sie zudem gemeinsam über folgende Fragen und daraus resultierende Maßnahmen nachdenken:

▶ Wie hoch sind Ihre Zahlungsausfälle? Entspricht dies dem Durchschnitt der Branche, oder ist es mehr? Mit welchen Maßnahmen lassen sich Ausfälle reduzieren? Denken Sie an die Einführung neuer Zahlungsmittel (z. B. Kreditkarte) oder Risiko- und Bonitätsprüfungen von Kunden.

▶ Ist Ihr Zahlungsmanagement inklusive des Mahnwesens optimierbar, eventuell durch Einschaltung eines professionellen Inkassounternehmens?

▶ Lassen sich die Preise vorsichtig erhöhen? Sind Sie zu billig oder stellen Sie Dienstleistungen nicht in Rechnung, für die Sie Geld kassieren könnten? Können Sie Angebots-Pakete schnüren, die neue Kunden locken?

▶ Lassen sich Zahlungsziele verkürzen, z. B. von 30 Tagen auf 7 Tage?

▶ Lässt sich die Zahlungsbereitschaft durch Anreize wie Skonto und Rabatte verbessern?

▶ Lassen sich Einkaufskonditionen optimieren, z. B. durch den Zusammenschluss mit anderen Unternehmern in Form einer losen Kooperation?

▶ Können Sie mit Ihren Auftraggebern Vorschüsse aushandeln?

▶ Haben Sie optimale Kreditkonditionen? Brauchen Sie die Mitarbeiter, oder wäre eventuell eine Änderungskündigung die bessere Option (z. B. von einem Vollzeit- auf Teilzeitvertrag)?

Mittelfristig sollten Sie unbedingt auch folgende Fragen beachten:

▶ Ist die Abhängigkeit von einem Auftraggeber zu groß? (Ein einziger Auftraggeber sollte nie mehr als 20 Prozent des Umsatzes bestimmen.) Wenn ja: Wie lässt sich dies ändern, wie können Sie neue Kunden gewinnen?

▶ Verbrauchen Sie zu viel Zeit mit unwichtigen Aufgaben wie Buchhaltung, anstatt sich um Wesentliches – etwa die Gewinnung von Aufträgen – zu kümmern?

▶ Betreiben Sie ein wirklich gutes Kundenbindungsmanagement? Oder anders ausgedrückt: Schaffen Sie es, alten Kunden immer wieder neue Produkte zu verkaufen? Wenn nicht: Lesen Sie bitte das Marketingkapitel. Eine Maßnahme (etwa Gutscheine), die alte Kunden aktiviert, könnte sogar recht kurzfristig wieder neues Geld in die Kassen spülen.

Insolvenz

Spätestens wenn Sie als Unternehmen nicht mehr in der Lage sind, Rechnungen, Zinsen und Gehälter zu bezahlen, droht Insolvenz. Dies kann bereits der Fall sein, wenn Sie nur 10.000 Euro Schulden haben und dieses Geld nicht beschaffen können, weil Ihnen keine Bank mehr einen Kredit gewährt.

Es liegt dabei nicht allein in Ihrer Hand, wann Sie die Notbremse ziehen. Auch Ihre Gläubiger können Ihre Insolvenz beim Amtsgericht beantragen.

	Regelinsolvenz	Verbraucherinsolvenz
Wer kann den Antrag stellen?	Freiberufler, ehemalige Selbstständige, Gewerbetreibende, GbR, OHG, KG, GmbH (insgesamt) und andere Kapitalgesellschaften	Verbraucher, die nicht selbstständig sind und waren. Ehemalige Selbstständige mit weniger als 20 Gläubigern, die zudem keine Schulden aus Arbeitgeberverhältnissen oder Sozialabgaben und Steuern haben
Insolvenzantragspflicht	Nur falls GmbH	Nein
Dauer des Verfahrens	6 Jahre	6 Jahre
Zwingende außergerichtliche Einigung mit den Gläubigern vor Verfahrensbeginn	Nein	Ja
Einschaltung einer Schuldnerberatungsstelle	Nicht unbedingt, da die zwingende außergerichtliche Einigung entfällt	Ja, muss (ca. 250 EUR)
Stundung der Kosten für Verfahren	Ja	Ja
Insolvenzverwalter	Ja	Nein (Treuhänder)
Insolvenzplan	Ja	Nein
Restschuldbefreiung	Ja, bei natürlichen Personen, sofern diese selbst den Antrag auf Insolvenz gestellt haben	Ja
Kosten nach Ablauf des Verfahrens	Ca. 6.000 bis 8.000 Euro	Ca. 3.000 Euro

Besitzen Sie eine GmbH, so ist Insolenzverschleppung darüber hinaus sogar strafbar, Sie dürfen also schon vom Gesetz her nicht zögern.

Rechtlich existieren zwei Formen der Insolvenz: die Regelinsolvenz und die Verbraucherinsolvenz. Für Unternehmer kommt dabei nur die Regelinsolvenz in Frage. Als Firma – gleich ob GmbH, GbR oder auch Einzelunternehmen – oder Freiberufler betrifft Sie immer die Regelinsolvenz. Die Verbraucherinsolvenz kommt für Sie nicht mehr in Frage, wenn Sie z. B. früher selbstständig waren oder auch nur nebenberuflich tätig sind. Wer Schulden aus Sozialabgaben oder beim Finanzamt hat oder aber mehr als 20 Gläubiger, ist als Ex-Unternehmer und Freiberufler (auch im Nebengewerbe!) stets von der Regelinsolvenz betroffen. Ausnahme: Angestellte Geschäftsführer können nach der Insolvenz ihrer Firma auch die Verbraucherinsolvenz anmelden.

Regel- und Verbraucherinsolvenz sind jedoch ähnlich. So kann bei beiden Insolvenzformen nach einer Wohlverhaltensperiode von sechs Jahren eine Restschuldbefreiung beantragt werden. Anders als bei der Verbraucherinsolvenz gibt es bei der Regelinsolvenz im ersten Schritt jedoch nicht zwangsweise den Einigungsversuch mit den Gläubigern (freiwillig wäre er durchaus sinnvoll!).

In jedem Fall eröffnet ein Antrag beim zuständigen Amtsgericht das Verfahren. Maßgeblich ist dabei der Ort, an dem die selbstständige Tätigkeit ausgeübt wird.

Indizien für Insolvenz

Doch wann genau wird aus einem Zahlungsengpass Insolvenz? Der Gesetzestext spricht davon, dass Insolvenz gegeben sei, wenn wesentlichen Zahlungsverpflichtungen nicht mehr nachgekommen werden kann. Die Wesentlichkeit wird angenommen, wenn Sie zwischen 5 und 10 Prozent Ihrer Verbindlichkeiten nicht begleichen können.

Indizien für eine ausgewachsene Krise, die zur Insolvenz führen kann, sind Erlasse von Mahn- und Vollstreckungsbescheiden gegen den Schuldner, Pfändungen beim Schuldner, Kreditkündigungen sowie rückständige Lohn- und Gehaltszahlungen. Auch das Finanzamt wartet nicht gern auf seine Forderungen. In Engpasssituationen sollten Sie zuerst die offenstehenden Zahlungen an den Fiskus begleichen und gleich darauf an die Mitarbeiter und deren Gehalt denken.

Insolvenz vorbeugen

So eine Pleite? Keine Insolvenz überrascht Sie von heute auf morgen. Erste Anzeichen sind früh zu sehen – dies können etwa offen stehende Forderungen sein. Je größer die finanzielle Abhängigkeit von einem Auftraggeber ist, desto gefährlicher kann dessen Zahlungsverzögerung sein. Deshalb gilt es, solche einseitigen Abhängigkeitsverhältnisse – die leider sehr verbreitet sind – zu vermeiden. Fällt Ihr Auftraggeber weg oder wird insolvent, ist auch Ihr Unternehmen mit hoher Wahrscheinlichkeit verloren – umso mehr, wenn der Geschäftspartner eine haftungsbeschränkte GmbH war.

Zudem ist ein funktionierendes Zahlungsmanagement wesentlicher Bestandteil Ihres geschäftlichen Erfolgs. Bieten Sie z. B. Skonto oder Rabatte, um schnellere Zahlungen auszulösen. Vereinbaren Sie Vorschüsse und Teilzahlungen bei größeren Aufträgen. Treiben Sie ausstehendes Geld engagiert ein und beauftragen Sie ein Inkassounternehmen.

Insolvenz der GbR

Eine GbR ist keine Rechtspersönlichkeit und kann von daher nicht als solche Insolvenz anmelden. Geht es um die Insolvenz der GmbH, so ist die Rede von den insolventen Gesellschaftern. Jeder einzelne muss die Regelinsolvenz beantragen.

Mit den Gläubigern können Sie versuchen, sich auf einen eventuellen Schuldenerlass zu einigen. Dies bedeutet, dass mit etwas Glück Ihr Privatvermögen – etwa das Haus oder Auto – vom Zugriff verschont bleibt. Normalerweise werden sich die Gläubiger aber bemühen, dort Geld zu beschaffen, wo es vorhanden ist. Dies kann bedeuten, dass Sie in die eigene private Tasche greifen müssen, weil Ihr Mitgesellschafter mittellos ist.

Betreiben Sie eine Personengesellschaft, werden die Gläubiger auch auf Ihr privates Vermögen zugreifen – selbst wenn Sie es nicht selbst aktiv eingebracht haben und auch, wenn Ihr Gesellschafteranteil nur bei 5 Prozent liegt. Es ist völlig gleich, wie Sie Ihr Innenverhältnis mit den Mitgesellschaftern geregelt haben – die Verteilung der Gesellschafteranteile interessiert nach außen nicht. Dieses Risiko, die persönliche Haftung, tragen alle Personengesellschaften mit Ausnahme der GmbH & Co. KG.

Eine gewisse Haftungsbegrenzung erlaubt allein die ARGE als projektbezogene Form der GbR und die Partnergesellschaft der Freiberufler, bei der die Haftung auch nach außen hin auf einen gemeinsam ausgeführten Auftrag begrenzt werden kann. Bei GbR, OHG und KG dagegen heißt es (jedenfalls für die Komplementäre): Mitgefangen, mitgehangen.

In Krisensituationen ist die GbR damit die schlechteste aller Gesellschaftsformen. Vor allem dann, wenn Sie Vermögen und nur eine geringe Beteiligung haben und die anderen Gesellschafter mit leeren Händen dastehen. In einem solchen Extremfall nutzt Ihnen der Gesellschaftervertrag nichts, denn wo kein Geld ist, können Sie dieses auch nicht eintreiben, selbst wenn Sie mit Ihren Forderungen absolut im Recht sind. Zwar ist es theoretisch so, dass Forderungen 30 Jahre nicht verjähren, doch gilt dies nur, wenn der Zahlungspflichtige Geld hat. Ist er insolvent, nutzt Ihnen die Frist leider nichts, das Geld ist verloren.

Chance Neuanfang

Trotzdem ist die Insolvenz, die GbRs nur bei Zahlungsunfähigkeit einleiten können, zugleich eine Chance. Es gibt nämlich auch eine gute Nachricht: Auch als Insolventer können Sie weiter unternehmerisch tätig sein und sogar Teile des alten Unternehmens fortführen. Dann ist die Insolvenz sogar eine Chance, die Sahnestückchen aus dem Geschäft herauszuschneiden und die Verlustbringer abzustoßen. Zugleich haben Sie die alte GbR beendet und können noch mal neu beginnen.

Mitunter müssen Sie es sogar. Da ehemalige Selbstständige sich nur schwer in den Arbeitsmarkt wieder eingliedern lassen, ist die unternehmerische Tätigkeit mitunter die einzige Möglichkeit zum Geldverdienen. Um »Wohlverhalten« in der Wohlverhaltensperiode zu zeigen – das wiederum zur Befreiung von den Restschulden führt – müssen Sie aber alles daransetzen, Einkünfte zu erzielen – geht dies nicht als Angestellter, dann könnten Sie sogar verpflichtet sein, selbstständig zu arbeiten.

Leben als Insolventer

Als Insolventer leben Sie von Ihren Einkünften, müssen aber einen Anteil davon pfänden lassen. Allerdings ist der pfändbare Anteil gar nicht mal so groß. So bezahlen Sie als Mitglied einer dreiköpfigen Familie bei 2.000 Euro Einkommen lediglich 175 Euro an die Gläubiger, den Rest behalten Sie. Erwerben Sie neues Eigentum für die Firma – etwa eine Büroeinrichtung –, so kann diese nicht gepfändet werden.

Hinzu kommt, dass das Einkommen bei Selbstständigen kaum vernünftig berechnet werden kann. Deshalb werden derzeit Vergleichsgehälter von Angestellten herangezogen. Folge: Wenn ein Handwerksmeister als Angestellter 2.500 Euro verdient, so ist dieser Wert auch für den Selbstständigen die Messlatte – selbst wenn er erheblich höhere Gewinne einfährt. Diese Praxis ist allerdings aufgrund der Benachteiligung von Angestellten umstritten und wird sich deshalb vermutlich nicht mehr lange halten.

Verhalten Sie sich 6 Jahre lang wohlwollend den Gläubigern gegenüber – arbeiten Sie und tun Sie alles, um Geld zu verdienen –, können Sie am Ende von Ihren Schulden befreit werden, sofern es sich nicht um Schulden aus Straftaten handelt. Allerdings stehen Sie dann immer noch nicht völlig frei da: Die 6.000 bis 8.000 Euro, die für die Kosten des Verfahrens und den Insolvenzverwalter gestundet worden sind, müssen Sie jetzt doch noch begleichen.

Insolvenz der GmbH

Ist eine GmbH pleite, können Gläubiger nicht auf den privaten Besitz zugreifen – es sei denn, ein Kredit wurde mit dem Privatvermögen eines Gesellschafters abgesichert. Andernfalls haften Sie immer nur mit der Höhe Ihrer Einlage, was bekanntermaßen den Charme der GmbH ausmacht.

Es gibt noch weitere Unterschiede: Anders als bei GbRs und anderen Personengesellschaften genügt bei GmbHs schon die drohende Zahlungsunfähigkeit, um einen Insolvenzantrag zu stellen. Bei Überschuldung ist der Geschäftsführer sogar verpflichtet, binnen drei Wochen Insolvenz anzumelden. Die Überschuldung ist dann gegeben, wenn das Vermögen der GmbH nicht ausreicht, um Verbindlichkeiten zu decken. Dafür müssen Sie eine spezielle Sonderbilanz erstellen; die Jahresbilanz reicht nicht aus. Grundlage dieser Prognose ist der Finanz- und Liquiditätsplan. Hier werden die Bestände an liquiden Mitteln sowie Planeinzahlungen und Planauszahlungen dargestellt. Daraufhin ist eine Fortführungsprognose aufzustellen. Diese prüft, ob das Unternehmen wirtschaftlich lebensfähig ist und in absehbarer Zeit kostendeckend wirtschaften kann.

Als von der Pleite bedrohte GmbH sollten Sie zudem darauf achten, vorrangig Steuern und die Sozialversicherungsbeiträge abzuführen – noch vor den Löhnen, für die zur Not drei Monate lang die Arbeitsagentur einspringt. Wenn Sie solche Forderungen nämlich nicht begleichen, machen Sie sich möglicherweise strafbar und die Forderungen werden gegen Sie persönlich geltend gemacht – die Haftungsbeschränkung der GmbH würde damit durchbrochen.

Tipp: Insolvenzverschleppung vermeiden

Eine Verurteilung wegen Insolvenzverschleppung hat zur Folge, dass Sie in einem privaten Insolvenzverfahren keine Restschuldbefreiung mehr erlangen können. Das gilt überhaupt, wenn Sie sich strafbar gemacht haben.

Insolvenz: Unterschiede zwischen GbR und GmbH

	Insolvente GbR, OHG etc.	Insolvente GmbH etc.
Was gilt?	Regelinsolvenz	Regelinsolvenz
Wann insolvent?	Nur bei Zahlungsunfähigkeit	Bei bevorstehender Zahlungsunfähigkeit, Zahlungsunfähigkeit oder Überschuldung
Insolvenzverschleppung als Straftatbestand?	Nein	Ja
Kombinierbar mit Verbraucherinsolvenz?	Nein	Ja, als ehemaliger Gesellschafter können Sie parallel eine Verbraucherinsolvenz anmelden

Internetadressen

Infos über Regelinsolvenz

- Krisenforum (*www.krisenforum.com*)

- Insolvenzrecht
  (*www.insolvenzrecht.info*):
  Der rechtliche Hintergrund

- Krefeld IHK
  (*http://www.krefeld.ihk.de/download/
  merkblaetter/recht_fair_play/
  insolvenzordnung_regelinsolvenz.pdf*):
  sehr guter Ratgeber als PDF

- Rechtsanwälte Bennecke
  (*www.brennecke-partner.de*):
  Verbraucherinsolvenz oder Regelinsolvenz – der Antwortautomat hilft
  weiter.

- Anne Koark (*www.anne-koark.de*):
  Hat den Verein BIG (Bleib im Geschäft)
  gegründet.

Communities

- Dotcomtod (*www.dotcomtod.de*):
  Entstand in der Ära der New Economy.
  Ankündigungsplattform für Pleiten aus
  dem Medienumfeld

- Ich habe Schulden
  (*www.ich-habe-schulden.de*):
  Portal mit Diskussionsforum

Schulderberatungsstellen

- Forum Schuldnerberatung
  (*www.forum-schuldnerberatung.de*):
  Plattform mit vielen Adressen

- Neue Armut (*www.neue-armut.de*):
  Schuldnerberatung für Berlin und
  Neukölln

11.4 Troubleshooting für Teamgründer: Wann was tun ...?

Nicht immer läuft alles rund. Und so, wie es typische Fragen bei der Teamgründung gibt, so gibt es auch typische Fragen in Problemsituationen. Im letzten Kapitel haben wir uns einige von ihnen angeschaut.

Thema: Einstieg

Situation: In das Geschäft eines Einzelkaufmanns (e. K.) tritt ein weiterer Gesell-schafter ein

Die Umfirmierung in eine OHG liegt nahe, wobei die neuen Gesellschafter
alle Verbindlichkeiten für den e. K. übernehmen, es sei denn, sie lassen im Handelsregister eintragen, dass die Schulden nicht übernommen werden. Natürlich
kann auch eine GmbH gegründet werden, wenn Haftungsbegrenzung gewünscht ist. Soll eine GbR entstehen, muss der Einzelkaufmann seinen Eintrag
im Handelsregister löschen und seine Firma offiziell beenden. Die Gründung
einer GbR ist allerdings nur möglich, wenn der e. K. seinen Eintrag freiwillig

vorgenommen hat und deutlich unter den Grenzen für die Eintragspflicht liegt (350.000 Euro Umsatz bzw. 30.000 Euro Gewinn), sonst liegt die große GbR – die OHG – in der Luft. Alternative: Beschränken Sie den Geschäftszweck der neuen GbR so, dass Sie Ihr kaufmännisches Gewerbe und die GbR parallel betreiben können.

Situation: Ich möchte mich in eine Bürogemeinschaft einbringen

Zurückgefragt: Welche Art von Bürogemeinschaft ist das? Wie weit geht die Zusammenarbeit? Wenn Journalisten gemeinsame Projekte realisieren, und zwar dauerhaft und nicht einmalig, handelt es sich um eine GbR – mit allen Konsequenzen. Sie sollten sich darüber klar werden, ob Sie eine gemeinsame Firma wollen (auch mit diesen Personen) und welche Auswirkungen das auf Ihre Arbeit haben wird. Schließen Sie einen Gesellschaftervertrag, der einen gemeinsamen Geschäftszweck definiert. Auf diese Weise schließen Sie auch aus, dass mögliche andere geschäftliche Aktivitäten automatisch der GbR zugeordnet werden. Sie wollen ja nicht, dass die neuen Kollegen beispielsweise an Ihrem Buch mitverdienen ...

Nutzen Unternehmensberater, Coach und Designer lediglich gemeinsam eine Infrastruktur, liegt eine Innen-GbR vor (alle haften gemeinsam für Mietschulden) oder auch ein Untermietverhältnis (soweit einer der Hauptmieter ist, dem auch alle Büroeinrichtungsgegenstände gehören und der z. B. auch die Sekretärin angestellt hat und gegebenenfalls auf Stundenbasis oder gegen eine Pauschale vermietet). Bei Untermietverhältnissen: Bestehen Sie auf einen Untermietvertrag, der Ihnen auch ein ordentliches Kündigungsrecht einräumt. Falls Innen-GbR: Informieren Sie sich über den bereits geschlossenen Mietvertrag. Welche Laufzeit hat er? Welche Rechte und Pflichten bestehen? Vorsicht: Auch wenn Sie hier nicht offiziell in eine GbR aufgenommen werden, haften Sie höchstwahrscheinlich für Mietschulden aus diesem Vertrag mit.

Ich möchte in eine GbR einsteigen

Gemach, gemach: Erkundigen Sie sich genau über die finanzielle Situation und beachten Sie auch das menschliche Zusammenspiel. Warum ist der vorherige Gesellschafter ausgetreten, wurde alles fein säuberlich geregelt? Ist die GbR wirklich die richtige Rechtsform? Können Sie Ihr gemeinsames Vorhaben in einer neuen Gesellschaft nicht besser einbringen? Schalten Sie unbedingt einen Unternehmensberater ein, prüfen Sie den Gesellschaftervertrag und sprechen Sie auch mit ehemaligen Gesellschaftern.

Höchste Vorsicht ist geboten, denn: Gesellschafter, die neu in eine GbR eintreten, haften nach einem Grundsatzurteil des BGH vom 7.4.2003 (Az.: II ZR 56/02) mit ihrem Privatvermögen für Altschulden der Gesellschaft. Dies gilt auch dann, wenn Sie nichts von diesen Schulden wussten, diese aber durch Akteneinsicht und Vorlage der Bücher hätten kennen können.

Thema: Finanzen

Situation: Als Handels-GbR haben wir die Gewinngrenze von 30.000 Euro überschritten. Was tun?

Nun ist es Zeit, über eine andere Gesellschaftsform nachzudenken, vor allem, wenn die Grenze nicht nur ein Mal überschritten wird. Nicht-Kaufleute – Internetagenturen, Verlage, Softwareschmieden – können dagegen noch lange weiter als GbR bestehen. Kaufmann sind Sie, wenn Sie Handel betreiben, etwa einen Online-Shop. In Frage kommen OHG, KG, GmbH oder auch Limited – informieren Sie sich im Kapitel über die Rechtsformen. Zugleich sollten Sie Ihre Buchführung auf die kaufmännische Buchführung umstellen, denn das Finanzamt wird Sie bald auffordern, eine Bilanz zu erstellen, und ist mit der Gewinnermittlung anhand einer Einnahmen-und-Überschuss-Rechnung nicht mehr zufrieden. Verpflichtet zum Wechsel der Buchführungsformen sind Sie indes erst nach der schriftlichen Aufforderung durch Ihr Finanzamt.

Situation: Wie man es dreht und wendet – die Idee macht nicht alle Gründer satt

Dies kommt häufig vor. Und hat häufig leider damit zu tun, dass am Anfang schlecht geplant worden ist. Denn ob bestimmte Ideen unter kalkulierbaren Voraussetzungen den Lebensunterhalt von einer, zwei oder drei Personen sicherstellen kann, lässt sich fast immer schon vorher absehen. Ist eine Idee nicht tragfähig, so hilft nur eins: sie aufgeben.

Das ist es nicht? Die Idee ist gut, Kunden würden Geld bezahlen? Dann bleiben drei Möglichkeiten:

1. Die Idee allein realisieren – vielleicht ist sie einfach nur zu groß für zwei oder drei.
2. Die Werbemaschinerie an- und auffahren – sofern es daran liegt, dass Ihr Unternehmen einfach nicht bekannt genug ist.
3. Die Idee so zu verändern, dass sie finanziell trägt – eventuell durch Aufnahme eines Kredits. Dies sollten Sie dann tun, wenn klar ist, dass die Ursprungsidee noch nicht die Lösung ist, aber gute Ansätze birgt. Beispiel: Wenn Sie mit einem Hemdenbügelservice für Firmen allein nicht leben können, könnte dieser zu einem Wäscheservice ausgeweitet werden. Sie könnten ein Franchisemodell entwickeln und Partner in anderen Städten gewinnen. Beachten Sie jedoch: Eine Idee »größer« anzulegen verlangt fast immer auch den Einsatz von mehr Geld, fordert Investitionen.

Situation: Wir brauchen Geld

Haben Sie es bisher allein und ohne Kredite geschafft? Dann ist es eventuell Zeit, an eine Bank heranzutreten. Es ist einfacher, Kredite für bereits laufende Geschäfte zu bekommen. Dies funktioniert aber selbstverständlich nur gut vorbereitet und nach einer kompetenten Unternehmensberatung. Informieren Sie sich im Kapitel Kredite. Eruieren Sie außerdem mögliche Förderquellen in Ihrem Bundesland.

Ist weit und breit kein Geldgeber in Sicht, kommen Privatkredite in Frage oder der Aufbau einer stillen Gesellschaft, die am Gewinn Ihres Unternehmens beteiligt ist. Auch darüber lesen Sie mehr im Kapitel »Kredite«.

Situation: Es droht Insolvenz

Wenn Sie GmbH-Geschäftsführer sind, dürfen Sie keine Minute zaudern, sonst können Sie wegen Insolvenzverschleppung strafrechtlich belangt werden. Als Geschäftsführer einer Limited droht ebenfalls Strafanzeige, sofern Sie dem Finanzamt Umsatzsteuern oder Sozialbeiträge schulden. Ob Insolvenz droht oder nur ein Zahlungsengpass besteht, ist bei anderen Gesellschaftsformen oft schwer zu ermitteln. Analysieren Sie die Situation deshalb genau. Was würde passieren, wenn das Geld da wäre? Eventuell ist ein Bankkredit die Lösung. Lesen Sie das Kapitel »Insolvenz« und schalten Sie einen Berater ein.

Thema: Ausstieg

Situation: Unser Team ist unzufrieden mit einem Gesellschafter und möchte ohne diesen weitermachen

Hier hilft nur die Einigung: Sprechen Sie mit dem betreffenden Gesellschafter. Wie empfindet er die Zusammenarbeit? Möchte er dabeibleiben oder spielt er selbst mit dem Gedanken an eine Trennung? Ermitteln Sie seine Zukunftspläne. Wenn Sie wissen, was der andere möchte, können Sie ihm leichter ein Angebot unterbreiten. Helfen Gespräche nicht, müssen Sie eine Gesellschafterversammlung herbeiführen, in der z. B. der Ausschluss eines Gesellschafters beschlossen wird. Dies ist nicht möglich, wenn Sie im Gesellschaftervertrag Einstimmigkeit festgelegt haben und jeder Beschluss alle Stimmen braucht. Schalten Sie einen Mediator ein und informieren Sie sich gründlich über Ihre individuelle Rechtslage.

Situation: Ein Gründer möchte weniger arbeiten

Wenn dies ein Dauerzustand ist, sollte über eine Veränderung der Gesellschafteranteile nachgedacht werden. Statt 40 kann der Gesellschafter beispielsweise auch 20 Prozent beziehen – entsprechend seinem Arbeitseinsatz. Ändern Sie Ihren Gesellschaftervertrag entsprechend. Bedenken Sie aber, dass diese Veränderung nur nach innen wirksam ist. Nach außen bleiben Sie – wenn Sie derjenige mit 20 Prozent sind – für Gläubiger genauso Ansprechpartner wie Ihr Partner mit 80 Prozent. Wenn Sie 20 Prozent Gesellschafteranteil haben, können diese trotzdem 100 Prozent für die Begleichung von Schulden von Ihnen fordern – wenn Ihr Partner kein Geld hat.

Situation: Ein Gründer möchte eine weitere Firma aufmachen

Kein Problem, so lange der Geschäftszweck der anderen Firma ebenso wie der des neuen Unternehmens im Gesellschaftervertrag klar umrissen ist und es von daher nicht zu einer Vermischung kommen kann. Haben Sie eine OHG oder KG, gilt allerdings ein Wettbewerbsschutz. Sie oder Ihr Mitgesellschafter darf mit einer neuen Gesellschaft der alten nicht unmittelbar Konkurrenz machen (was natürlich auch nicht sinnvoll wäre).

Zu klären wäre allerdings, inwieweit sich ein Unternehmer wirklich gut für zwei oder mehr Firmen engagieren kann. Tatsache ist, dass der Mehrfirmenbesitz verbreitet ist und so lange kein Problem darstellt, wie die administrativen Tätigkeiten von Angestellten ausgeübt werden und Führungsaufgaben delegiert werden.

Situation: Die Zusammenarbeit funktioniert nicht. Ich möchte die Idee aber nicht aufgeben und alleine weitermachen. Dasselbe will auch mein Mitgründer

Verzwickte Lage, denn die Idee können Sie kaum teilen und sich künftig Konkurrenz machen. Denken Sie aber über die Aldi-Süd- und Aldi-Nord-Variante nach, sprich über die Möglichkeit, eigenverantwortlich und im eigenen Hoheitsgebiet vom gemeinsamen Kuchen zu profitieren.

Überhaupt kann die Lösung in regionaler Abgrenzung liegen: Der eine gründet in Hamburg, der andere in München – und wenn Sie nicht total zerstritten sind, sollten Sie über Synergieeffekte reden oder daran arbeiten, den Streit zu beheben.

Einen Anspruch auf die Idee können Sie jedenfalls nicht durchsetzen, sofern nicht schon im Gesellschaftervertrag geregelt ist, wie nach einer Trennung mit der Geschäftsidee zu verfahren ist.

Situation: Ich möchte bei einem bestehenden Unternehmen einsteigen

Immer wieder suchen Unternehmer nach einigen Jahren und oft auch erst Jahrzehnten am Markt einen Kompagnon, der sich mit – nicht selten viel – Geld einkauft. Für Sie ist das Chance – und Risiko. Oft stecken finanzielle Probleme hinter der Suche nach einem neuen Kompagnon, ist die Unternehmensentwicklung rückläufig. Sie sehen das in Zahlen, die sich rückwärts entwickeln, oder/und an einem sehr alten Kundenbestand. Lassen Sie sich deshalb alle verfügbaren Zahlen geben. Informieren Sie sich auch über laufende Verträge und die Struktur aktueller Kunden. Lesen Sie sich auch das Unterkapitel »In ein Geschäft einsteigen« (S. 23–27) durch.

Anhang

Glossar

Ein-Prozent-Regel
Methode, um den Wagen betrieblich geltend zu machen: 1 Prozent vom Listenpreis wird dem Einkommen zugerechnet, dafür dürfen alle Kosten für das Kfz ohne Einzelnachweis (Fahrtenbuch) abgesetzt werden. Seit 2006 muss bei weniger als 50-prozentiger betrieblicher Nutzung ein Nachweis über die Aufteilung private Nutzung – betriebliche Nutzung erfolgen.

Abschreibung
Absetzen bedeutet, etwas von den betrieblichen Einnahmen abzuziehen und dadurch den Gewinn und das Steueraufkommen zu mindern. Wirtschaftsgüter können Sie bis 410 Euro netto von Ihren Einnahmen abziehen. Man unterscheidet die lineare und die degressive Abschreibung. Linear bedeutet, dass Sie in jedem Jahr den gleichen Betrag absetzen. Degressiv bedeutet, dass in einem Jahr die doppelte Summe abgeschrieben wird und der Restbetrag sich auf die Folgejahre linear verteilt.

AfA
Steht für: Absetzung für Abnutzung. Wirtschaftsgüter werden über mehrere Jahre gemäß einer Tabelle von der Steuer abgeschrieben. Sie mindern Ihren Gewinn und damit Ihr zu versteuerndes Einkommen.

Akquisition
Die Erschließung von neuen Kunden. Oft fälschlich »Akquise« genannt. Diesen Begriff gibt es laut Duden nicht.

Basel II
Gesamtheit der Eigenkapitalvorschriften. Damit verbunden ist ein seit 2006 gültiges Ratingsystem (Bewertung), mit dem Banken die Kreditwürdigkeit nach bestimmten vorgegebenen Prüfkriterien einordnen müssen. Basel II soll der willkürlichen Vergabe von Krediten Einhalt gebieten.

Buchhaltung
Das Ablegen und Verwalten von Belegen (Rechnungen, Quittungen, Kontoauszüge etc.) für Einnahmen und Ausgaben. Synonym zu Buchführung.

Bilanz
In Verbindung mit der Gewinn-und-Verlust-Rechnung (GuV) Bezeichnung für den Jahresabschluss für größere Gewerbetreibende und Körperschaften.

Business Plan
Ein Unternehmenskonzept, das Ihre Geschäftsidee beschreibt und auf den Punkt bringt. Was ist Ihr Produkt, wie wollen Sie es verkaufen, Ihre Werbung gestalten? Wie wird sich Ihr Geschäft kaufmännisch entwickeln? Planen Sie es voraus.

Buyout
Manager kaufen sich aus einer Firma raus und betreiben sie eigenverantwortlich weiter.

Cash Pooling
Verschieben von Gewinnen zwischen Tochter- und Muttergesellschaften. Gern gemacht bei größeren Unternehmen.

Coaching

Eine Methode, Menschen sanft zu lenken und zu ihrem Ziel zu führen.

Deutsche Rentenversicherung Bund

Führte die ehemalige Bundesanstalt für Angestellte (BfA) und die Landesanstalt für Arbeiter (LVA) zusammen. Ansprechpartner für die gesetzliche Rentenversicherung.

Doppelte Buchführung

Wer mehr als 350.000 Euro Umsatz macht, mehr als 30.000 Euro Gewinn einfährt oder/und einen Handelsregistereintrag hat, ist zur doppelten Buchführung verpflichtet (auch: kaufmännische Buchführung). Diese erfasst alle Buchungen gleich zweimal und ist insgesamt sehr viel komplexer als eine Einnahmen-und-Überschuss-Rechnung.

Earn-Out

Wenn ein neues Unternehmen eingestiegen ist, können die ehemaligen Gesellschafter vertraglich vereinbaren, dass sie noch einige Jahre am Gewinn weiter mitverdienen. Das nennt sich Earn-out.

Einkommensteuererklärung

Als Unternehmer deklarieren Sie in der Einkommensteuererklärung die Einkünfte aus selbstständiger (= freiberuflicher) oder gewerblicher Tätigkeit.

Einnahmen-und-Überschuss-Rechnung (EÜR)

Freiberufler sowie GbRs mit wenig Umsatz/ Gewinn müssen beim Finanzamt nur eine Einnahmen-und-Überschuss-Rechnung einreichen (auch: Einnahmen-und-Ausgaben-Rechnung). Diese stellt Einnahmen und betriebliche Ausgaben in einer vom Finanzamt vorgegebenen Weise gegenüber.

Einstiegsgeld

Fördermittel der ARGE (früher: Arbeitsamt/ Sozialamt) für Arbeitslosengeld-II-Empfänger.

ExGZ

Die Abkürzung steht für Existenzgründungszuschuss. Amtliche Bezeichnung der Ich-AG.

Franchising

Erfolgreiche Unternehmen vergeben Lizenzen für ihre Idee. Als Lizenznehmer realisieren Sie die »eingekaufte« Geschäftsidee an einem bisher unerschlossenen Standort. Dabei hilft Ihnen der Lizenzgeber.

Freiberufliche Tätigkeiten

Meist akademische Tätigkeiten, die ein Studium voraussetzen. Auch Künstler sind freiberuflich, ebenso fast alle Heilberufe.

GbR

Gesellschaft bürgerlichen Rechts, auch BGB-Gesellschaft genannt.

GmbH

Gesellschaft mit beschränkter Haftung, eine Personengesellschaft (sprich: von Personen geführt).

Gebrauchsmuster

Dem Gebrauchsmuster liegt in der Regel ein einfacheres Funktionsprinzip zugrunde als dem Patent. Es ist leichter zu erhalten.

Gewerbe

Das Steuerrecht unterscheidet gewerbliche und freiberufliche (selbstständige) Tätigkeit. Gewerblich sind z. B. alle Einzelhandelsgeschäfte, Handwerker und produzierende Betriebe.

Gewerbesteuer

Steuer, die Gewerbetreibende an die Gemeinde zahlen müssen. Komplizierte Berechnung, für gewerbliche GbRs und andere Personengesellschaften gibt es einen Freibetrag von 24.500 EUR. GmbHs müssen vom ersten Euro Gewinn an Gewerbesteuer zahlen.

Gewinn

Das, was nach Abzug aller betriebsbedingten Kosten von Ihren Einnahmen übrig bleibt. Das zu versteuernde Einkommen ist geringer als der Gewinn. Es ergibt sich aus dem Gewinn abzüglich privat abzugsfähiger Kosten wie Krankenkasse.

GuV

Gewinn-und-Verlust-Rechnung. Teil einer Bilanz, die Sie als bilanzierungspflichtiges Unternehmen – etwa als Kapitalgesellschaft – für das Finanzamt anfertigen müssen.

Halbeinkünfteverfahren

Gesellschafter von Körperschaften wie der GmbH müssen auf die Hälfte einer Gewinnausschüttung – die nach der Gewinnversteuerung der Körperschaft bezahlt wird – 20 Prozent Kapitalsteuer zahlen. Dies gilt übrigens für alle Anteilseigner an Unternehmen, also auch Aktionäre. Der Freibetrag ab 2007: 750 EUR für Singles, 2006 ist es noch rund das Doppelte.

Handelsregister

In dieses beim Amtsgericht geführte Register tragen sich Kaufleute ab einer bestimmten Unternehmensgröße ein. Andere Unternehmen können den Eintrag einsehen und sich somit die Existenz der Firma bestätigen lassen.

Handelsgesetzbuch (HGB)

Das HGB regelt das Geschäftsgebaren unter Kaufleuten, das dort genau definiert wird.

KG

Kommanditgesellschaft, auch eine Personengesellschaft. Oft handelt es sich hierbei um Vermögensgesellschaften. Findet sich häufig im Bereich der Grundstücksverwaltung.

Insolvenz

Insolvenz bedeutet Zahlungsunfähigkeit. Für Selbstständige – ob Gesellschafter oder nicht – kommt nur die Regelinsolvenz in Frage. GmbH-Geschäftsführer sind zum Handeln bei drohender Zahlungsunfähigkeit oder Überschuldung sogar verpflichtet, ansonsten droht Insolvenzverschleppung.

Kapitalgesellschaft

Gesellschaften, die eine juristische Person sind und deshalb nicht privat haften können: GmbH, AG, Limited. Synonym zur Körperschaft.

Kapitalsteuer

Steuer in Höhe von 20 Prozent, die Sie auf Kapitaleinkünfte zahlen. Relevant für stille Gesellschaften und GmbH-Geschäftsführer, die Gewinnausschüttungen erhalten, aber natürlich auch für Aktionäre. Freibetrag: 705 EUR ab 2007.

KEF

Kritische Erfolgsfaktoren (KEF) begleiten jeden Unternehmer. Sie bestimmen den Unternehmenserfolg und verändern sich im Laufe der Gründung.

Künstlersozialkasse (KSK)

Künstler (Wort, Bild, Musik) – auch wenn Sie sich als GbR zusammenschließen – können sich bei der KSK renten- und krankenversichern lassen. Die KSK übernimmt wie ein Arbeitgeber 50 % der Beiträge (*www.ksk.de*). Manche Unternehmer müssen zudem an die KSK Beiträge bezahlen, z. B. Verlage.

Körperschaftsteuer

Steuer, die Körperschaften wie GmbH und AG zahlen. Derzeit 25 Prozent, eine Kürzung ist im Gespräch.

Limited

Eine Kapitalgesellschaft, die im Vergleich zur GmbH sehr schnell und günstig zu gründen ist, allerdings hohe Nachgründungskosten verursacht.

Personengesellschaft

Eine Gesellschaftsform wie die GbR, bei der die Gesellschafter voll mit ihrem Privatvermögen haften. Weitere Personengesellschaften: OHG, KG.

Mediation

Methode, um Konflikte aufzulösen und Team wieder arbeitsfähig zu machen. Mediatoren kommen entweder aus dem juristischen oder aus dem psychologischen Bereich.

Mehrwertsteuer

Alle Produkte und Dienstleistungen haben einen Mehrwert, auf den der Staat eine Steuer erhält. In Deutschland beträgt die Mehrwertsteuer 7 oder 16 Prozent, ab 2007 19 Prozent. Synonym zu Umsatzsteuer.

Minijob

Ein Job auf 400-Euro-Basis, auf den der Arbeitnehmer keine Abgaben zahlt. Für Sie als Arbeitgeber werden 25 Prozent fällig, zuständig ist die Minijobzentrale.

Offshoring

Offshoring bedeutet, den Firmensitz in ein anderes Land verlegen – meist, um Steuern zu sparen.

OHG

Offene Handelsgesellschaft, ist eine große gewerbliche GbR mit Handelsregistereintrag

Outsourcing

Das Auslagern von Geschäftsprozessen oder auch ganzen Abteilungen.

Marke

Eine Marke ist das Gesicht eines Produktes, die Merkmale, die es wiedererkennbar machen. Marken lassen sich auch als Markenzeichen schützen.

Patent

Eine komplexere Erfindung, die einmalig ist und deshalb vor Nachmachern geschützt werden kann.

Sonderbetriebsvermögen

Wenn Sie eine Gesellschaft betreiben und aus eigenen Mitteln etwas anschaffen, was die Gesellschaft insgesamt vielleicht nicht mittragen möchte, so können Sie dies in Ihrer eigenen Einkommensteuererklärung von dem Gewinn der Gesellschaft abziehen. Es gilt jedoch kein Vorsteuerabzug.

Stammkapital

Das Geld, mit dem Sie eine Körperschaft wie die GmbH starten. Bei der GmbH beträgt das Stammkapital derzeit 25.000 Euro, wobei die Gesellschafter mindestens die Hälfte mit einer Geldeinlage bestreiten müssen. Bei mehreren Gesellschaftern muss jeder mindestens ein Viertel seiner Stammeinlage mit eigenem Geld einbringen.

SWOT

Strengths, Weaknesses, Opportunities und Threads – zu deutsch: Stärken, Schwächen, Chancen und Bedrohungen. Die SWOT-Analyse bringt die Stärken und Schwächen einer Geschäftsidee auf den Punkt.

Teambildung und Teamkonflikte

In jedem Team – also auch in jeder Firma – übernimmt jeder Einzelne eine bestimmte Rolle, etwa die des Querdenkers. Dies führt fast notwendig zu Konflikten, die Gesellschafter frühzeitig erkennen und lösen sollten.

Überbrückungsgeld

Ein Förderinstrument der Bundesagentur für Arbeit, das Arbeitslose oder von Arbeitslosigkeit bedrohte Menschen für sechs Monate erhalten können.

Unternehmer

Im üblichen Sinn Gewerbetreibende – im Unterschied zu den Selbstständigen (Freiberufler). Allgemeiner alle, die etwas »unternehmen«.

Unternehmensübernahme

Die Übernahme eines bereits bestehenden Betriebs.

Umsatz

Alles, was Sie durch Ihre Geschäftstätigkeit einnehmen.

Umsatzsteuer

Wenn Sie Umsatz erwirtschaften, wird darauf eine Steuer fällig, die Umsatzsteuer. Faktisch ist jede Mehrwertsteuer auch eine Umsatzsteuer. Synonym zu Mehrwertsteuer.

Vorsteuerabzug

Wenn Sie mehrwertsteuerpflichtig sind, können Sie ausgegebene Mehrwertsteuer von eingenommener Umsatzsteuer abziehen. Das nennt sich Vorsteuerabzug. Die Differenz aus Mehrwertsteuer und Umsatzsteuer führen Sie an das Finanzamt als Vorsteuer ab.

Zu versteuerndes Einkommen

Vom Gewinn können Sie noch weitere Kosten als Sonderausgaben abziehen (etwa die Krankenversicherung). Was dann übrig bleibt, ist Ihr zu versteuerndes Einkommen.

Literatur

Empfehlenswerte allgemeine Ratgeber
- Sandra Bonnemeier: *Praxisratgeber Existenzgründung*, Beck 2004
- Barbara Eder: *Existenzgründung für Frauen*, Humboldt, Neuauflage erscheint Herbst 2006
- Svenja Hofert: *Praxisbuch Existenz-gründung*, Eichborn 2004

Team und Mitarbeiter
- Marc Spieker: *Entscheiderverhalten in Gründerteams*, GVW Fachverlag 2004.
- Albs Norbert: *Wie man Mitarbeiter motiviert*, Cornelsen 2005
- Gabriele & Klaus Birker: *Teamentwicklung und Konfliktmanagement – Effizienz-steigerung durch Kooperation*, Cornelsen 2001
- Hartmut Laufer: *99 Tipps für den erfolg-reichen Führungsalltag*, Cornelsen 2005
- Jay Ros: *Teamkonflikte lösen – Top-Tools für Problemfälle*. Financial Times Prentice Hall, London 2001
- Reinhardt K. Sprenger: *Mythos Motiva-tion*, Campus 2004

Management
- Cay von Fournier: *Die 10 Gebote für ein gesundes Unternehmen*, Campus 2005

Business Plan, Banken und Kredite
- Bernd Arendt / Rolf Arendt: *Bank-gespräche richtig führen*, Haufe 2005
- Uwe Herzberg: *Mein Business Plan*, Haufe 2005
- Andreas Lutz: *Business Plan*, Linde 2005
- Andreas Lutz: *Ich-AG und Überbrückungs-geld*, Linde 2005

- Cordula Nussbaum / Gerhard Grubbe: *Die 100 häufigsten Fallen nach der Existenzgründung*, Haufe 2004
- Claudia Schlembach, Hans-Günther Schlembach: *Business Plan*, Cornelsen 2003

Gesellschaftsformen
- Michael Grab: *Die GbR erfolgreich gründen und führen* (mit CD), Haufe 2004
- Rüdiger von Hülst / Sven Tischendorf: *Der GmbH-Geschäftsführer von A bis Z*, Lexika 2002
- Wolfram Waldner / Erich Wölfel: *GbR, OHG, KG*, Beck 2004 (6. Auflage)
- Wolfram Waldner / Erich Wölfel: *So gründe und führe ich eine GmbH*, Beck 2005 (8. Auflage)

Steuern und Buchhaltung
- Willi Dittmann u. a.: *Steuern 2006 für Unternehmer*, Haufe 2005
- Willi Dittmann: *Steuer 2005 für Selbst-ständige, Freiberufler und Existenzgrün-der*, mit Steuersoftware Taxman spezial, Haufe 2005

Marketing
- Andreas Lutz: *Praxisbuch Networking*, Linde 2005
- Bernd Röthlingshöfer: *Werbung mit kleinem Budget*, Beck 2004
- Jay Abraham: *1000 Tipps für Power-Marketing mit kleinem Budget*, MVG 2000

Register